冶金工业出版社

普通高等教育"十四五"规划教材

材料特种成形概论

秦芳诚　主编

本书数字资源

U0342665

北　京

冶金工业出版社

2024

内 容 简 介

本书分为9章,第1章为绪论。第2~5章为特种铸造成形概论,共有4个部分:消失模铸造、金属型铸造、反重力铸造和离心铸造,通过系统介绍特种成形技术涉及的典型钢铁材料和有色金属材料的基础知识,使读者能够在探索铸造领域新产品、新工艺及工程问题方案上,根据所学内容进行特种铸造工艺、模具及设备的选择和设计。第6~9章为特种塑性成形概论,共有4个部分:旋压成形、环件辗扩成形、摆辗成形和充液拉深成形,本书旨在系统介绍特种塑性成形原理、特点和工艺设计方法,以及相关的特种塑性成形设备结构。本书特加入我国重大工业领域的典型零部件材料特种铸造成形和特种塑性成形的工程应用案例,极具启发性和实用性,旨在使读者通过熟悉零部件特点、工艺设计方法、数值模拟和实验结果分析以及缺陷问题分析,达到综合运用基础知识解决复杂的材料特种成形工程问题。

本书可作为普通高等学校材料成形及控制工程专业、金属材料工程专业的本科生教材,也可作为相关专业研究生和工程技术人员的参考用书。

图书在版编目(CIP)数据

材料特种成形概论/秦芳诚主编 . —北京:冶金工业出版社,2024.6
普通高等教育"十四五"规划教材
ISBN 978-7-5024-9754-5

Ⅰ.①材… Ⅱ.①秦… Ⅲ.①工程材料—成型—高等学校—教材
Ⅳ.①TB3

中国国家版本馆 CIP 数据核字(2024)第 046161 号

材料特种成形概论

出版发行 冶金工业出版社		**电 话** (010)64027926
地 址 北京市东城区嵩祝院北巷 39 号		**邮 编** 100009
网 址 www.mip1953.com		**电子信箱** service@ mip1953.com

责任编辑 杨盈园 美术编辑 彭子赫 版式设计 郑小利
责任校对 王永欣 责任印制 窦 唯
北京印刷集团有限责任公司印刷
2024 年 6 月第 1 版,2024 年 6 月第 1 次印刷
787mm×1092mm 1/16;16.25 印张;396 千字;250 页

定价 48.00 元

投稿电话 (010)64027932 投稿信箱 tougao@cnmip.com.cn
营销中心电话 (010)64044283
冶金工业出版社天猫旗舰店 yjgycbs.tmall.com
(本书如有印装质量问题,本社营销中心负责退换)

前　言

材料是人类赖以生存和从事一切活动的物质基础。材料、能源和信息科学被看作是现代技术的三大支柱，新材料更被视为新技术革命的基础和先导。任何材料的使用都要经过加工成形，因此材料成形在国民经济中占有极为重要的地位，同时也在一定意义上标志着一个国家的工业、国防和科学技术水平。材料成形的主要任务是解决材料的几何成形及其内部组织性能控制问题，以获得所需几何形状、尺寸和质量的毛坯或零件。在选择成形工艺方法时，需要综合考虑材料的种类、性能，零件的形状尺寸、工作条件及使用要求、生产批量等多种因素，以达到技术上可行、质量上可靠和成本低廉。本书在未特别说明的情况下所用的"材料"均指"金属材料"。

金属分为黑色金属和有色金属。黑色金属材料主要指碳素结构钢、铸钢、铸铁及各种合金钢等。有色金属材料指铝合金、镁合金、钛合金等。材料成形有两种含义：一是液态成形，指液态或半液态的金属原料浇注到与零件形状、尺寸相适应的铸型型腔中，待其冷却凝固，以获得毛坯或零件的生产方法，又称为铸造；基本的铸造方法有砂型铸造，根据产品和设备的特殊性，还有消失模铸造、金属型铸造、离心铸造、反重力铸造等特种铸造方法。二是塑性成形，指由铸造后而具有某种形状的固态金属材料在外力作用下的成形，其实质是利用金属的塑性，在外力作用下获得所需形状、尺寸、组织和性能的毛坯或零件的一种成形方法。根据加工时工件的受力和变形方式，基本的塑性成形方法有轧制、挤压、拉拔、锻造、冲压等，根据产品和设备的特殊性，还有旋压成形、环件辗扩成形、摆辗成形、充液拉深成形等特种塑性成形方法。从原理上而言，黑色金属和有色金属的成形过程是相同的或相似的，但由于材料本质上的差别，其成形的具体方法与工艺又有所不同。

本书分为9章，第1章为绪论。第2~5章为特种铸造成形概论，即液态金属材料成形范畴，共有4个部分：消失模铸造、金属型铸造、反重力铸造和离心铸造，通过系统介绍特种成形技术涉及的典型钢铁材料和有色金属材料的基础知识，使读者能够在探索铸造领域新产品、新工艺及工程问题方案上，根据所学内容进行特种铸造工艺、模具及设备的选择和设计。第6~9章为特种塑性成形概论，共有4个部分：旋压成形、环件辗扩成形、摆辗成形和充液拉深成形，旨在系统介绍特种塑性成形原理、特点和工艺设计方法，以及相关的特种塑性成形设备结构。本书特加入我国重大工业领域的典型零部件材料特种铸造成形和特种塑性成形的工程应用案例，尤其是中国铝业股份有限公司广西分公司等提供的衬板消失模铸造案例，极具启发性和实用性，旨在使读者通过熟悉零部件特点、工艺设计方法、数值模拟和实验结果分析以及缺陷问题分析，达到综合运用基础知识解决复杂的材料特种成形工程问题。

　　本书可作为普通高等学校材料成型及控制工程专业、金属材料工程专业的本科生教材，也可作为相关专业研究生和工程技术人员的参考用书。课时安排可以根据专业特点进行确定，建议授课理论课时为48学时。

　　本书由桂林理工大学秦芳诚主编，作者多年来从事金属材料特种成形技术、金属材料加工及设备课程教学和研究工作。感谢国家自然科学基金项目"基于短流程铸辗复合成形的双金属环坯离心铸造界面结合机理与结合性能调控研究（No. 52265045）"和"基于离心铸坯的双金属环件热辗扩成形基础理论与关键技术（No. 51875383）"的支持。感谢广西有色金属新材料创新发展现代产业学院合作共建企业中国铝业股份有限公司广西分公司等提供的工程案例素材。本书的出版得到桂林理工大学教材建设基金资助，本书著作权属于桂林理工大学。

　　在本书的撰写过程中，作者广泛汲取了国内外相关领域的研究成果和网络文献的精华，特别感谢哈尔滨理工大学李峰教授、重庆理工大学周志明教授、华南理工大学陈维平教授在特种塑性成形技术和特种铸造技术领域的理论贡献，主要参考文献列于书后，谨向所有参考文献的作者表示衷心感谢。

　　由于作者水平所限，时间仓促，书中难免存在不足之处，敬请读者提出宝贵意见。

作　者

2023 年 7 月

目　　录

1 绪　论

1.1　材料特种成形概述

材料成形的主要任务是解决材料的几何成形及其内部组织性能控制问题，以获得所需几何形状、尺寸和质量的毛坯或零件。在选择成形工艺方法时，需要综合考虑材料的种类、性能，零件的形状尺寸、工作条件及使用要求、生产批量等多种因素，以达到技术上可行、质量可靠和成本低廉。

材料成形涉及的方法种类繁多，本书主要介绍两种：

一是液态成形，一般指液态或半液态的金属原料浇注到与零件形状、尺寸相适应的铸型型腔中，待其冷却凝固，以获得毛坯或零件的生产方法，又称为铸造；基本的铸造方法有砂型铸造，根据产品和设备的特殊性，还有消失模铸造、金属型铸造、压力铸造、离心铸造、反重力铸造等特种铸造方法。图 1-1 所示为典型特种铸造工艺及产品。

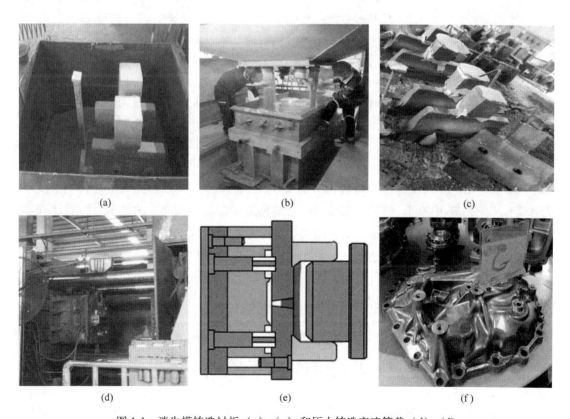

图 1-1　消失模铸造衬板（a）~（c）和压力铸造变速箱盖（d）~（f）

二是塑性成形，一般指由铸造后而具有某种形状的固态金属材料在外力作用下的成形，其实质是利用金属的塑性，在外力作用下成形为所需形状、尺寸、组织和性能的毛坯或零件的一种成形方法。根据加工时工件的受力和变形方式，基本的塑性成形方法有轧制、挤压、拉拔、锻造、冲压等，根据产品和设备的特殊性，还有旋压成形、等温锻造、环件辗扩成形、摆辗成形、超塑性成形、充液拉深成形等特种塑性成形方法。图 1-2 所示为典型特种塑性成形工艺及产品。

(a)　　　　　　　　　　(b)　　　　　　　　　　(c)

(d)　　　　　　　　　　(e)　　　　　　　　　　(f)

图 1-2　盾构机轴承圈辗扩成形（a）~（c）和火箭贮箱封头旋压成形（d）~（f）

随着世界科技的快速发展和我国深空深海探测、风力发电和国防重大装备制造要求的不断提高，材料特种成形技术也逐渐向着高效短流程、近、净成形、省力成形、环境友好型方向发展，消失模铸造、离心铸造、旋压成形、多点成形、充液拉深成形等技术及其装备也具有广阔的应用空间。特种成形技术与常规铸造和常规塑性成形的区别，主要体现在特定领域产品生产和应用领域上，对传统材料成形技术的纵深发展和延伸。在特种成形技术领域，我国近年来具有代表性的产品有山东伊莱特股份有限公司利用当今世界上最大的超级径-轴向辗环机轧制完成直径 15.8 m、单体重 150 t 的奥氏体不锈钢巨型环锻件，中国航天科技集团有限公司利用世界上吨位最大的 15000 t 充液拉深液压机一次整体成形了直径 3.55 m 火箭贮箱箱底等。

1.2　典型特种成形材料

材料是人类赖以生存和从事一切活动的物质基础，新材料更被视为新技术革命的基础和先导。任何材料的使用都要经过加工成形，因此材料成形在国民经济中占有极为重要的地位，同时也在一定意义上标志着一个国家的工业、国防和科学技术水平。本书在未特别说明的情况下所用的"材料"均指"金属材料"。

以下简要介绍特种成形材料中的钢铁材料、铝合金、镁合金和钛合金。

1.2.1　钢

国际上比较通用的钢的分类方法有两种：（1）按化学成分分类；（2）按主要质量等级和主要性能或使用特性分类。以下从钢的化学成分和用途方面对钢的分类作简要概述。

1.2.1.1　钢的分类

A　按化学成分分类

（1）碳素钢。碳素钢按碳含量又可分为低碳钢（$w_C < 0.25\%$）、中碳钢（$w_C = 0.25\% \sim 0.60\%$）、高碳钢（$w_C > 0.6\%$）和超高碳钢（$w_C > 1.0\%$）等。

（2）合金钢。按合金元素含量可分为低合金钢（$w_{Me} \leq 5\%$）、高合金钢（$w_{Me} > 10\%$）和中合金钢（$w_{Me} = 5\% \sim 10\%$）。

B　按用途分类

（1）工程构件用钢。用于建筑、桥梁、钢轨、车辆、船舶、电站、石油、化工等大型钢结构件或容器。这类结构钢大多是以钢板和各类型钢供货，其使用量很大，多采用碳素结构钢、低合金高强度钢和微合金钢。

目前工程构件用钢特别是低合金高强度钢的发展取得了长足的进步，开发了超细晶粒钢，即超级钢，它是通过洁净度超洁净化、超细晶粒化和高度均匀化等手段大幅度提高钢的强度（屈服强度提高 1 倍）。以及通过相变诱发塑性（Transformation Induced Plasticity，TRIP）同时提高钢的强度和塑性，已开发出低中碳 TRIP 型热轧和冷轧板带、型钢、无缝钢管等钢材品种，其抗拉强度可达 1176 MPa、伸长率超过 30%。

（2）机器零件用钢。如渗碳钢、调质钢、弹簧钢、滚动轴承钢等，主要用于制造各种机器零件，如各种轴、齿轮、轴承、弹簧等。机器零件用钢也有按其使用的部门行业来分类的，例如造船用钢、汽车用钢、石油用钢、汽轮机用钢等。

（3）工具钢。按不同的使用目的和性质，可分为刃具钢、量具钢、冷作模具钢、热作模具钢（包括热挤压模具钢、热锤锻模具钢、压铸模具钢等）、耐冲击工具用钢等。

（4）特殊性能钢。特殊性能钢是指除了要求力学性能之外，还要求具有其他一些特殊性能的钢，如不锈耐酸钢、耐热钢、耐磨钢、低温用钢、无磁钢等。

1.2.1.2　钢的编号

我国现行的钢的编号方法，是按国家标准《钢铁产品牌号表示方法》（GB/T 221—2008）规定，采用数字、化学元素符号和作为代号的汉语拼音字母相结合的编排方法。目前各类金属材料手册和教材都对钢的编号作出了详细的记载，常见钢的名称和表示符号见表 1-1。

表 1-1　钢的名称和表示符号

名称	汉字	符号	名称	汉字	符号	名称	汉字	符号
炼钢用生铁	炼	L	电磁纯铁	电铁	DT	轧辊用铸钢	轧辊	ZU
铸造用生铁	铸	Z	电工用冷轧取向 高磁感硅钢	取高	QG	桥梁钢	桥	Q
球墨铸铁用生铁	球	Q	（电讯用）取向 高磁感硅钢	电高	DG	锅炉钢	锅	G
脱碳低磷粒铁	脱粒	TL	碳素工具钢	碳	T	焊接气瓶用钢	焊瓶	HP
含钒生铁	钒	F	塑料模具钢	塑模	SM	车辆大梁用钢	梁	L
耐磨生铁	耐磨	NM	滚珠轴承钢	滚	G	机车车轴用钢	机轴	JZ
碳素结构钢	屈	Q	焊接用钢	焊	H	管线用钢	管线	L
低合金高强度钢	屈	Q	钢轨钢	轨	U	沸腾钢	沸	F
耐候钢	耐候	NH	冷钢	铆螺	ML	半镇静钢	半	b
保证淬透性钢	淬透性	H	锚链钢	锚	M	灰铸铁	灰铁	HT
易切削非调质钢	易非	YF	地质钻探钢管用钢	地质	DZ	球墨铸铁	球铁	QT
热锻用非调质钢	非	F	矿用钢	矿	K	可锻铸铁	可锻	KT
易切削钢	易	Y	船用钢	船	国际 符号	耐热铸铁	热铁	RT
电工热轧硅钢	电热	DR	多层压力容器用钢	高层	Ge	高级	高	A
电工用冷轧无 取向硅钢	无	W	锅炉与压力 容器用钢	容	R	特级	特	E

A　优质碳素结构钢

用两位数字表示其牌号，以平均万分数表示碳的质量分数。例如，10 钢、20 钢、45 钢分别表示平均 $w_C = 0.10\%$、0.20%、0.45% 的优质碳素钢；$w_{Mn} = 0.70\% \sim 1.20\%$ 优质碳素钢应将锰元素标出，例如：30Mn 表示平均 $w_C = 0.30\%$、$w_{Mn} = 0.70\% \sim 1.20\%$ 的钢。

B　碳素工具钢

以符号 T 标识，其后为以名义千分数表示碳的质量分数；含锰量较高的碳素工具钢应将锰元素标出；高级优质钢末尾加 "A"。例如：T8Mn 表示平均 $w_C = 0.80\%$、$w_{Mn} = 0.40\% \sim 0.60\%$ 的碳素工具钢。

C　合金结构钢

含碳量以平均万分数表示，合金元素以平均质量分数表示。若合金元素的平均质量分数小于 1.5% 时，仅标明元素符号而不注明含量；若合金元素质量分数等于或大于 1.5%、2.5%、3.5%、…时，则相应地以 2、3、4、…表示。例如：42CrMo 表示平均 $w_C = 0.42\%$、$w_{Cr} = 0.90\% \sim 1.20\%$、$w_{Mo} = 0.15\% \sim 0.25\%$。

有些合金结构钢，为表示其用途，在牌号前面再附以字母。如：GCr9、GCr15 等滚动轴承钢在牌号前面加"滚"字的汉语拼音字首"G",后面的数字表示铬的含量,以平均千分数表示质量分数。

D 合金工具钢

含碳量以名义千分数表示,钢中 $w_C > 1.0\%$ 时,不再标出含碳量,高速钢平均 $w_C < 1.0\%$ 时也不标出;其合金元素的表示方法与合金结构钢相同。例如:5CrNiMo 钢 $w_C = 0.5\% \sim 0.6\%$,Cr12MoV 钢 $w_C = 1.2\% \sim 1.4\%$;9SiCr 表示平均 $w_C = 0.9\%$,平均 w_{Si}、$w_{Cr} < 1.5\%$,高速钢 W18Cr4V 表示平均 $w_C = 1\%$、$w_W = 18\%$、$w_{Cr} = 4\%$、$w_V = 1\%$。

E 特殊性能钢

牌号前数字表示以名义千分数表示的碳质量分数,如 95Cr18 表示 $w_C = 0.90\% \sim 1.00\%$;但 $w_C \leqslant 0.08\%$ 时,在牌号前加"0",如 022Cr12、06Cr13Al 等不锈钢;022Cr12 表示 $w_C = 0.03\%$、$w_{Cr} = 11\% \sim 13.5\%$,06Cr13Al 表示 $w_C = 0.08\%$、$w_{Cr} = 11.5\% \sim 14.5\%$、$w_{Al} = 0.1\% \sim 0.3\%$。主要合金元素含量以质量分数表示,例如:12Cr18Ni9 不锈钢表示 $w_C = 0.15\%$、$w_{Cr} = 17.00\% \sim 19.00\%$、$w_{Ni} = 8.00\% \sim 10.00\%$。

如耐磨钢,常用的是冶金、电力、建筑、交通等领域中在冲击载荷下产生加工硬化的高锰钢,具有很强的加工硬化能力,基本上铸造成形,牌号为 ZGMn13(ZG 表示铸钢)。高锰钢经热处理后获得单一奥氏体组织,当它受到剧烈冲击及高的压应力作用时,其表层的奥氏体将迅速产生加工硬化,同时伴有奥氏体向马氏体的转变,导致表层的硬度提高到 450~550HBW。当表面一层磨损后,新的表面将继续产生加工硬化,并获得高的硬度。正是由于高锰钢的这种特性,所以它适用于制造受剧烈冲击的耐磨件。

典型高锰钢铸件的牌号、化学成分、热处理、力学性能及用途举例见表 1-2。

表 1-2 典型高锰钢铸件的牌号、化学成分、热处理、力学性能及用途

牌号	化学成分/%					热处理(水韧处理)		力学性能				用途举例
	w_C	w_{Si}	w_{Mn}	w_S	w_P	淬火温度/℃	冷却介质	抗拉强度 R_m/MPa	断面收缩率 A/%	冲击功 KV_2/J	硬度 HBW	
				≤				≥			≤	
ZGMn13-1	1.00~1.45	0.30~1.00	11.00~14.00	0.040	0.090	1060~1100	水	637	20	—	229	用于结构简单、要求以耐磨为主的低冲击铸件,如衬板、齿板、滚套、铲齿等
ZGMn13-2	0.90~1.35	0.30~1.00	11.00~14.00	0.040	0.070	1060~1100	水	637	20	118	229	
ZGMn13-3	0.95~1.35	0.30~0.80	11.00~14.00	0.035	0.070	1060~1100	水	686	25	118	229	用于结构复杂、要求以韧性为主的高冲击铸件,如履带板等
ZGMn13-4	0.90~1.30	0.30~0.80	11.00~14.00	0.040	0.070	1060~1100	水	735	35	118	229	

注:摘自《高锰钢铸件技术条件》(GB/T 5680—1998)。牌号中"-"后的阿拉伯数字表示品种代号。

1.2.2 铝合金

1.2.2.1 变形铝合金

变形铝合金是指需经过不同的压力加工变成型材的铝合金，我国生产的变形铝合金分为防锈铝合金、硬铝合金、超硬铝合金及锻铝合金四大类，其中，防锈铝合金属于不能热处理强化的铝合金，其余三类属于能热处理强化的铝合金。

A 防锈铝合金

防锈铝合金主要是 Al-Mn 系（牌号为 3A 系列铝合金）和 Al-Mg 系（牌号为 5A 系列铝合金）合金。合金的代号用 LF（"铝防"，汉语拼音字首）及顺序号表示。防锈铝合金有很好的塑性加工性能和焊接性能，不能热处理强化，只能采用冷变形加工提高其强度。Al-Mn 系铝合金由于锰的作用，具有良好的焊接性和塑性，但切削性能差。Al-Mg 系铝合金由于镁的作用，强度比 Al-Mn 合金高，并具有相当好的耐蚀性。应用较广的 Al-Mg 合金是 5A02 和 5A03。Al-Mg 合金耐蚀性优于 Al-Mn 合金 3A21。

B 硬铝合金

硬铝合金是 Al-Cu-Mg 系合金（牌号为 2A 系列铝合金），具有强烈的时效强化作用，经时效处理后具有很高的硬度、强度，主要合金元素铜和镁的添加，使合金中形成大量的强化相 θ 相（$CuAl_2$）和 S 相（$CuMgAl_2$）。合金经固溶时效处理后，强度显著提高。硬铝的代号由 LY 和顺序号表示。硬铝的耐蚀性差，尤其不耐海水腐蚀。硬铝又可分为铆钉硬铝、中强、高强和耐热硬铝。

典型合金有低合金化硬铝 2A01（LY1）和 2A10（LY10）；在航空工业中主要用于制作螺旋桨叶片、蒙皮等的中强硬铝 2A11（LY11）；用于制作飞机蒙皮、壁板，型材用作飞机隔框、翼肋等的高强度硬铝 2A12（LY12）；用于在 250~350 ℃下工作的零件和常温或高温下工作的焊接容器的耐热硬铝 2A16（LY16）。

C 超硬铝合金

超硬铝是 Al-Zn-Mg-Cu 系合金（牌号为 7A 系列铝合金），是目前室温强度最高的一类合金，其强度值可达 500~700 MPa，超过高强度硬铝 2A12（LY12）。除了强度高以外，韧性也很高，又具有良好的工艺性能，是飞机工业中重要的结构材料。

锌和镁是合金的主要强化元素，形成的强化相除 θ 相、S 相外，还有可产生强烈时效强化效果的 η 相（$MeZn_2$）和 T 相（$Mg_3Zn_3Al_2$），是目前强度最高的铝合金。代号用 LC 和顺序号表示。具有较好的热塑性，适宜压延、挤压和锻造，用于制作要求质量轻、受力较大的结构件，如飞机大梁、起落架等，典型合金为 7A04（LC4）。

D 锻铝合金

锻铝属于 Al-Mg-Si-Cu 系合金，具有良好的热塑性和锻造性能，用于制作形状复杂或承受重载的各类锻件。锻铝在经固溶处理和人工时效后可获得与硬铝相当的力学性能。锻铝的代号用 LD 和顺序号表示，典型合金为 2A60（LD6）。

表 1-3 为常用变形铝合金牌号、化学成分、力学性能及用途举例。

表 1-3 常用变形铝合金牌号、化学成分、力学性能及用途举例

| 类别 | 牌号 | 代号 | 化学成分/% | | | | | | 热处理状态 | 力学性能 | | | 用途举例 |
			w_{Cu}	w_{Mg}	w_{Mn}	w_{Zn}	$w_{其他}$	w_{Al}		抗拉强度 R_m/MPa	断面收缩率 A/%	硬度 HBW	
防锈铝合金	5A05	LF5	0.1	4.8~5.5	0.3~0.6	0.2	—	余量	M	280	20	70	焊接油箱、油管、铆钉等
	5A11	LF11	0.1	4.8~5.5	0.3~0.6	0.2	Ti 或 V 0.02~0.15	余量	M	270	20	70	焊接油箱、油管、铆钉、中载荷零件等
	3A21	LF21	0.2	0.05	1.0~1.6	0.1	Ti 0.15	余量	M	130	20	30	管道、容器、铆钉及轻载荷零件等
硬铝合金	2A01	LY1	2.2~3.0	0.2~0.5	0.2	0.1	Ti 0.15	余量	CZ	300	24	70	中等强度、工作温度不超过 100 ℃ 的铆钉
	2A11	LY11	3.8~4.8	0.4~0.8	0.4~0.8	0.3	Ni 0.15 Ti 0.15	余量	CZ	420	18	100	骨架、螺旋桨叶片、铆钉等中等强度构件
	2A12	LY12	3.8~4.9	1.2~1.8	0.3~0.9	0.3	Ni 0.15 Ti 0.15	余量	CZ	480	11	131	高强度的构件及 150 ℃ 以下工作的零件等
超硬铝合金	7A04	LC4	1.4~2.0	1.8~2.8	0.2~0.6	5.0~7.0	Cr 0.10~0.25	余量	CS	600	12	150	飞机大梁、加强框、起落架等构件及高载荷零件
锻铝合金	2A50	LD5	1.8~2.6	0.4~0.8	0.4~0.8	0.3	Ni 0.10 Si 0.7~1.2 Ti 0.15	余量	CS	420	13	105	形状复杂和中等强度的锻件及模锻件
	2A70	LD7	1.9~2.5	1.4~1.8	0.2	0.3	Ti 0.02~0.10 Ni 1.0~1.5 Fe 1.0~1.5	余量	CS	440	13	120	高温下工作的复杂锻件和结构件、内燃机活塞
	2A14	LD10	3.9~4.8	0.4~0.8	0.4~1.0	0.3	Ni 0.01 Si 0.6~1.2 Ti 0.15	余量	CS	480	10	135	高载荷锻件和模锻件

注：M—退火；CZ—淬火+自然时效；CS—淬火+人工时效。

1.2.2.2 铸造铝合金

铸造铝合金的铸造性能好，可进行各种形状复杂零件的铸造。为了避免出现大量硬而脆的化合物，实际使用的铸造铝合金并非都是共晶合金，它与变形铝合金相比只是合金元素含量更高一些。

A　铸造铝合金的种类及性能

铸造铝合金按主加合金元素的不同，可分为 Al-Si 系、Al-Cu 系、Al-Mg 系和 Al-Zn 系合金四类。铸造铝合金的代号用 ZL（"铸铝"汉语拼音字首）和三位数字表示。第一位数字表示合金类别（以 1、2、3、4 顺序号分别代表 Al-Si 系、Al-Cu 系、Al-Mg 系和 Al-Zn 系）；第二、三位数字表示合金顺序号。铸造铝合金的牌号由"ZAl"、合金元素符号及合金含量（$w_{Me} \times 100$）组成。

（1）Al-Si 铸造铝合金的铸造性能最好，具有中等强度和良好的耐蚀性，因而应用最广，常用于制造发动机气缸以及仪表外壳等。

（2）Al-Cu 铸造铝合金中铜的质量分数一般为 4%～14%，时效强化效果好，在铸造铝合金中具有最高的强度和耐热性。但铸造性能不好，耐蚀性也较差，用于制作要求高强度或在高温（200～300 ℃）条件下工作的零件。

（3）Al-Mg 铸造铝合金的强度和韧性较高，具有优良的耐蚀性、切削性和抛光性。当镁的质量分数为 9.5%～11.5%时性能最好，如 ZL301 合金。

（4）Al-Zn 铸造铝合金铸造性能良好，并且在铸造冷却时就可形成含锌的过饱和 α 固溶体，使铸件具有较高的强度，其缺点是密度较大，耐蚀性较差，热裂倾向大。

表 1-4 为常用铸造铝合金的牌号、化学成分、力学性能及用途举例。

表 1-4　常用铸造铝合金的牌号、化学成分、力学性能及用途举例

类别	牌号（代号）	化学成分/%						铸造方法与热处理状态	力学性能			用途举例
		w_{Si}	w_{Cu}	w_{Mg}	w_{Mn}	$w_{其他}$	w_{Al}		抗拉强度 R_m/MPa	断面收缩率 A/%	硬度 HBW	
铝硅合金	ZAlSi7Mg（ZL101）	6.0～7.5		0.25～0.45			余量	J，T5 S，T5	205 195	2 2	60 60	形状复杂的零件，抽水机壳体，工作温度不超过 185 ℃的汽化器等
	ZAlSi2（ZL102）	10～13					余量	J，SB，JB SB，JB T2	155 145 135	2 4 4	50 50 50	形状复杂的零件，工作温度在 200 ℃以下要求气密性、承受低载荷的零件
	ZAlSi5CuMg（ZL105）	4.5～5.5	1.0～1.5	0.4～0.6			余量	J，T5 S，T5 S，T6	235 195 225	0.5 1.0 0.5	70 70 70	形状复杂，在 225 ℃以下工作的零件，风冷发动机的气缸头、机匣、油泵壳体等
	ZAlSi12CuMg1（ZL108）	11～13	1.0～2.0	0.4～1.0	0.3～0.9		余量	J，T1 J，T6	195 255		85 90	要求高温强度及低膨胀系数的高速内燃机活塞及其他耐热零件
	ZAlSi9Cu2Mg（ZL111）	8.0～10	1.0～1.8	0.4～0.6	0.1～0.35	Ti 0.1～0.35	余量	SB，T6 J，T6	255 315	1.5 2	90 100	250 ℃以下承受重载的气密零件，如大马力柴油机气缸体等

类别	牌号（代号）	化学成分/%						铸造方法与热处理状态	力学性能			用途举例
		w_{Si}	w_{Cu}	w_{Mg}	w_{Mn}	$w_{其他}$	w_{Al}		抗拉强度 R_m/MPa	断面收缩率 A/%	硬度 HBW	
铝铜合金	ZAlCu5Mn (ZL201)		4.5 ~ 5.3		0.6 ~ 1.0	Ti 0.15 ~ 0.35	余量	S, T4 S, T5	295 335	8 4	70 90	175~300 ℃以下工作的零件，如支臂、内燃机汽缸头、活塞等
	ZAlCu4 (ZL203)		4.0 ~ 5.0				余量	J, T4 J, T5	205 225	6 3	60 70	承受中等载荷、形状较简单的零件，如托架和温度不超过 200 ℃的小零件
铝镁合金	ZAlMg10 (ZL301)			9.5 ~ 11			余量	S, T4	280	10	60	在大气或海水中工作的零件，承受大振动载荷，工作温度不超过 150 ℃的零件
	ZAlMg5Si (ZL303)	0.8 ~ 1.3		4.5 ~ 5.5	0.1 ~ 0.4		余量	S, J	145	1	55	腐蚀介质下的中等载荷零件，在严寒大气中以及工作温度不超过 200 ℃的零件，如海轮配件和各种壳体
铝锌合金	ZAlZn11Si7 (ZL401)	6.0~8.0		0.1~0.3		Zn 9 ~13	余量	J, T1 S, T1	245 195	1.5 2	90 80	工作温度不超过 200 ℃、结构形状复杂的汽车、飞机零件

注：1. 铸造方法：S—砂型铸造，J—金属型铸造，B—变质处理。
　　2. 热处理状态：T1—人工时效，T2—退火，T4—固溶处理+自然时效，T5—固溶处理+不完全人工时效，T6—固溶处理+人工时效。

B　铸造铝合金的生产

多种铸造方法都适用于铝合金铸件的生产，当生产批量小时，铸造铝合金可用于手工砂型铸造，并且大部分铸造铝合金对砂型和芯型的耐火度要求不高；当生产批量大时，铸造铝合金多采用金属型铸造和压力铸造方法。

铸造铝合金一般用坩埚或电炉进行熔炼，它的熔点较低，有较好的流动性，适合铸造各种形状复杂的薄、厚壁铸件。铝合金在液态下易氧化而形成 Al_2O_3 薄膜，该薄膜氧化物不易被还原，且密度与铝液相近，可悬浮于铝液中，在熔炼和浇注过程中很难被去除，易形成夹渣，从而降低铸造铝合金的力学性能。此外，还需要合理设计铸件的浇注系统，使液体合金能平稳而较快地充满型腔，以避免继续氧化。

1.2.3　镁合金

镁合金是航空器、航天器和火箭导弹制造工业中使用的最轻金属结构材料。镁合金具有较高的抗振能力，在受冲击载荷时能吸收较大的能量，还有良好的吸热性能，因而是制造飞机轮毂的理想材料。镁合金在汽油、煤油和润滑油中很稳定，适于制造发动机齿轮机匣、油泵和油管。民用机和军用飞机，尤其是轰炸机广泛使用镁合金制品，例如，B-52 轰炸机的机身部分就使用了镁合金板材 635 kg，挤压件 90 kg，铸件超过 200 kg。镁合金也用在导弹和卫星的一些部件上，如某地空导弹的仪表舱、尾舱和发动机支架等都使用了镁合金。我国稀土资源丰富，已于 20 世纪 70 年代研制出加钇镁合金，提高了高温强度，使其能在 300 ℃下长期使用，已在航空航天工业中推广应用。

镁合金中常加入的主要元素是铝、锌、锰、铬、稀土和锂等，合金化原则与铝合金十分接近，主要是利用固溶强化和沉淀强化来提高合金的力学性能。我国按成形工艺可将镁合金分为两大类，即变形镁合金和铸造镁合金，二者在成分、组织和性能上有很大的差异。我国常用镁合金的牌号及主要化学成分见表 1-5。

表 1-5　常用镁合金的牌号及主要化学成分

类别	合金系	牌号	主要化学成分（质量分数）/%					
			w_{Al}	w_{Mn}	w_{Zn}	$w_{其他}$	w_{Mg}	$w_{杂质总量} \leqslant$
变形镁合金	Mg-Mn	MB1	—	1.30~2.50	—	—	余量	0.2
		MB8	—	1.3~2.20	—	Ce 0.15~0.35	余量	0.3
	Mg-Al-Zn	MB2	3.0~4.0	0.15~0.50	0.2~0.8	—	余量	0.3
		MB3	3.7~4.7	0.30~0.60	0.8~1.4	—	余量	0.3
		MB5	5.5~7.0	0.15~0.50	0.5~1.5	—	余量	0.3
		MB6	5.0~7.0	0.20~0.50	2.0~3.0	—	余量	0.3
		MB7	7.8~9.2	0.15~0.50	0.2~0.8	—	余量	0.3
	Mg-Zn-Zr	MB15	—	—	5.0~6.0	Zr 0.3~0.9	余量	0.3
铸造镁合金	Mg-Zn-Zr	ZM1	—	—	3.5~5.5	Zr 0.5~1.0	余量	0.3
		ZM2	—	—	3.5~5.0	Zr 0.5~1.0 RE 0.75~1.75	余量	0.3
		ZM7	—	—	7.5~9.0	Zr 0.5~1.0 Ag 0.6~1.2	余量	0.3
	Mg-RE-Zr	ZM3	—	—	0.2~0.7	Zr 0.5~1.0 RE 2.5~4.0	余量	0.3
		ZM6	—	—	0.2~0.7	Zr 0.4~1.0 RE 2.0~2.8	余量	0.3
	Mg-Al-Zn	ZM5	7.5~9.0	0.15~0.50	0.2~0.8	—	余量	0.5
		ZM10	9.0~10.2	0.10~0.50	0.6~1.2	—	余量	0.5

1.2.3.1　铸造镁合金

（1）Mg-RE-Zr 系合金。ZM6 性能最好，经热处理后室温强度较高，高温瞬时强度和蠕变强度也很高，可在 250 ℃下长期工作。

（2）Mg-Al-Zn 系合金。ZM5 是应用最广泛的 Mg-Al-Zn 系合金之一，平衡组织为 α+$Mg_{17}Al_{12}$，铸造流动性好，热裂倾向小。固溶处理温度 415~420 ℃，时效处理后屈服强度提高 10%~15%。

1.2.3.2　变形镁合金

变形镁合金经过挤压、轧制和锻造等工艺处理后，具有比相同成分的铸造镁合金更高的性能。变形镁合金制品有轧制薄板、挤压件和锻件等。

Mg-Al-Zn 系变形镁合金属于中等强度、塑性较高的镁合金，典型合金为 MB2、MB5 及 MB7。MB2 的平衡组织为 $\alpha+Mg_{17}Al_{12}$，因其合金化程度较低，$Mg_{17}Al_{12}$ 相数量较少，不能热处理强化，一般在热加工或退火状态下使用。

Mg-Zn-Zr 系变形镁合金是高强度镁合金，变形能力不如 Mg-Al-Zn 系合金，常用于挤压件生产，典型合金是 MB15，具有较高的强度，耐蚀性良好，无应力腐蚀破裂倾向。常采用的热处理方式为挤压变形或锻造后直接在 170 ℃时效 10 h。

1.2.4 钛合金

钛合金的比强度和比断裂韧度高，疲劳强度和抗裂纹扩展能力好，低温韧性良好，耐蚀性能优异，某些钛合金的最高工作温度为 550 ℃。它在航空发动机中的用量占结构总质量的 20%~30%，用于制造压气机部件，如锻造钛风扇、压气机盘和叶片、铸钛压气机机匣等；航天器主要利用钛合金的高比强度、耐蚀性和耐低温性能来制造各种压力容器、燃料贮箱和火箭壳体。

按退火状态的组织不同，可以分为 TA、TB、TC 钛合金，如 α 相的 TA 钛合金、β 相的 TB 钛合金，($\alpha+\beta$) 两相的 TC 钛合金。常用钛合金的牌号及主要化学成分见表1-6。

表1-6 常用钛合金的牌号及主要化学成分

合金类型	牌号	主要化学成分/%		
		w_{Al}	$w_{其他元素}$	w_{Ti}
α 型	TA4	2.0~3.3	—	余量
	TA5	3.3~4.7	—	余量
	TA6	4.0~5.5	—	余量
	TA7	4.0~6.0	Sn 2.0~3.0	余量
	TA7 ELI	4.50~5.75	Sn 2.0~3.0 "ELI" 表示超低间隙	余量
β 型	TB2	2.5~3.5	Mo 4.7~5.7，V 4.7~5.7，Cr 7.5~8.5	余量
($\alpha+\beta$) 型	TC1	1.0~2.5	Mo 0.7~2.0	余量
	TC2	3.5~5.0	Mn 0.8~2.0	余量
	TC3	4.5~6.0	V 3.5~4.5	余量
	TC4	5.5~6.8	V 3.5~4.5	余量
	TC6	5.5~7.0	Mo 2.0~3.0，Cr 7.5~8.5，Fe 0.2~0.7，Si 0.15~0.40	余量
	TC9	5.5~6.8	Sn 1.8~2.8，Mo 2.8~3.8，Si 0.2~0.4	余量
	TC10	5.5~6.5	Sn 1.5~2.5，V 5.5~6.5，Fe 0.35~1.00，Cu 0.35~1.00	余量

1.2.4.1 TA(α) 钛合金

高温性能好，组织稳定，焊接性能好，是耐热钛合金的主要组成部分，但不能热处理强化，常温强度低，塑性不高，通常在退火或热轧状态下使用。

TA7 是我国应用最多的一种 α 钛合金，具有优良的低温性能，在−253 ℃以下，其抗拉强度为 1575 MPa，屈服强度为 1505 MPa，伸长率为 12.0%。已作为许多空间飞行器储存燃料（如液态氢）的压力容器的标准材料。

1.2.4.2　TC(α+β) 钛合金

既加入 α 相稳定元素，又加入 β 相稳定元素，使 α 相和 β 相同时得到强化。可以热处理强化，常温强度高，中等温度的耐热性也不错，但组织不够稳定，焊接性能差，其性能主要由 β 相稳定元素来决定。

TC(α+β) 钛合金的力学性能变化范围较宽，是用量最大的一类钛合金，约占航空工业使用钛合金量的 70% 以上。目前广泛使用的是 TC4 合金，名义成分为 Ti-6Al-4V，强化方式是淬火和时效处理，室温强度可达 1190 MPa，比退火态提高 20%~25%。用于制造火箭发动机外壳，航空发动机压气机盘和叶片、压力容器、船舶部件等。

1.2.4.3　TB(β) 钛合金

加入大量 β 相稳定元素，如 Mo、V、Cr 等，是发展高强度钛合金潜力最大的合金，可以使该合金在空冷或水冷到室温后能得到全由 β 相组成的组织，再通过时效处理可以大幅度提高强度。但合金元素含量高，密度大，易于偏析，性能波动大，价格昂贵，工作温度一般不超过 200 ℃。

TB2 钛合金是典型的 β 钛合金，具有较高的强度和良好的焊接性能及加工性能，但性能不够稳定。由于熔炼工艺复杂，其应用范围不如（α+β）钛合金和 α 钛合金广。

1.3　材料特种成形选材原则

在材料特种成形中，为了合理地选择和使用金属材料，不仅要考虑材料的性能以适应零件的工作条件并保证其使用寿命，而且要考虑其加工工艺性能和经济性，以便提高生产率，降低成本，减少消耗等。本节就典型特种成形材料的选用原则作简要介绍，并给出典型的选用实例。

1.3.1　选材原则

1.3.1.1　按使用性能选材

材料的成分、热处理工艺、组织、性能之间是密切相关的，如图 1-3 所示。在选材时，应根据零件的服役条件和失效形式找出所选材料的主要力学性能指标。如汽车、拖拉机或柴油机上的连杆螺栓，在工作时整个界面承受均匀分布的拉应力，除了由于强度不足引起过量塑性变形而失效外，多数情况下是由于疲劳破坏而造成断裂，因此除了要求有高的屈服强度外，还要求有高的疲劳强度。

在工程设计上，材料的力学性能数据一般是以该材料制成的试样进行力学性能试验测得的，它虽然能表明材料性能的高低，但由于试验条件与机械零件的实际工作条件有差异，因而力学性能数据仍不能确切地反映机械零件承受载荷的实际能力。生产中最常用的检验材料力学性能的方法是硬度检验法，不破坏零件，比较方便，而且硬度与力学性能之间存在一定关系。

1.3.1.2　按工艺性能选材

材料工艺性能的好坏对最终零件的加工有着直接影响，主要工艺性能如下：

（1）铸造性能，包括流动性、收缩、偏析、吸气性等。

（2）锻造性能，包括可锻性、抗氧化性、冷镦性、锻后冷却等。

（3）切削加工性能，包括粗糙度、切削加工性等。

（4）焊接性能，包括冷裂或热裂倾向、形成气孔的倾向、热影响区大小等。

（5）热处理工艺性能，包括淬透性、变形开裂倾向、过热敏感性、回火脆性倾向、氧化脱碳倾向、冷脆性等。

一般来说，碳钢的锻造及切削加工性能较好，其力学性能可以满足一般零件的工作要求，因此碳钢的用途较广泛，但它的强度不高，淬透性较差，因此制造大截面、形状复杂和高强度的淬火零件时，常选用合金钢。合金钢的淬透性好、强度高，但其锻造、切削加工等工艺性能较差。

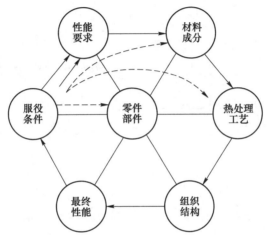

图 1-3　材料的成分、热处理工艺、组织、性能之间的关系

1.3.1.3　按经济性选材

零件制造的经济性涉及材料的价格、加工成本、国家资源情况、生产设备情况等因素。在满足使用性能的前提下，选用特种成形材料时还要注意降低零件的总成本以及资源情况。

在金属材料中，碳钢和铸铁的价格是比较低廉的，因此在满足零件使用性能的前提下应尽量选用碳钢和铸铁，它们不仅具有较好的加工工艺性能，而且可降低成本。

低合金钢由于强度比碳钢高，总的经济效益比较显著，有扩大使用的趋势。

在选材时还应该考虑国家的生产和供应情况，所选钢种应尽量少而集中，以便采购和管理。

总之，作为从事材料特种成形的设计和工艺人员，在选材时必须了解我国的工业发展形势，要按照国家标准，结合我国的生产和资源条件，从实际情况出发，全面考虑材料的力学性能、工艺性能和经济性等方面的因素。

1.3.2　典型选材工程案例

1.3.2.1　轴类零件

直径为 45 mm、长度为 192 mm 的发动机轴，承受的最大扭转应力为 176 MPa，弯曲应力为 563 MPa，试选择合适的钢种。

由于扭转所产生的切应力尚不及弯曲所产生的切应力的一半，因此只考虑弯曲时所产生的应力。对于轴类零件，弯曲应力在轴的中心线上接近于零，显然没有必要全部淬透，如果淬透还有可能产生淬火裂纹，同时也对表面残余应力不利，因为淬透时表面容易产生拉应力。

由于轴是在疲劳载荷下工作的，因此根据疲劳强度和硬度的关系曲线，可以确定若要有效地抵抗疲劳载荷，应该通过热处理使轴的硬度值达到 36HRC，如图 1-4 所示。而要想调质后得到这样的硬度，淬火后就必须得到 45HRC 的硬度，如图 1-5 所示。

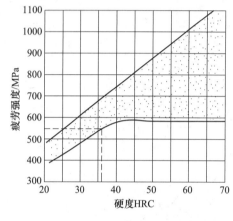 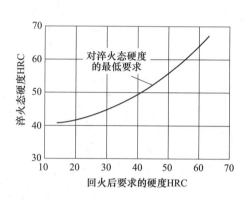

图 1-4 硬度与疲劳强度的关系　　　图 1-5 钢回火后的硬度与淬火硬度的关系

由于轴类零件一般选用中碳钢制造，对于 $w_C = 0.4\%$ 的钢来说，在组织中应有体积分数不少于 80% 的马氏体。

根据 40Cr、35CrMo 和 40CrMnMo 钢的端淬曲线（见图 1-6），距顶端 11 mm 处的硬度值分别是 40Cr：32HRC；35CrMo：37HRC；40CrMnMo：49HRC。因此，应选用 40CrMnMo，其距离表层 1/4R 处能达到 49HRC，超过了规定数值 45HRC，保证淬透性有一定储备，从而可以保证性能安全可靠。

1.3.2.2 模具

以冷镦六方螺母的冲头和凹模为例，必须统筹考虑其服役条件、失效方式和性能要求，进行正确选材。图 1-7~图 1-10 所示分别为冷敏六方螺母成形的四道工序，由坯料开始，通过四道工序加工而成形，每一道工序都有其特定的作用，金属的变形规律各不相同，冲头和凹模的受力条件也各不相同。

第一道工序是把预先截好的棒料镦压，并在一端预成形。图 1-7 中所示的上、下两个冲头是被精确导向的。由于钢坯料与上下冲头端面侧向移动很小，摩擦力较小，因而耐磨性要求不是很高，所以选用价格便宜的碳素工具钢 T10A 来制造两个冲头。中间套其实是一个模套，用于上冲头的导向并压紧凹模，因而它不需要高的耐磨性，但要求必须具有高的强度、良好的韧性和低的缺口敏感性。凹模承受一定的磨损，同时要求高的强度和硬度。可选择 W18Cr4V 或 W6Mo5Cr4V2 高速钢制造。

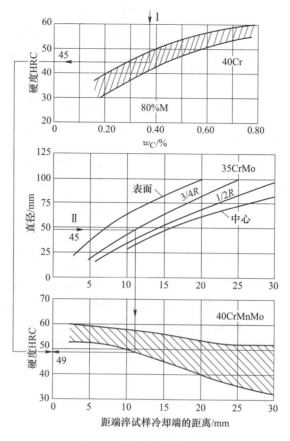

图 1-6　根据端淬曲线选材

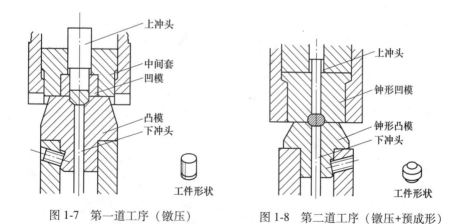

图 1-7　第一道工序（镦压）　　　　图 1-8　第二道工序（镦压+预成形）

　　第二道工序是进一步镦压，使两端面经受较重的预变形。上、下两个冲头仍用 T10A
钢制造。钟形凹模体积较大，承受径向拉应力，要求具有高的韧性，因而选择 Cr2 钢来制
造，经 830 ℃加热喷水冷却内孔得到薄壳，淬火，190 ℃回火 3 h，硬度为 60~62HRC。

　　第三道工序是使用两个六角形冲头，使钢坯预穿孔，同时使钢坯外形成六角形状。这
种六角形冲头必须具有高的硬度和耐磨性，因此选用 W6Mo5Cr4V2 高速钢。中间套不与工

件接触，选用 H11 钢，淬火，回火到 48~50HRC。六角模的内表面磨损较大，选用 W18Cr4V 高速钢，采用 1270 ℃油淬，590 ℃保温 2.5 h，回火两次。

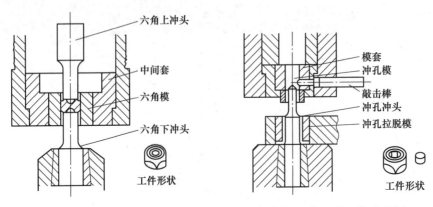

图 1-9　第三道工序（成形+预冲孔）　　　　图 1-10　第四道工序（冲孔）

　　第四道工序是螺母中间孔的冲制。冲孔模套和冲孔拉脱模要求具有高的抗压强度和硬度，选用 Cr5MoV 钢，经 950 ℃加热后空冷，210 ℃回火 2.5 h，硬度达到 59~61HRC。冲头要求具有高的韧性，选用 W18Cr4V 高速钢来兼顾韧性和耐磨性，通过 1260 ℃油淬，590 ℃保温 2.5 h，回火两次，硬度为 59~61HRC。敲击棒采用 CrWMn 钢，780 ℃油淬，200 ℃回火 2.5 h，硬度为 58~60HRC。

2 消失模铸造

2.1 消失模铸造工艺原理

2.1.1 消失模铸造原理分析

消失模铸造工艺的基本原理是将泡沫塑料模样（又称为白模或母模）与浇注系统黏合并涂挂耐火涂料层后，置于砂箱中，模样周围填入干砂，经过振动紧实造型，然后浇注金属液，高温金属液的热作用造成泡沫塑料热解消失，金属液充填到泡沫塑料模退出的空间，最终完成充型和凝固，消失模铸造，如图2-1所示。

由于消失模铸件是靠液态金属将模样热解汽化，由液态金属取代模样原有位置，凝固后形成铸件。在液态金属充型流动的前沿存在着十分复杂的物理与化学反应，传热、传质与动量传递过程复杂交错：

（1）在液态金属前沿，与尚未汽化的模样之间形成一定厚度的气隙，在该气隙中高温液态金属与涂层、干砂及未汽化的模样之间，存在着传导、对流、辐射等热量传输作用和化学反应。

（2）消失模模样在高温金属液作用下形成的热解产物，与液态金属、涂料及干砂之间，也存在着物理化学反应和质量传输。

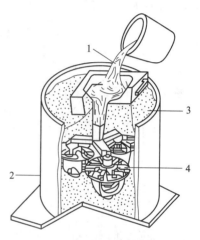

图 2-1　消失模铸造

1—金属液；2—砂箱；

3—泡沫塑料模；4—干砂

（3）在金属液充型过程中，气隙中的气压升高，模样热解吸热，使金属液流动前沿的温度不断降低，对液态金属充型的动量传输具有一定的影响。

图2-2所示为消失模铸造液态金属的充型过程、金属流动前沿热量和质量的传输过程。与传统的砂型铸造相比，消失模铸造成形过程要复杂得多，不仅直接关系到铸件成形

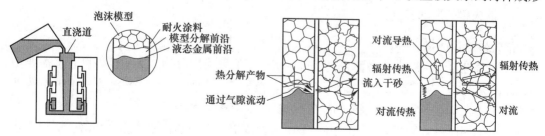

图 2-2　质量传输和热量传输过程

成败以及铸件质量高低，而且对铸件内在质量有至关重要的影响。

　　我国对消失模铸造研究开展较晚，但近十几年发展较快，诸多单位和学者对消失模成形做了大量研究工作，取得了部分适合我国国情的成果。但是，由于我国铸造生产条件的特殊性，生产企业技术水平的特殊性，基础理论研究远不能满足我国消失模铸造生产高速发展的要求，需要加大研究力度，广泛进行产学研合作，推动我国消失模铸造技术和生产的健康发展。

2.1.2　消失模铸造工艺流程

　　图2-3为消失模铸造生产工艺过程示意图。主要工序有模样（或白模、母模）制造工序、金属配料与熔炼工序、模样组装及喷涂涂料与涂覆层烘干工序、造型与浇注工序、砂型清理工序及铸件检验入库工序。

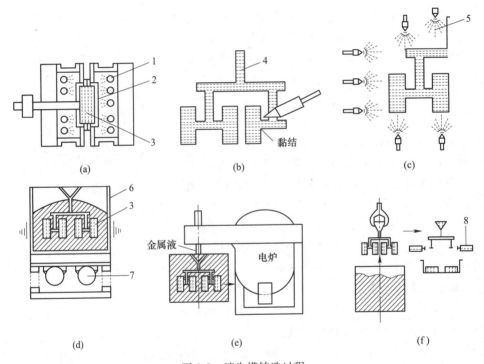

图2-3　消失模铸造过程

（a）模样成形；（b）模样组装；（c）喷涂涂料；（d）造型；（e）浇注；（f）出模
1—蒸汽管；2—型腔；3—模样；4—浇注系统；5—涂料；6—砂箱；7—振动台；8—铸件

2.1.3　消失模铸造的特点

　　消失模铸造的特点有：

　　（1）铸件尺寸精度高，表面粗糙度低。由于不用取模、分型，无拔模斜度，不需要型芯，并避免了由于型芯组合、合型而造成的尺寸误差，因而铸件尺寸精度高。消失模铸件尺寸精度可达 CT5~CT6 级，表面粗糙度可达 $R_a = 6.3 \sim 12.5\ \mu m$。

　　（2）工序简单、生产效率高。由于采用干砂造型，无型芯，因此造型和落砂清理工艺都十分简单，同时在砂箱中可将泡沫模样串联起来进行浇注，生产效率高。

（3）设计自由度大。为铸件结构设计提供充分的自由度，可通过泡沫塑料模片组合铸造出高度复杂的铸件。

（4）清洁生产。一方面型砂中无化学黏结剂，低温下泡沫塑料对环境无害；另一方面采用干砂造型，大大减少铸件落砂、清理工作量，大大降低车间的噪声和粉尘，有利于工人的身体健康和实现清洁生产。

（5）投资少、成本低。消失模铸造生产工序少，砂处理设备简单，旧砂的回收率高达95%以上；模具寿命长；铸件加工余量小。

消失模铸造技术以其独特的优势，在汽车、机械装备行业中得到了飞速的发展。表2-1为国内外采用消失模铸造工艺生产的典型铸件。

表 2-1 消失模铸造工艺生产的典型铸件产品

类别	典型铸件产品
汽车	汽缸体、缸盖、差速器壳体、进气歧管、曲轴、后桥壳体等
工程机械	斗齿、齿轮、齿条等
箱体类	变速器壳体、差速器壳体、转向器壳体、电动机壳体等
阀门、管件	阀体、阀盖、各种灰铸铁、球墨铸铁管件
其他	炉箅条、热处理料筐、磨球、衬板、锤头

2.2 消失模铸造的模具设计

2.2.1 模样的设计和制造

消失模铸造所需的模具主要包括模样（即母模、白模）和发泡成形模具。

模样是消失模铸造成败的关键，没有高质量的模样，绝对不可能得到高质量的消失模铸件。消失模铸造的模样，除了决定着铸件的外部质量之外，还直接与金属液接触并参与热量、质量、动量的传输和复杂的化学、物理反应，对铸件的内在质量也有着重要影响。与传统砂型铸造的模样和芯盒相比仅仅是生产准备阶段的工艺装备不同，消失模铸造的模样是生产过程必不可少的消耗品，每生产一个铸件，就要消耗一个模样。模样的生产效率必须与消失模生产线的效率匹配。

模样制作方法可分为板材加工和发泡成形。

模样板材加工是将泡沫塑料板材通过电热丝切割，或经过铣、锯、车、刨、磨削加工，或手工加工，然后胶合装配成所需的泡沫塑料模样。板材加工法主要用于单件、小批量生产时的大中型模样。

模样发泡成形工艺则用于成批、大量生产时制作泡沫塑料模样。图2-4为模样发泡成形模的工艺过程：原始珠粒→预发泡→干燥、熟化→成形发泡→发泡塑料模。

2.2.1.1 预发泡

微小的珠粒经过加热，体积膨胀至预定大小的过程称为预发泡。预发泡工艺是泡沫模样成形的一个至关重要的环节。一般而言，泡沫模样的密度调整主要是通过调整预发泡的倍数来实现。

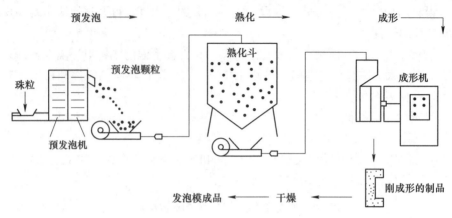

图 2-4　模样发泡成形模的工艺过程

2.2.1.2　熟化

刚刚预发泡的珠粒不能立即用来在模具中进行二次发泡成形，这主要是因为预发珠粒从预发泡机卸料到储料仓时，预发珠粒弹性不足，流动性较差，不利于充填紧实模具型腔和获得较好表面质量的泡沫模样。预发泡后的珠粒，必须放置一个时期，让空气渗入泡孔中，保持泡孔内外压力的平衡，使珠粒富有弹性，以便最终发泡成形，这个过程称为熟化处理，最合适的熟化温度是 20~25 ℃。温度过高，发泡剂的损失增大；温度过低，减慢了空气渗入和发泡剂扩散的速度。最佳熟化时间取决于熟化前预发珠粒的湿度和密度，密度越低，熟化时间越长；湿度越大，熟化时间越长。

2.2.1.3　发泡成形

发泡成形是指将熟化后的珠粒充填到模具的型腔内，再次加热使珠粒二次发泡，发泡珠粒相互黏结成一个整体，经冷却定形后脱模，形成与模具形状和尺寸一致的整体泡沫塑料模样，图 2-5 所示为整体发泡成形示意图。

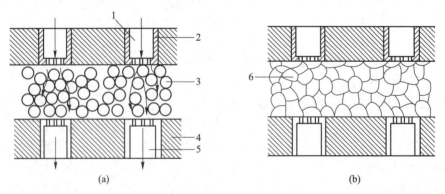

图 2-5　整体发泡成形

（a）发泡成形前；（b）发泡成形后

1—蒸汽入口；2—通气塞；3—预发珠粒；4—模具；5—蒸汽出口；6—发泡成形后珠粒

根据开模方式不同，发泡成形机可以分为立式和卧式两种：

（1）立式发泡成形机的开模方式为水平分型，如图 2-6（a）所示，模具分为上模和下模。模具拆卸和安装方便；模具内便于安放嵌件（或活块）；易于手工取模；占地面积小。

（2）卧式发泡成形机的开模方式为垂直分型，如图2-6（b）所示，模具分为左模和右模。模具前后上下空间开阔，可灵活设置气动抽芯机构，便于制作有多抽芯的复杂泡沫模样；模具中的水和气排放顺畅，有利于泡沫模样的脱水和干燥；生产效率高，易实现计算机全自动控制；但结构较复杂、价格较贵。

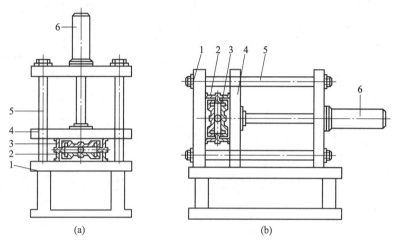

图 2-6 发泡成形机
（a）立式成形机；（b）卧式成形机
1—固定工作台；2—固定模；3—移动模；4—移动工作台；5—导杆；6—液压缸

合理的发泡成形工艺是获得高质量泡沫模样的必要条件，图2-7所示为发泡成形工艺流程。

（1）合模预热。模具合模以后，要将它预热到100℃，保证在正式制模之前模具是热态和干燥的，否则将形成发泡不充分的珠粒状不良表面，模具中残存的水分会导致模样中出现孔隙和孔洞。

（2）填料。泡沫珠粒在模具中填充不均匀或不紧实会使模样出现残缺不全或融合不充分等缺陷，影响产品的表面质量。充填珠粒的方法有手工填料、料枪射料和负压吸料等，其中料枪射料用得最普遍。泡沫珠粒能否充满模具型腔，主要取决于压缩空气和模具上的排气孔设置。压缩空气的压力一般为0.2~0.3 MPa。

（3）加热。预发珠粒填满模具型腔后，通入温度大约为120 ℃、压力为0.1~0.15 MPa的蒸汽，保压时间视模具厚度而定，从几十秒至几分钟。

（4）冷却。模样在出模前必须进行冷却，以抑制出模后继续长大，即抑制第三次膨胀。冷却时使模样降温至发泡材料的软化点以下，模样进入玻璃态，硬化定形，这样才能获得与模具形状、尺寸一致的模样。

（5）脱模。根据发泡成形机的开模方向和模样结构特点，选定起模方式。对于简易立式成形机，常采用水与压缩空气叠加压力推模法；对于自动成形机，有机械顶杆取模法和真空吸盘取模法。

模样从模具中取出时，一般存在0.2%~0.4%的收缩，并且含6%~8%（质量分数）

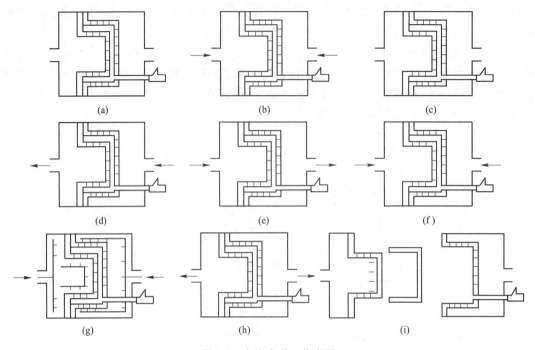

图 2-7　发泡成形工艺流程

（a）闭模；（b）预热模具；（c）加料；（d）定模通蒸汽；（e）动模通蒸汽；
（f）定、动模通蒸汽；（g）水冷却；（h）真空冷却；（i）脱模

的水分和少量发泡剂。在生产实际中，常将模样置入 50～70 ℃的烘干室中强制干燥 5～6 h，达到稳定尺寸、去除水分的目的。

消失模铸造的浇注系统也由泡沫塑料材料制成，并和模样黏结在一起，形成模组（见图 2-3），浇注系统与浇注方式见表 2-2。

表 2-2　浇注系统与浇注方式

浇注方式	特　　点
顶注式	充型速度快，有利于防止浇不足、冷隔、塌箱等缺陷，顺序凝固效果好，铸件成品率高。但难于控制金属液流，容易卷入热解残留物。一般薄壁、矮小的铸件多采用顶注
侧注式	金属液从模型中间引入，铸件上表面出现碳缺陷的概率低。但常常出现卷入铸件内部的碳缺陷。侧注适用于一般铸件
底注式	从模样底部引入金属液，上升平稳，充型速度慢，铸件上表面容易出现碳缺陷。一般厚大件采用底注方式
阶梯注式	分两层或多层引入金属液，如果采用空心直浇道，底层内浇道引入金属最多，上层内浇道也同时进入金属液。如果采用实心直浇道，大部分金属液从上层内浇道引入，多层内浇道作用减弱。阶梯浇道引入容易引起冷隔缺陷。一般在高大铸件上采用

由于消失模浇注的特殊性，一般尽量减少浇注系统组成，不设横浇道以缩短金属液流动的距离，还要注意直浇道与铸件之间的距离，应保证充型过程中不因温度升高而使模样变形，以及保持足够的金属压头，以防浇注时呛火。

浇注系统与铸件模样需要黏结，复杂铸件模样如果不能一次发泡制得，可以通过分块

发泡再组合的方式，也需要黏结操作。黏结质量对铸件质量会产生影响，应注意在保证黏结强度的情况下，减少用胶量。还要注意黏结面要密闭，不能有缝隙，以防止后续操作时，涂料进入缝隙，而成为铸件夹杂。

在不同模样分块进行黏结时，黏结精度还将影响泡沫塑料模的尺寸和形状精度，而最终影响铸件质量。图 2-8 所示为模样热黏合过程。

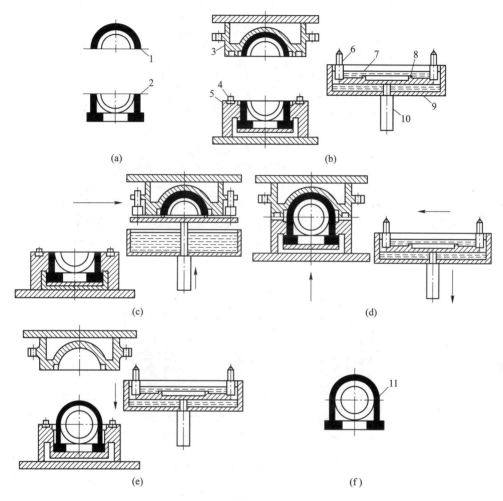

图 2-8　模样热黏合过程

（a）泡沫塑料模片；（b）模片放入胎模；（c）涂胶；（d）合模胶合；（e）取模样；（f）黏合好的模样

1—上膜片；2—下膜片；3—上胎模；4—胎模定位销；5—下胎模；6—印刷板定位销；

7—热熔胶；8—印刷板；9—熔池；10—升降缸；11—泡沫模样

2.2.2　发泡模具的设计

发泡模具是决定模样质量最主要、最直接的因素。模具设计和制造是影响发泡成形模样质量的另一个重要因素。消失模铸造的发泡模具在制模过程中，要经受周期性烟汽加热和喷水冷却，要求模具材料具有良好的导热性能和耐蚀性，生产中常选用锻造铝合金或铸造铝合金来制造消失模的发泡模具。

2.2.2.1　发泡模具类型

（1）蒸缸模具。如图 2-9 所示，蒸缸模具属手工操作，生产周期长、效率低、劳动强度大，仅适用于小批量泡沫塑料模样的生产。

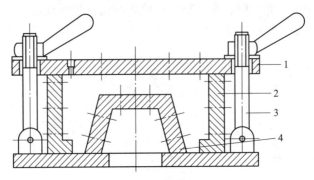

图 2-9　蒸缸模具的结构

1—上盖板；2—外框；3—紧固螺栓；4—下底板（包括模芯）

（2）压机气室发泡模具。如图 2-10 所示，常采用上下或左右开型的结构形式，模芯与模框分别固定在上下气室上，并在模框的适当位置开设加料口，使预发泡珠粒能顺利填满型腔，上下气室均设有进出气口。

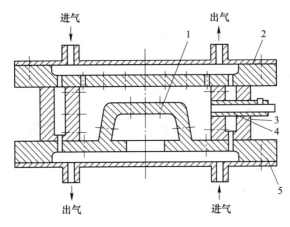

图 2-10　压机气室发泡模具的结构

1—模芯；2—上盖板；3—模框；4—进料口；5—下底板

2.2.2.2　发泡模具尺寸

（1）铸件加工余量。根据我国铸件公差等级，并结合国外消失模铸件的应用实践，确定消失模铸件的尺寸公差为 CT6~CT8（高出机械造型砂型铸件尺寸公差 1~2 个等级），壁厚公差等级为 CT5~CT7（与熔模铸件的尺寸公差相当）。消失模铸件的毛坯加工余量为砂型铸件加工余量的 30%~50%，大于熔模铸件加工余量的 30%~50%。

（2）收缩率。在确定发泡模具的型腔尺寸时，应将铸件的收缩和泡沫模样的收缩计算在内。对于密度为 22~25 kg/cm^3 的泡沫模样，EPS 的线收缩率为 0.3%~0.4%，STMMA 的线收缩率为 0.2%~0.3%。STMMA 泡沫模样的尺寸稳定性要高于 EPS 模样。

（3）泡沫模样的拔模斜度。泡沫模样从发泡模具中取出，需要一定的拔模斜度，在设计和制造发泡模具时应将拔模斜度考虑在内。选择泡沫模样的拔模斜度有三种方法：增大壁厚法、增减壁厚法和减小壁厚法。

2.2.3 发泡模具的制造

2.2.3.1 发泡模具的加工

由于消失模的发泡模具通常采用锻造铝合金或铸造铝合金材质，而且为薄壳随形结构，因此其制造方法主要为铸造成形和机械加工。

A 铸造成形方法

（1）传统铸造成形工艺。工艺流程为：根据模具的二维图制作木榄，然后造型、浇注，获得模具毛坯，再用普通的机械加工方法，制作出最终的模具。

（2）基于快速原型制模工艺。工艺流程为：首先完成模具的三维设计，而后借助快速成形设备在几或几十小时内快速制作出模具的原型，然后结合熔模铸造、石膏型铸造等铸造工艺，快速翻制出精确的模具毛坯。

B 现代机械加工方法

电火花加工和数控加工方法是目前消失模发泡模具制造中最常用的方法，与传统铸造成形工艺相比，精度更高。

（1）电火花加工。主要是制作纯铜或石墨电极，利用电化学腐蚀作用，实现对模具的型腔加工。该工艺获得的模具表面粗糙度值最低，但其电极的设计和加工比较麻烦，一般要通过数控加工和钳工修整来完成，因此一般用于凹模和局部清理。

（2）数控加工。高档模具制造过程中最常见的加工方法，模具是薄壳随形结构，若采用锻坯，要十分注意加工顺序，尽可能降低模具加工过程中的变形。

2.2.3.2 发泡模具型腔的排气结构

模具型腔面加工完成后，需在整个型腔面上开设透气孔、透气塞、透气槽，使发泡模具有较高的透气性：注料阶段，压缩空气能迅速从型腔排走；成形阶段，蒸汽穿过模具进入泡沫珠粒间隙使其融合；冷却阶段，水能直接对泡沫模样进行降温；负压干燥阶段，模样中的水分可通过模具迅速排出。

（1）透气孔的大小和布置。透气孔的直径为 $0.4 \sim 0.5$ mm，过小，易折断钻头；过大，影响泡沫模样的表面美观。有资料介绍，透气孔的通气面积为模具型腔表面总面积的 $1\% \sim 2\%$ 为宜。据此估算，在 100 mm×100 mm 的模具型腔面积上，若钻 $\phi 0.5$ mm 的孔，需均匀布置 $200 \sim 400$ 个，即孔间距为 $3 \sim 6$ mm。透气孔采用外大内小的形式，其间距和结构，如图 2-11 所示。

（2）透气塞的形式、大小和布置尺寸。透气塞有铝质和铜质两种，有孔点式、缝隙式和梅花式等形式，主要规格有 $\phi 4$ mm、$\phi 6$ mm、$\phi 8$ mm 和 $\phi 10$ mm 四种。按透气塞的通气面积约为模具型腔的表面总面积的 1% 估算，在 100 mm×100 mm 的模具面积上，若要安装 $\phi 8$ mm 的孔点式透气塞（该透气塞上共有 $\phi 0.5$ mm 的通气小孔 7 个），需均匀布置 $6 \sim 8$ 个，各种规格的透气塞的安装距离推荐值见表 2-3。

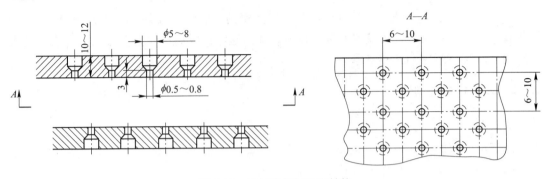

图 2-11　透气孔的间距和结构

表 2-3　透气塞的安装参考尺寸　　　　　　　　　　　　　　　（mm）

透气塞直径	φ4	φ6	φ8	φ10
安装距离	10 10	14 14	25 25	30 30
透气塞种类	孔点式	缝隙式	梅花式	

（3）透气槽。对于难以钻透气孔或安装透气塞的部位，可设计透气槽来解决模具的透气问题。例如，电机壳模具上的散热片处不易安装透气塞。但可在拼装的每个模具块之间开数条宽度为 10～20 mm、深度为 0.3～0.5 mm 的透气槽，如图 2-12 所示。

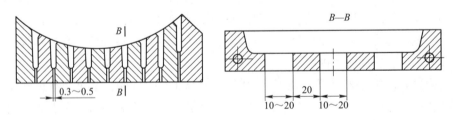

图 2-12　透气槽的开设

2.3　消失模铸造工艺

2.3.1　涂料

2.3.1.1　涂料的作用

（1）降低铸件表面粗糙度，提高铸件的表面质量和使用性能。

（2）涂料层建立了一道耐火性、热化学稳定性高的屏障，将金属液与干砂隔开来，可以防止或减少铸件粘砂、砂眼等缺陷。

（3）提高铸件落砂、清理效率。

（4）能够使金属液流动前沿气隙中模样热解的气体和液体产物顺利通过，排到铸型中去；同时涂料又能够防止金属液渗入，进而防止气孔、金属渗透和碳缺陷。

（5）能提高泡沫模样的强度和刚度。

（6）对于薄壁铝合金铸件，具有良好的保温绝热作用，以防止由于模样热解吸热时金属液流动前沿温度下降过快，避免冷隔和浇不足缺陷。

2.3.1.2 涂料的性能

（1）具备较高的耐火度和化学稳定性，在浇注时不被高温金属熔化或与金属氧化物发生化学反应，形成化学黏砂。

（2）具备较好的透气性。模样表面的涂层要尽可能致密，但致密的涂层不利于模样热解后形成的气体排逸。因此要求涂层具备较好的透气性，以便热解形成的气体及型腔内的空气能顺畅排出。

（3）具备较好的强度和刚度，保护模样并形成一个完好而可靠性高的铸型。

（4）具备良好的工艺性能，如较好的润湿性、黏附性和涂挂性，较快的低温干燥速度等。

2.3.1.3 涂料的制备及使用

（1）常见的涂料制备工艺主要有球磨、碾压和搅拌。球磨机和碾压机配制涂料，因耐火涂料颗粒能被破碎可选用较粗颗粒；而搅拌机配制涂料时没有破碎作用，因而选择较细粒度的耐火材料。

（2）涂料的涂挂方式主要有刷涂法、浸涂法、淋涂法、喷涂法和流涂法等。消失模铸造涂料大都采用浸涂法或浸、淋结合的方法，刷涂用于涂料的修复性补刷和体积较大而无法浸涂的单件生产。浸涂法具有生产效率高、节省涂料、涂层均匀等优点，但由于泡沫模样密度小、强度不高，浸涂时浮力大，容易导致模样变形或折断，因而应采取适当的浸涂工艺。

（3）涂料烘干受泡沫塑料软化温度的限制，所以一般采用在 55 ℃以下的气氛中烘干 2~10 h，烘干时注意空气的流动，以降低湿度，提高烘干效率。

2.3.2 造型

消失模铸造的造型要素包括型砂、振动紧实和负压程度。

2.3.2.1 型砂

消失模铸造工艺中用于填埋发泡模的型砂，最常用的是硅砂。制造高锰钢铸件时，如来源方便，可用镁橄榄石砂；如涂料合适，用硅砂也可以。国内外资料表明，影响铸件尺寸精度的主要因素不在于发泡模具，而在于型砂的控制。

干砂造型所用的型砂，以圆粒形为好。圆形砂流动性好，易于填充狭窄部位，而且紧实所需的能量较少。采用硅砂时，宜尽量采用圆粒砂。型砂的粒度，应与铸造合金的种类、涂料的特性和砂箱中的减压程度等因素综合考虑。一般说来，制造铝合金铸件可用平均粒度为 0.425 ~ 0.212 mm 的型砂；制造铸钢件和铸铁件可用平均粒度为 0.212 ~ 0.106 mm 的型砂。砂箱内减压程度高时，宜选用较细的型砂。

浇注完成以后，回收型砂应经过处理，其目的是：（1）砂子温度降到 50 ℃ 以下，砂温高易导致消失模变形；（2）除去粉尘；（3）除去残留的有机物。

2.3.2.2　振动紧实

实质是通过振动作用使砂箱内的砂粒产生微运动，砂粒获得冲量后克服周围的摩擦力，使砂粒产生相互滑移及重新排列，最终引起砂体的流动变形及紧实。影响振动紧实的因素：

（1）振动维数。垂直方向的振动是提高干砂紧实率的主要因素，在垂直振动的基础上，增加水平方向的振动，紧实率有所提高，单纯水平方向的振动，紧实效果较差。

（2）振动时间。在振动开始后的 40 s 内紧实率变化很快，振动时间为 40 ~ 60 s 时，紧实率的变化较小，振动时间大于 60 s 后，紧实率基本不变。

（3）原砂种类。原砂种类对紧实率具有一定的影响，自由堆积时，圆形砂的密度大于钝角或尖角形砂，振动紧实后，钝角或尖角形砂的紧实率增加较大，另外颗粒度大小对型砂的紧实率也有影响。

（4）振动加速度。加速度在 14.11 ~ 25.68 m/s^2 之间，获得的平均紧实率较高。

（5）振动频率。当振动频率大于 50 Hz 后，紧实率的变化不太大。

2.3.2.3　负压程度

干砂振动紧实后，铸型浇注通常要在抽真空的负压下进行。

抽真空的目的是将砂箱内砂粒间的空气抽走，使密封的砂箱内部处于负压状态，因此砂箱内部与外部产生一定的压差，在此压差的作用下，砂箱内松散、流动的干砂粒可以形成紧实、坚硬的铸型，具有足够高的抵抗高温金属液作用的抗压、抗剪强度，防止高温金属液冲压引发的塌陷等缺陷。

砂箱中适宜的负压程度，与铸造合金种类、铸件特征、发泡模具材料、涂料性能及型砂特性等诸多因素有关。常见铸件消失模铸造的负压程度如下：

（1）铝合金铸件的负压程度为：−20 ~ 0 kPa。

（2）铸铁件的负压程度为：−40 ~ −20 kPa。

（3）铸钢件的负压程度为：−50 ~ −30 kPa。

2.3.3　浇注系统的设计

2.3.3.1　浇注系统类型

按金属液引入型腔的位置不同，浇注系统可分为顶注式、侧注式、下 1/3 处浇注式、阶梯式、底注式和下雨淋式等多种。其中，顶注式、阶梯注式和底注式是最基本的三种形式，可见表 2-2。

（1）顶注式。浇注系统充型速度快，金属液温度降低少，有利于防止浇不足和冷隔缺陷；充型后上部温度高于底部，适于铸件自下而上地顺序凝固和冒口补缩。浇注系统简单，工艺出品率高。但分解产物与金属液流运动方向相反，容易产生夹杂。顶注式浇注系统适合高度不大的铸件。

（2）阶梯注式。浇注系统从铸件侧面，分两层或多层注入金属液，兼有底注式和顶注式的功能。若采用中空直浇道，底层内浇道进入金属液多，然后上层内浇道也很快起作用。若采用实心的直浇道模样，则大部分金属液从最上层内浇道进入，滞后一段时间后，下层内浇道才起作用。为使金属液均匀通过上下内浇道，一般上层内浇道需向上倾斜。阶梯式浇注系统适合薄壁、质量小、形状复杂的铸件。

（3）底注式。浇注系统充型平稳，不易氧化，分解产物与金属液流动方向一致，有利于排气浮渣，但金属液流动前沿与分解产物接触时间较长，温度下降比较多，充填速度最慢，容易在铸件顶部出现皱皮缺陷。在铸件顶部设置集渣冒口收集分解产物，可保证铸件无皱皮缺陷。底注式浇注系统适合于厚、高、大铸件。

2.3.3.2 浇注系统的主要尺寸设计

消失模铸造工艺浇注系统的基本特点是浇注快速、充型平稳，因此常采用封闭式浇注系统。浇注系统各尺寸设计遵循以下原则。

A 内浇道尺寸

与传统砂型铸造工艺一样，首先确定内浇道（最小断面尺寸），再按比例确定直浇道和横浇道。浇注系统的最小截面积由流体力学公式计算，即：

$$A_{内} = \frac{G}{0.31\mu t\sqrt{H_p}} \tag{2-1}$$

式中，$A_{内}$ 为内浇道总面积，cm^2；G 为流经内浇道的金属液总质量，kg；t 为浇注时间，s；H_p 为金属液的平均静压头，cm；μ 为流量损耗系数，铸铁件取 0.4~0.6，铸钢件取 0.3~0.5。

B 浇道尺寸比例

内浇道尺寸确定后，通过浇注系统各组元断面比例关系，可确定横浇道和直浇道尺寸，各组元比例关系推荐如下：

对于黑色金属铸件，$A_{直}:A_{横}:A_{内} = (1.6~2.2):(1.2~1.25):1$

对于有色金属铸件，$A_{直}:A_{横}:A_{内} = (1.8~2.7):(1.2~1.30):1$

C 直浇道与铸件模样间的距离

直浇道与铸件模样间的距离 S，与铸件材质、大小有关：

$$S = K + \alpha G + \beta H \tag{2-2}$$

式中，S 为直浇道与模样间的距离，mm；K 为常数，浇注铝合金时 $K=60$ mm，浇注铜合金时 $K=80$ mm，浇注铸铁时 $K=120$ mm，浇注铸钢时 $K=140$ mm；G 为铸件质量，kg；α 为修正系数，$\alpha=0.08$；β 为修正系数，$\beta=0.06$。

D 冒口的设计

消失模的冒口按其功能分为起补缩作用的冒口、排渣排气作用的冒口和两种功能兼而有之的冒口。排气排渣的冒口，一般设置在液体金属最后充满的部分，或两股液流汇合的部位，起到收集液态或气态热解产物、防止出现夹渣、冷隔、气孔缺陷的作用，这类冒口无需考虑金属液的补缩。消失模铸钢件冒口的设计，可参照砂型工艺方法，没有原则性的区别。

2.3.4　浇注工艺参数

浇注充型是获得合格铸件的重要一环。消失模铸造充型过程伴随有泡沫塑料模的热解过程，从而会影响金属液的浇注温度和充型速度，因此在制订浇注工艺方案时应加以考虑。

2.3.4.1　浇注温度

泡沫塑料模的汽化过程是吸热过程，充型时金属液温度将因此下降，为了保证金属液顺利充型，防止冷隔、浇不足等缺陷，消失模铸造的浇注温度一般比普通砂型铸造高 30~50 ℃，推荐的浇注温度见表 2-4。浇注温度过高，又会造成金属收缩量和含气量增加，对铸型的热作用增强，引发缩孔、缩松、气孔、黏砂等缺陷。另外，过高的浇注温度会使泡沫塑料热解时发气量增加，有时会引起金属液反喷等问题。

表 2-4　消失模铸造不同合金的建议浇注温度　　　　　　　　　　　（℃）

合金种类	灰铸铁	球墨铸铁	铸钢	铸铝
浇注温度	1360~1420	1380~1450	1450~1650	720~800

2.3.4.2　充型速度

决定消失模铸造金属液充型速度的因素很多，浇注系统的阻流设计、影响泡沫塑料模汽化产物反压的诸多因素，如泡沫塑料模密度、涂料透气性、浇注温度等都会影响金属液流动。充型速度过慢容易造成冷隔、浇不足等缺陷，而充型速度过快又容易卷入分解残留物，形成气孔、夹渣等问题。

消失模铸造金属液充型时，泡沫塑料模受热退出空间后，必须尽快由金属液充填占据空隙空间。因此在金属液浇注过程中，要注意浇注操作不能出现金属液断流的情况。在浇注初期，金属液建立足够的静压头前，慢浇，防止金属液反喷飞溅；浇注系统充满后，应采用快浇，保证充型速度。

2.3.4.3　真空度

消失模铸造浇注时抽真空，有利于紧实干砂型，防止铸型崩塌导致无法充型或冲砂；砂箱中的负压环境有利于泡沫塑料模热解气态产物排出，促进金属液充型和减少铸件表面的碳缺陷。负压还有助于提高铸件的复印性，使铸件轮廓更加清晰。

在负压条件影响下，金属液充型形态会发生较大变化。对于厚壁模样，高真空度的情况下可能导致充型时的"附壁效应"，如图 2-13 所示，即沿型壁的金属液受负压牵引向前形成"包抄"，将泡沫塑料分解残余物卷入金属液，导致气孔、渣孔缺陷。建议的消失模负压范围见表 2-5。

表 2-5　消失模铸造推荐的负压范围

合金种类	铸铝	铸铁	铸钢
负压范围/MPa	0.005~0.010	0.03~0.04	0.04~0.05

2.3.4.4　保压时间

保压时间的计算公式为：

$$t = KM^2 \tag{2-3}$$

式中，M 为铸件模数，cm；t 为凝固时间，min；K 为常数，一般铸钢件 $K = 2.8$，铸铁件 $K = 0.0075T_{浇} - 5$。

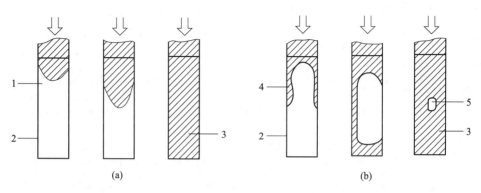

图 2-13 金属液充型时的附壁效应

（a）无负压时；（b）有负压时

1—金属液前沿；2—泡沫塑料模；3—铸件；4—附壁效应；5—孔洞类缺陷

2.4 消失模铸造缺陷及控制措施

消失模铸造工艺是一个系统过程、系统工艺，务必从严管理各工序岗位，要进行全程记录，以便引发缺陷后及时分析寻找主要原因加以防止，这样才能稳定地获得合格铸件。消失模铸造引起的铸件内在质量，包括力学性能、化学成分、金相组织等内部缺陷，则要针对具体铸件合金种类、铸件结构、工艺，从调整化学成分、冷却速度（停泵开箱时间）、消失模铸造工艺和型内变质细化组织、合金化处理等方法加以克服。

消失模铸造常见缺陷及防止措施见表 2-6。

表 2-6 消失模铸造常见缺陷及防止措施

缺陷	产生原因	防止措施
模样成形不完整，轮廓不明显、清晰	（1）成形时珠粒数量不足，未填满模具型腔或珠粒充填不均匀； （2）珠粒粒度不合适，不均匀； （3）模具型腔分布、结构不合理； （4）操作时珠粒进料不规范	（1）珠粒大小要和铸件壁厚匹配，薄壁模样应用小珠粒（最好用 EPMMA、STMMA 珠粒）； （2）调整模具型腔内部结构及通气孔的布置、大小、数量；手工填料时，适当振动或手工辅助填料； （3）用压缩空气喷枪填料时应适当提高压力和调整进料方向
模样融合不良，组合松散	（1）蒸汽热量和温度不够，熟化时间过长； （2）珠粒粒度预发太小或发泡剂含量太少； （3）珠粒充型不均匀或未充满模具型腔	（1）控制预发珠粒的相对密度，控制熟化； （2）增加蒸汽的温度、时间和压力

续表2-6

缺陷	产生原因	防止措施
模样表面颗粒凹陷、粗糙不平	（1）成形发泡时间太短； （2）违反预发泡和熟化规范； （3）发泡剂加入量太少，模具型腔通气孔大小、数量和分布不合理	（1）延长成形发泡时间； （2）缩短预发泡时间，降低成形加热温度，延长珠粒的熟化时间； （3）使用干燥的珠粒或合格的珠粒；模具型腔通气孔的大小、数量、分布要合理
模样脱皮（剥层）、微孔显露	模样与模具型腔表面发生黏合胶着	使用适当的脱模剂或润滑剂（如甲基硅油）
模样变形、损坏	（1）模具工作表面没有润滑剂，甚至粗糙； （2）模具结构不合理或取模工艺不当； （3）冷却时间不够	（1）及时加润滑油，保证模具工作表面光滑； （2）修改模具结构、起模斜度、取模工艺； （3）延长模具冷却时间
模样飞边、毛刺	模具在分型面处配合不严或操作时未将模具锁紧闭合	（1）模具分型面配合务必严密； （2）飞边可用砂纸磨光

2.5　消失模铸造应用的工程案例

2.5.1　大型耐磨环锤消失模铸造

大型破碎机是矿山、冶金、煤炭、电力等领域的重大技术装备，其主要工作部件为环锤（见图2-14），破碎机的寿命长短跟环锤的耐磨性能息息相关，因磨损失效造成的经济损失是十分惊人的。增强环锤的耐磨性能，可以有效地降低生产成本，提高工作效率。环锤的材料主要为高锰钢，传统制造方法是采用金属型铸造工艺，但存在工艺难度大、成本高、周期长，特别是大而复杂的铸件对型芯包紧力大，开模和顶出都很困难，而且很容易因排气、浮渣不良而导致欠铸和夹渣；金属型导热性好，凝固过程中降温较大。液体金属冷却快，流动性剧烈降低，容易使铸件出现冷隔、浇不足、夹杂等缺陷。为减少生产成本、缩短生产周期，保证环锤铸态晶粒度和组织致密度，国内外有关学者通过开发环锤消失模铸造工艺，并结合复合变质改性处理对高锰钢环锤做了诸多有益工作，以提高其耐磨性和破碎机的使用寿命。

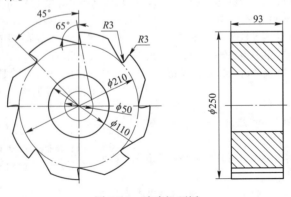

图2-14　破碎机环锤

2.5.1.1 工艺流程设计

此类环锤采用消失模铸造的工艺流程为：将一定比例的缩微模，涂上耐火涂料，覆盖在型砂里，负压之下浇注，采用直径 0.5~0.8 mm 铁砂造型。浇注系统既有浇口也有冒口，这样可以提供充分的补缩能力，空心排气道也增强了排气能力。环锤的浇注系统设计，如图 2-15 所示。为保证机械性能，在浇注系统的设计上要重点考虑足够的补缩能力。因此，选用浇、冒口共用的浇注系统；同时还要考虑排气顺畅，设置空心排气道，设计如图 2-16 和图 2-17 所示。

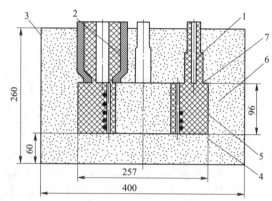

图 2-15　环锤的浇注系统设计（单位：mm）

1—排气孔；2—浇、冒口；3—砂箱；4—模型；5—环冷铁；6—铁砂；7—涂料

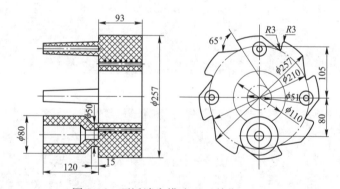

图 2-16　环锤消失模造型（单位：mm）

借助 ProCAST 模拟软件对耐磨环锤消失模铸造过程进行研究，在 Lostfoam 模块下，EPS 泡沫模密度为 9 kg/m³，导热系数为 0.14 W/(m·K)，比热容设置为 3.8 kJ/(kg·K)，潜热为 99 kJ/kg；铸件为高锰钢，浇注温度 1480 ℃，真空度−0.02 MPa，涂料厚度 1.55 mm。

2.5.1.2 环锤消失模铸造模拟结果

消失模铸造充型过程中，环锤泡沫模位于型腔之中，高温金属液流到泡沫模上，产生热解反应。高温

图 2-17　环锤消失模铸造内嵌环冷铁

的金属液会逐渐填充泡沫模的位置。充型过程显示，高温金属液体从浇、冒口进入以后，沿内浇道呈放射状弧形向前推进，最后充型的部位是环锤末端以及冒口。不同时段的充型状态仿真，如图 2-18 所示。充型中，金属液体的前沿温度降低得很快，这是由于泡沫融化需要吸收部分热量，因此需要保证浇注温度足够高，否则，金属液体就会在浇注完成之前凝固，保证不了充型完成。设置浇注温度 1480 ℃，可以保证足够的浇注。从充型结果来看，充型完全，说明所选择的浇注温度非常合适。不同时段充型模拟显示，整个充型过程中，浇注过程良好，充型充分，高温低温分布均匀，卷气现象没有出现，冷隔现象以及浇注不足等缺陷也都没有出现。

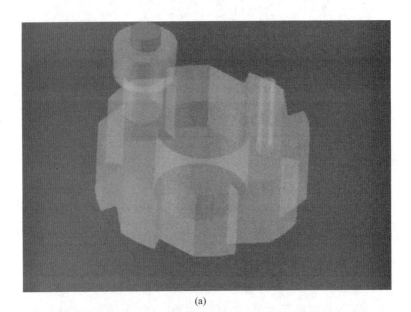

(a)

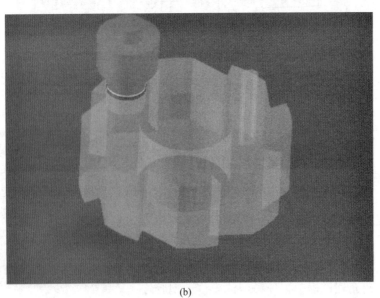

(b)

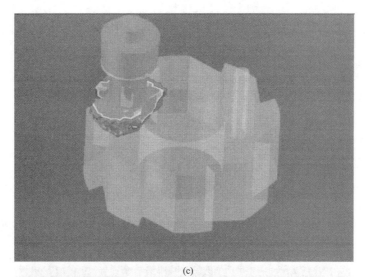

(c)

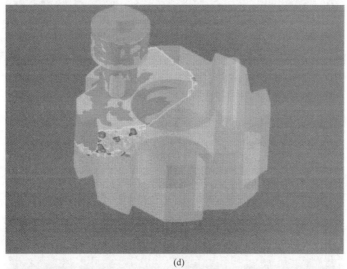

(d)

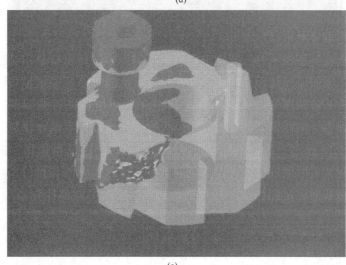

(e)

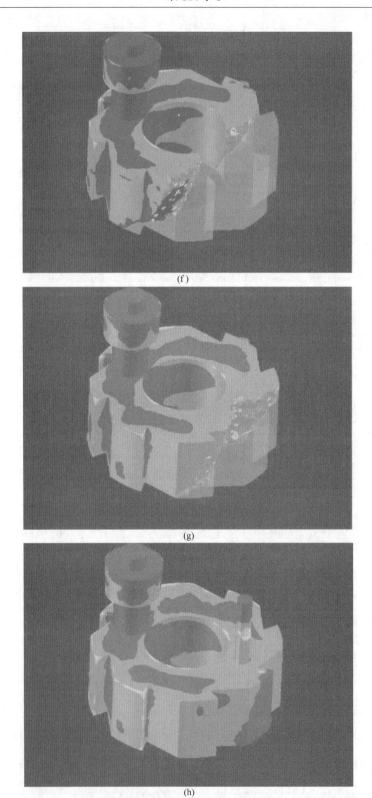

(f)

(g)

(h)

扫一扫看更清楚

图 2-18　环锤消失模铸造充型过程
（a）充型 0.5 s；（b）充型 0.9 s；（c）充型 1.56 s；（d）充型 1.88 s；（e）充型 2.25 s；
（f）充型 4.14 s；（g）充型 5.45 s；（h）充型 6.24 s

图 2-19 所示为不同时段的凝固状态。可以看出，环锤边缘等轮廓及薄壁处率先凝固，环锤内侧边缘后凝固。完整的充型过程以及凝固过程模拟结果表明，改进后的消失模浇注，不仅能铸造出外形具有完整轮廓的铸件，并且还能保证外表面没有明显缺陷。由缩孔缺陷图看出，在浇、冒口内靠近铸件处，出现了少量的缩孔和缩松，但是这样微小量的缩孔不会影响铸件的质量，产品质量满足使用要求。

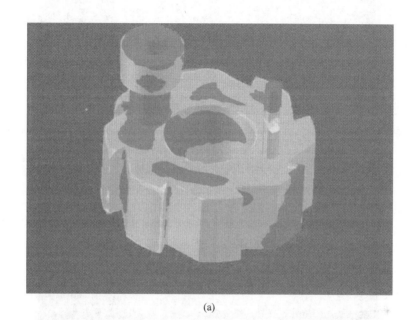

(a)

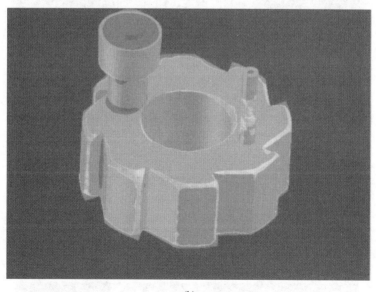

(b)

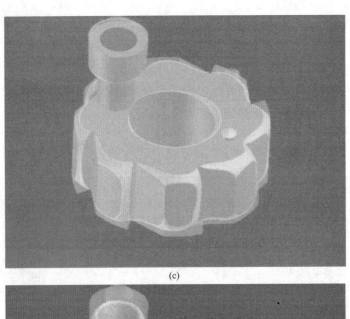

(c)

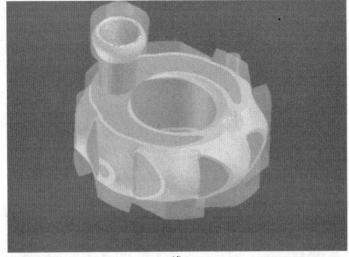

(d)

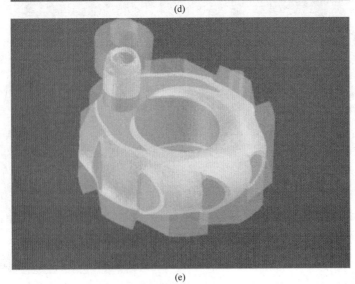

(e)

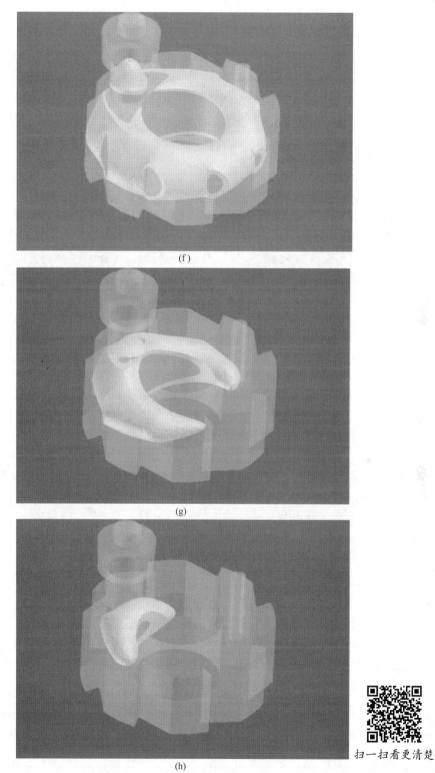

(f)

(g)

(h)

扫一扫看更清楚

图 2-19　环锤消失模铸造凝固过程

（a）凝固 6.24 s；（b）凝固 10.05 s；（c）凝固 34.34 s；（d）凝固 154.42 s；（e）凝固 214.42 s；

（f）凝固 334.42 s；（g）凝固 484.42 s；（h）凝固 664.42 s

2.5.2　铝土矿耐磨衬板消失模铸造

铝土矿棒磨机和球磨机衬板、挖掘机斗齿和输运履带板，具有良好的强度硬度、耐冲击性和耐磨性。衬板是其中一种耐磨部件（见图 2-20），在工作情况下要受到来自物体摩擦力的作用，尤其是其表面法向方向的冲击力和磨损，通过物体和衬板之间的相对运动，温度和介质使其接触物的形状大小和内部的组织性能都发生变化。

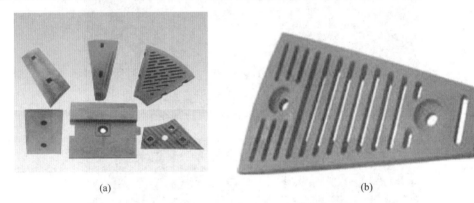

(a)　　　　　　　　　　　　　　　　　(b)

图 2-20　耐磨衬板实物
（a）普通衬板；（b）锥形螺栓衬板

但在使用过程中，磨料磨损是由于材料的外表面受到硬质颗粒或突起物的作用，而导致材料表面出现迁移或脱落的现象。目前因磨损消耗的材料，在经济上和资源上都带来了巨大的浪费，对被磨损零部件进行改换不仅消耗材料，浪费人力物力，在一定程度上也降低了劳动生产率。据统计，每年仅磨损就有高达 300 万吨损失，球磨机衬板磨损达到近 200 万吨。耐磨高锰钢衬板只有在冲击载荷大、接触应力高及磨料较硬的情况下，表层才能产生加工硬化，发挥出较高的耐磨性。

2.5.2.1　工艺流程设计

提高高锰钢衬板的耐磨性和质量，研发新型的、高性能的耐磨衬板，通过对耐磨钢的磨损机理进行研究，来减小因磨损而造成的损失，对经济建设和发展具有重要意义。为此，结合中国铝业股份有限公司广西分公司的铝土矿耐磨衬板延寿技术开发的应用需求，采用铁砂作为消失模铸造的造型材料，直径为 0.5~0.8 mm。

根据耐磨高锰钢球磨机衬板铸造过程的特点，确定了一种水基镁橄榄石粉涂料，以橄榄石粉作为耐火填料，镁橄榄石的耐火度为 1910 ℃，橄榄石的耐火度为 1750~1800 ℃。橄榄石粉抗金属氧化物侵蚀能力较强，特别适用于高锰钢铸件使用。涂料具体配比情况见表 2-7。涂料厚度为 1 mm，透气性好，黏附性高。

表 2-7　镁橄榄石粉涂料配方　　　　　　　　　　　（%）

种别	镁橄榄石粉	钠基膨润土	无水碳酸钠	CMC	黏结剂	乳白胶	水
水基	100	6~10	1~3	0.5~1	2~3	3~4	适量

2.5.2.2　浇注系统和工艺参数设计

设计和计算了高锰钢化学成分（见表 2-8）和浇注系统，根据衬板尺寸，设计了单侧式、双侧式和顶注式三种消失模铸造浇注方案。

表 2-8　改性锰钢成分配比（质量分数）　　　　　（%）

成分	$w(W)$	$w(C)$	$w(Mn)$	$w(Si)$	$w(Cr)$	$w(Mo)$	$w(S)$	$w(P)$	$w(Re)$
1	—	1.05	12.8	0.40	1.5	0.45	0.02	0.03	—
2	1.0	1.15	12.8	0.40	1.5	0.45	0.02	0.03	—
3	1.0	1.15	12.8	0.40	1.5	0.45	0.02	0.03	0.3

球磨机衬板外形结构简单，属于薄壁型铸件，最大壁厚处为 55 mm，大部分壁厚为 30 mm，图 2-20 所示为衬板铸件。计算所得衬板的总质量为 38.88 kg，体积为 4964629.9 m^3。

A　铸件密度

$$\rho_V = \frac{G_J}{V} \tag{2-4}$$

式中，ρ_V 为铸件密度，kg/cm^3；G_J 为铸件质量，kg；V 为铸件轮廓体积，cm^3。

B　浇注时间

$$t = C\sqrt{G_L} \tag{2-5}$$

C 值见表 2-9，系数 C 由铸件相对密度 $\rho_相$ 决定，$\rho_相 = G_L/V_C$，G_L 为浇注钢液的质量，V_C 为铸件轮廓体积，即铸件三个方向最大尺寸的乘积。

表 2-9　系数 C 值

铸件相对密度 $\rho_相$	≤1.0	>1.0~2.0	>2.0~3.0	>3.0~4.0	>4.0~5.0	>5.0~6.0	>6.0
C	0.8	0.9	1.0	1.1	1.2	1.3	1.4

C　浇注温度

浇注温度对消失模铸造质量有非常重要影响。浇注温度的高低直接影响着液体的流动性和液态金属的收缩性以及含气量。当浇注温度低时，铸件容易出现浇不足和冷隔等缺陷；浇注温度过高时，铸件容易产生缩孔缩松、气孔、黏砂等缺陷，同时会有粗晶、柱状晶等组织缺陷产生，降低铸件的强韧性和耐磨性，增加铸件的裂纹。

高锰钢为一次结晶组织钢，浇注温度对一次结晶组织有明显影响，铸态组织的粗细对其也较为敏感。浇注温度和冲击韧性、晶粒度的关系，如图 2-21 所示。温度越高，晶粒度越粗大，冲击韧性越低。消失模铸造在浇注过程中，泡沫塑料软化、熔融、气化所需的热量都需要从浇注的金属液里获得，会使金属液的温度和充型速度降低，所以消失模铸造必须提高浇注温度。

D　浇、冒口的设计

高锰钢耐磨衬板结构简单、壁薄，铸件必须要具有好的内部质量，对其内部组织要求比较高，以避免出现缩松缩孔、裂纹、气孔等缺陷，要求内部组织致密。同时，要求抵抗大冲击、强冲击，洛氏硬度 HRC60 以上，冲击韧性达到 120 J/cm^2 以上。

因此，通过对衬板工艺参数的计算，设计出图 2-22 所示的三种浇注方案。图 2-22（a）

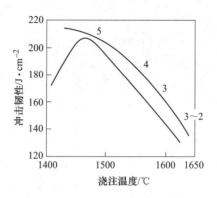

图 2-21 浇注温度和韧性、晶粒度的关系（2~5 为晶粒等级）

所示为单边侧浇注，图 2-22（b）所示为双边侧浇注，侧注式浇注系统充型平稳，排气性能好，缩短内浇道的距离。图 2-22（c）所示为顶浇注系统，顶注充型所需的时间最短、浇注速度快，而且有利于防止塌箱，温度降低的速度慢，在一定程度上预防出现浇不足、冷隔等缺陷，能够顺利的充满薄壁型腔，有利于铸件自下而上地凝固，补缩作用较好。

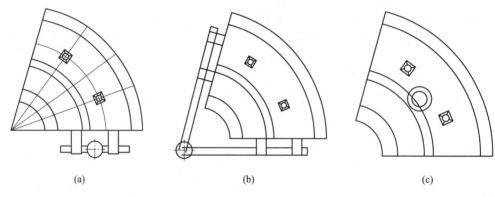

图 2-22 设计的浇注系统
（a）单边侧浇式；（b）双侧式；（c）顶注式

2.5.2.3 衬板消失模铸造模拟结果

图 2-23 所示为采用单边侧浇注系统的充型过程，当金属液从直浇道进入横浇道时，金属液的一部分先从就近的内浇道进入型腔，另一部分金属液继续进入横浇道对其进行填充。在充型过程中，内浇道靠近直浇道的一侧充型量大，另一侧充型相对比较缓慢，充型时两个内浇道有一定的时间差，使得金属液在充型前沿紊乱，当两股金属液交汇时，在交汇的位置容易产生裹挟泡沫的现象，导致夹杂、卷气等缺陷的出现。金属与泡沫接触时发生复杂的分解反应，金属液的热量不断被吸收，温度变化剧烈，产生很多分解产物，型腔内形成一层气隙压力层，气隙压力在一定程度上阻碍金属液的充型。充型过程相对平稳，顺利充满型腔，金属液在前沿具有短暂间歇的现象，两个内浇道与直浇道设计位置对称，有效地减少了气孔、夹杂等缺陷的产生。

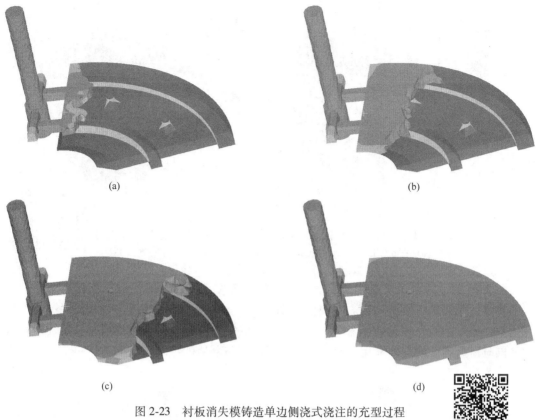

(a)　　　　　　　　　　　　　　　　　(b)

(c)　　　　　　　　　　　　　　　　　(d)

图 2-23　衬板消失模铸造单边侧浇式浇注的充型过程

(a) 充型 0.2 s；(b) 充型 0.83 s；(c) 充型 1.56 s；(d) 充型 2.16 s

扫一扫看更清楚

　　图 2-24 所示为双侧式浇注的充型过程，金属液优先选择离直浇道近的内浇道进入型腔，另一部分金属液继续对直浇道进行填充，随后从另一个内浇道对型腔进行填充。金属液在不断地充型，由于金属液就近进入离内浇道近的一侧，而与另一侧内浇道在浇注过程中形成时间差，使金属液进入型腔时形成紊乱，尤其是当左后两侧的两股液体进入型腔后相遇时，容易导致夹杂和卷气的缺陷。在整个充型过程中，充型相对平稳，两股液体在相汇过程时，出现卷气现象，如图 2-24 (c) 所示。金属液在浇注前沿由于热量大量散失，导致出现短暂的停流现象。

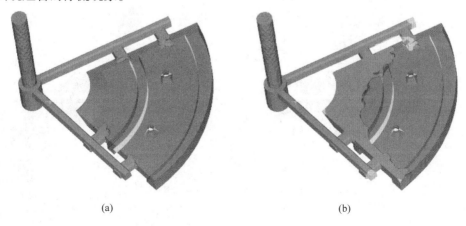

(a)　　　　　　　　　　　　　　　　　(b)

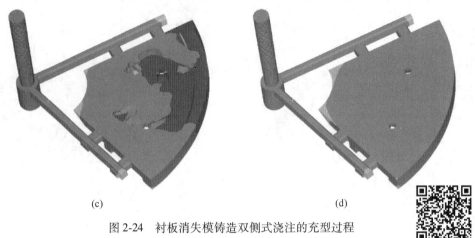

(c)　　　　　　　　　　　　　　　(d)

图 2-24　衬板消失模铸造双侧式浇注的充型过程

(a) 充型 0.15 s；(b) 充型 0.78 s；(c) 充型 1.45 s；(d) 充型 2.01 s

扫一扫看更清楚

　　图 2-25 所示为顶注式浇注系统的充型过程，铸件在刚开始充型时，泡沫熔融消耗太多的热量，金属处于停流阶段。金属液流动平稳，无飞溅，不易氧化。金属液的温度高，充型快，成形好且外表光洁，内部质量好。壁薄的铸件模样气化后生成的气体量相应比较少，同时铸型透气性好，气化生成的气体可以由真空泵从砂箱内完全抽离。

(a)　　　　　　　　　　　　　　　(b)

(c)　　　　　　　　　　　　　　　(d)

图 2-25　衬板消失模铸造顶注式浇注的充型过程

(a) 充型 0.69 s；(b) 充型 1.28 s；(c) 充型 1.85 s；(d) 充型 2.24 s

扫一扫看更清楚

上述三种不同浇注过程表明，充型过程中金属液前沿始终存在气隙层，气隙中包含着泡沫分解产物。金属液在充型过程中与泡沫模样的分解相互制约，最后达到一个动态平衡，致使金属液顺利平稳地充型。双侧浇注的充型时间最短，但两股液体相遇容易产生卷气、夹杂等缺陷。单侧式和顶注式相比，存在停流，后者充型更加平稳。

图 2-26 中固相分布表明，液态金属结晶伴随着大量热量的散失，衬板边缘等轮廓处优先凝固，浇道部位后凝固。

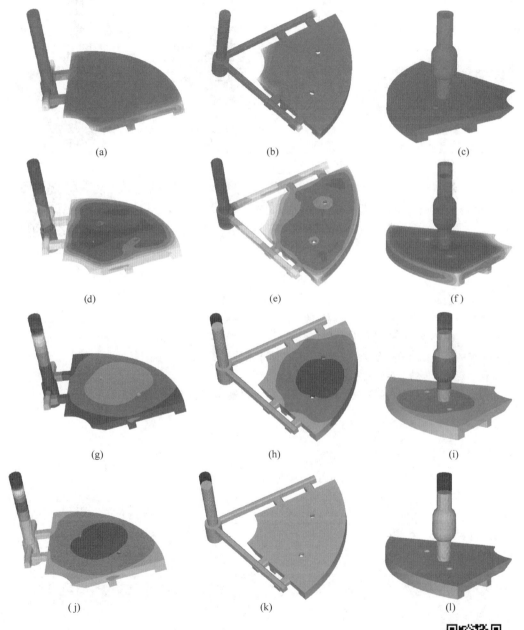

图 2-26　衬板消失模铸造凝固过程固相分布

(a)~(c) 2.5 s；(d)~(f) 18 s；(g)~(i) 162 s；(j)~(l) 384 s

扫一扫看更清楚

图 2-27 所示为衬板凝固时间分布图，与固相分布图一样，衬板边缘部分先凝固，浇道、冒口部位后凝固。红色区域（扫二维码可见）的凝固时间最长，冒口在一定程度上起到补缩的效果。从凝固时间分布图可以看出，双侧浇注凝固分布图在红色区域有一条紫色未凝固的区域，是因为在充型过程中双侧金属液交汇产生的卷气，导致此处出现未凝固区域。

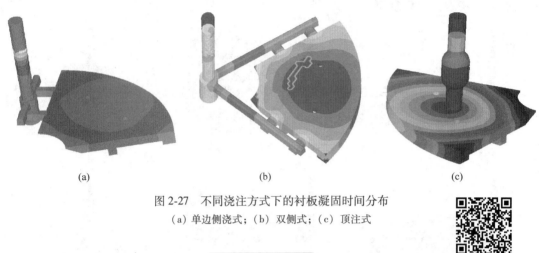

(a)　　　　　　　　　　　(b)　　　　　　　　　　　(c)

图 2-27　不同浇注方式下的衬板凝固时间分布
（a）单边侧浇式；（b）双侧式；（c）顶注式

扫一扫看更清楚

思 考 题

2-1　消失模铸造的基本原理是什么？
2-2　消失模铸造与砂型铸造相比，金属液的充型各有何特点？
2-3　简述消失模铸造的模样制作的工艺过程。
2-4　消失模铸造常见的缺陷形成原因及其具体的防止措施有哪些？
2-5　如何确定消失模铸造浇注的工艺参数？
2-6　查阅文献资料，举例说明消失模铸造在我国工业领域中的应用现状。

<table>
<tr><td>**3**</td><td># 金属型铸造</td></tr>
</table>

3.1 金属型铸造工艺原理

3.1.1 金属型铸造原理分析

金属型铸造是指利用重力将金属液浇入用金属材料制成的铸型中，并在铸型中冷却凝固而获得铸件的一种成形方法。铸型是采用金属制成的，可以反复使用成百上千次，故又称为永久型铸造。

铸件成形在金属型铸造过程中表现为：导热性大、无透气性和无退让性。

3.1.1.1 导热性大引起铸件凝固的热交换

当液体进入铸型后，形成一个"铸件-中间层-铸型"的传热系统。中间层是由涂料层和铸件冷却收缩或铸型膨胀所形成的间隙组成，其热导率远比铸件和铸型小。

铸件冷凝过程中，通过中间层将热量传至铸型，铸型在吸收热量的同时，通过型壁将热量传至外表面并向周围散发。在自然冷却的情况下，一般铸型吸收的热量往往大于铸型向周围散失的热量，铸型的温度不断升高。在强制冷却条件下，如对金属型外表面采取风冷、水冷等，可加强金属型的散热效果，提高铸件的凝固速度。

3.1.1.2 无透气性引起铸件气孔

由于金属型无透气性，型腔中气体和涂料、砂芯产生的气体在金属液充填时将不能排出，会形成气阻，造成浇不足缺陷（见图 3-1），或因这些气体侵入铸件而造成气孔。

经长期使用的金属型，型腔表面可能出现许多细小裂纹，如果涂料层太薄，当金属液充填后，处于裂纹中的气体受热膨胀，也会通过涂料层而渗进金属液中，使铸件出现针孔，如图 3-2 所示。

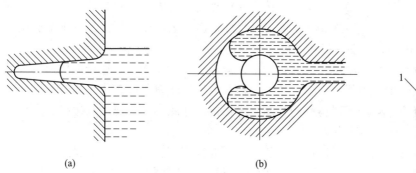

图 3-1　因气阻而造成铸件浇不足缺陷
（a）型腔深凹处的气阻；（b）液流汇合处的气阻

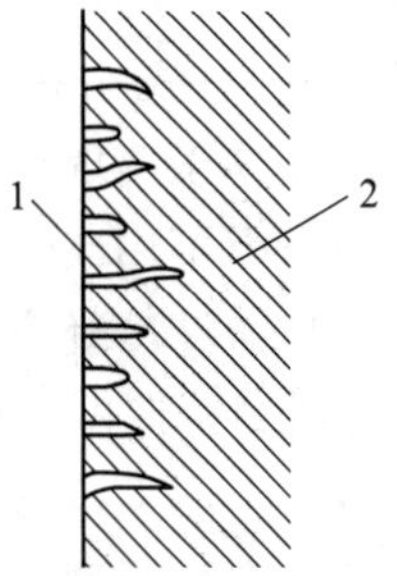

图 3-2　铸件表面的针孔
1—针孔；2—铸件

因此，金属型铸造时，必须采取措施，以消除由于金属型无透气性带来的不良后果。例如在金属型上设置排气槽或排气塞，特别应注意在死角和气体汇集处设置排气槽、塞，以便及时将气体排出。

3.1.1.3　无退让性引起铸件凝固收缩

在金属型铸造过程中，铸件凝固至固相形成连续的骨架时，其线收缩便会受到金属型、芯的阻碍。若此时铸件的温度在该合金的再结晶温度以上，处于塑性状态，收缩受阻将使铸件产生塑性变形，其变形值 $\varepsilon_{塑}$ 为：

$$\varepsilon_{塑} = \alpha_1(T_{塑} - T_1) \tag{3-1}$$

式中，α_1 为合金在 $T_{塑} \sim T_1$ 温度范围内的线收缩率；$T_{塑}$ 为合金开始线收缩时的温度；T_1 为凝固至某一时刻铸件的温度。

当 $\varepsilon_{塑}$ 大于铸件在 T_1 时的塑性变形极限 ε_0 时，铸件就可能出现裂纹。若铸件上有热节存在，则变形量可能向该处集中并出现裂纹。

当铸件温度降至合金再结晶温度以下时，合金处于弹性状态。金属铸型、芯的阻碍收缩就可能在铸件中产生内应力 σ：

$$\sigma = E\alpha_2(T_{弹} - T_2) \tag{3-2}$$

式中，E 为合金在 $T_{弹} \sim T_2$ 温度范围内的弹性模量；α_2 为合金在 $T_{弹} \sim T_2$ 时的线收缩率；$T_{弹}$ 为合金进入弹性状态时的温度；T_2 为铸件冷却至某一时刻的温度。

当 σ 大于铸件在 T_2 温度时的强度极限 σ_0 时，铸件就会出现冷裂。因此，考虑到金属型、芯无退让性的特点，为防止铸件产生裂纹，并顺利取出铸件，就要采取一些措施，如尽早地取出型芯和从铸型中取出铸件，需设必要的抽芯和顶件结构，对严重阻碍铸件收缩的金属芯可改用砂芯，增大金属型铸造斜度和涂料层厚度等。

3.1.2　金属型铸造工艺流程

金属型铸造工艺过程如图 3-3 所示。与砂型铸造、消失模铸造的不同之处在于，浇注前的铸型是采用金属制成的，需要对金属型（或型芯）模具进行尺寸设计和制造。

3.1.3　金属型铸造的特点

与砂型铸造相比，金属型铸造有以下优点：

（1）金属型冷速快，有激冷效果，使铸件晶粒细化，力学性能提高。

（2）金属型尺寸准确，表面光洁，使铸件尺寸精度和表面质量提高，一副金属型可反复浇注成千上万件铸件，仍能保持铸件尺寸的稳定性。

（3）易于实现机械化自动化，提高生产率，减轻工人劳动强度，适于大批量生产。

（4）因不用或较少用沙子，减少了沙子运输及混沙工作量，改善了车间劳动环境。

（5）铸件冷凝快，减少了对铸件的补缩，浇冒口尺寸减小，金属液利用率提高。

金属型铸造也存在一些缺点：

（1）金属型机械加工困难，制造周期长，一次性投资高，适合铸件批量生产。

（2）新金属型试制时，需对金属型进行反复调试，才能得到合格铸件，当型腔定型后，工艺调整和产品结构修改的余地很小。

（3）金属型排气条件差，工艺设计难度较大。

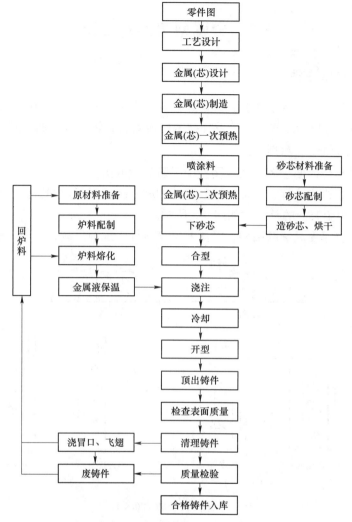

图 3-3 金属型铸造工艺过程

由于金属型导热快，铸件的凝固、冷却快，铸件结晶组织细、致密性较好，铸件可以进行热处理提高力学性能，所以广泛用于航空航天、汽车、仪器仪表、家电等行业以及要求高气密性、高力学性能的铸件生产。图 3-4 所示为金属型铸造的铸件实例。

(a)   (b)   (c)

图 3-4 金属型铸造的铸件

（a）叶片；（b）泵体；（c）壳体

3.2 金属型铸件的设计

3.2.1 铸件结构的工艺性分析

铸件的结构形状、大小等对于金属型铸造的工艺性及金属型结构起决定性作用。为保证铸件质量、简化金属型结构、充分发挥技术经济效益，铸件设计的原则如下。

3.2.1.1 结构设计原则

（1）铸件外形应该便于铸件从金属型中无阻碍地取出。

（2）铸件的结构应该有利于金属液凝固时的顺序凝固，不规则铸件的壁厚不宜相差太大，否则将会妨碍金属液的补缩，如图 3-5 所示。

（3）相邻两壁厚度悬殊的结构，厚薄两壁交接处需逐渐过渡，如图 3-6 所示。

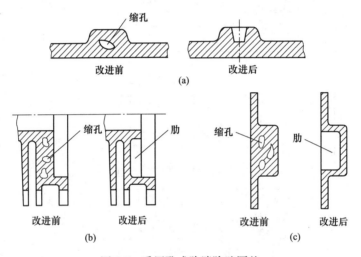

图 3-5 采用孔或肋消除壁厚差

（a）孔过渡；（b）肋过渡；（c）简单肋过渡

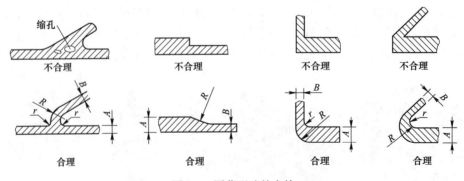

图 3-6 厚薄两壁的交接

（4）为改善充填条件，延长模具寿命，铸件上所有转角均应给以圆角。

（5）在不影响质量前提下，铸件精度、粗糙度越低越好，以降低金属型制造成本。

（6）铸件合金要具有最大的流动性，热裂倾向要小，收缩性要小。

3.2.1.2　金属型铸件的结构要素

（1）铸件最小壁厚，见表3-1。

表 3-1　金属型铸件的最小壁厚

合金类别		最小壁厚/mm	备　注
镁合金		3	用于小型铸件
		5	用于中型铸件
		8	用于 Mg-Mn 合金
铝合金	Al-Si，Al-Mg，Al-Cu-Si	2.2	在零件壁的面积不大于 30 cm^2 时
	Al-Cu	3.5	
锡青铜		4	
特种青铜		6	
铸铁		4	壁的面积达 25 cm^2
		6	壁的面积达 25 ~ 125 cm^2
碳钢		7	酸性电炉钢

（2）金属型铸件肋和壁的设计要求，见表3-2。

表 3-2　肋和壁的尺寸

图例	肋和壁间的最小距离/mm	肋和壁的高度/mm	要求
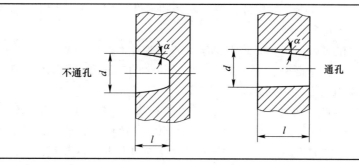	$a>4$	h	$h:a \leqslant 6:1$

（3）金属型铸件内孔的最小尺寸，见表3-3。

表 3-3　金属型铸件内孔的最小尺寸

不通孔　　　　　　　　　　　　　　　　通孔

续表 3-3

合金类型	孔的最小直径 d/mm	深/mm		α/(°)
		不通孔	通孔	
锌合金	6~8	9~12	12~20	2~3
镁合金	6~8	9~12	12~20	2~3
铝合金	8~10	12~15	15~25	1.5
铜合金	10~12	10~15	15~20	1.5
铸铁	>12	>15	>20	
铸钢	>12	>15	>20	

（4）金属型铸件壁的连接及要素尺寸，见表 3-4。

表 3-4　壁的连接及要素尺寸

类别	图例	要素尺寸	类别	图例	要素尺寸
直角形断面		$R \geqslant a/3$ $R_1 \geqslant a+R$	T形断面 壁厚相同		$R \geqslant a/3$
十字形断面		R 按 T 形连接确定，$K \geqslant 6a$	T形断面 壁厚不同		$R \geqslant \dfrac{a+b}{6}$ $c \geqslant 1.5\sqrt{b-a}$ $h \geqslant 12c$

（5）铸件尺寸公差与铸造斜度。金属型铸件能达到的尺寸公差等级为 CT6~CT9，国标（GB/T 6416—1999）规定为 CT7~CT10。

金属型铸件的铸造斜度，一般内形的斜度为深度的 1.5%，外形与金属型接触部分的斜度为 0.5%，在实际生产中常采用 30′~2°30′。

3.2.1.3　工艺余量

金属型铸造每个铸件均需设置冒口及高于铸件的浇口，作为充填铸型所必需的重力和补缩之用。这对于小于 2 mm 的薄壁铸件难以成形，只有将其壁加厚到工艺上所需厚度，作为工艺余量，铸造后，再用机械加工的方法切削掉，如图 3-7 所示。

3.2.1.4　基准面、安全余量

基准面决定零件各部分相对的尺寸位置，必须和零件机械加工的加工基面统一。基面的选择，必须遵循以下几个原则：

（1）非全部加工的零件，应尽量取非加工面作为基准面。

（2）采用非加工面作基面时，应该选尺寸变动最小的、最可靠的面作基面。

（3）基面上不应当有浇冒口的残余、飞边等，尽可能平整和光洁。

（4）全部加工的零件，应取加工余量最小面作为基面。铸件的壁厚一般设有安全余量，否则将会因加工后的零件壁厚尺寸局部过小，而引起铸件的报废，但基面上不应有安全余量，否则会影响零件加工时的尺寸。安全余量设置的大小可参考表 3-5。

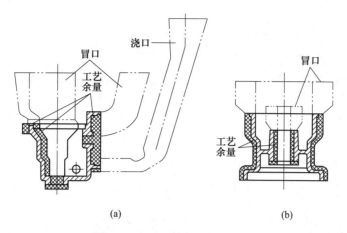

(a)   (b)

图 3-7 金属型铸件的工艺余量

（a）铝合金铸件；（b）镁合金铸件

表 3-5 安全余量 （mm）

铸件尺寸	1~3	3~6	6~10	10~15	15~30	30~50	50~80
余量	0.2	0.2~0.4	0.2~0.5	0.2~0.6	0.3~0.8	0.4~1.0	0.5~1.5

3.2.1.5 金属型铸件设计实例

金属型铸件结构设计工艺性典型实例，见表3-6。

表 3-6 金属型铸件结构设计实例

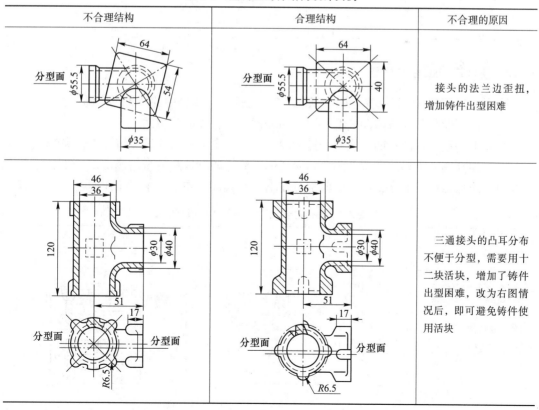

不合理结构	合理结构	不合理的原因
		接头的法兰边歪扭，增加铸件出型困难
		三通接头的凸耳分布不便于分型，需要用十二块活块，增加了铸件出型困难，改为右图情况后，即可避免铸件使用活块

不合理结构	合理结构	不合理的原因
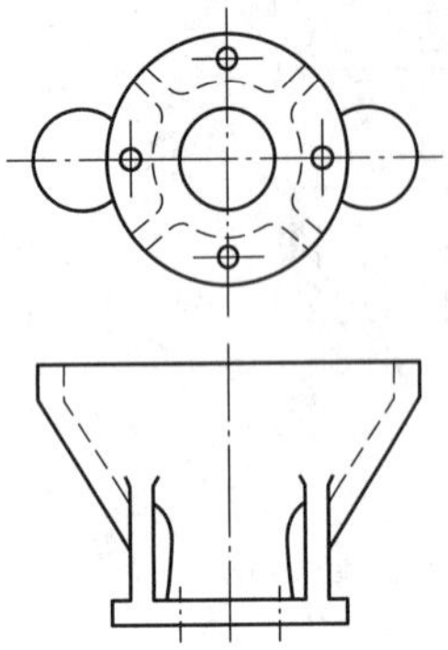	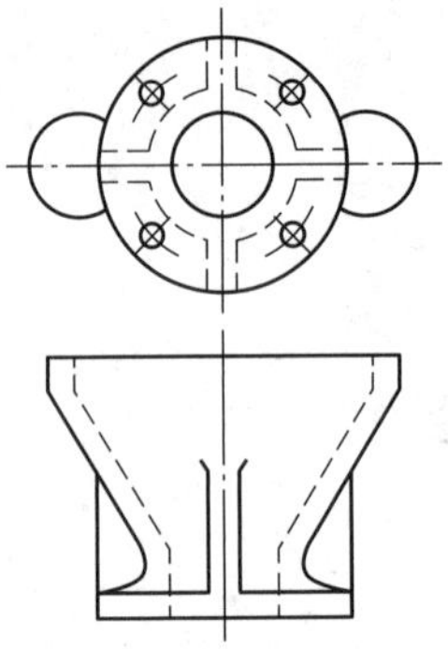	肋的位置需要使用有活块的金属型（或模样），将肋的位置改变为右图情形后，即可避免使用活块
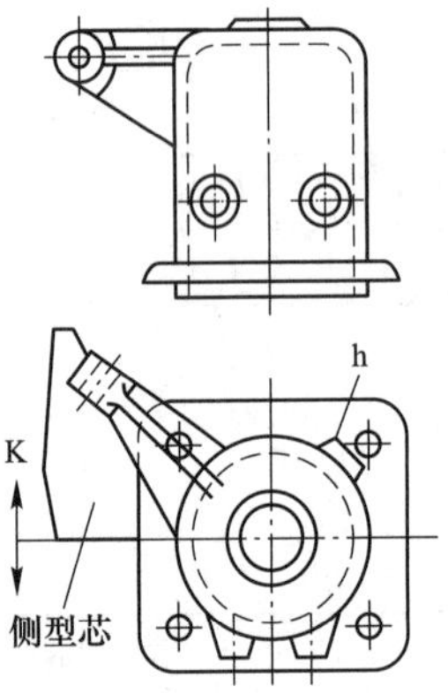	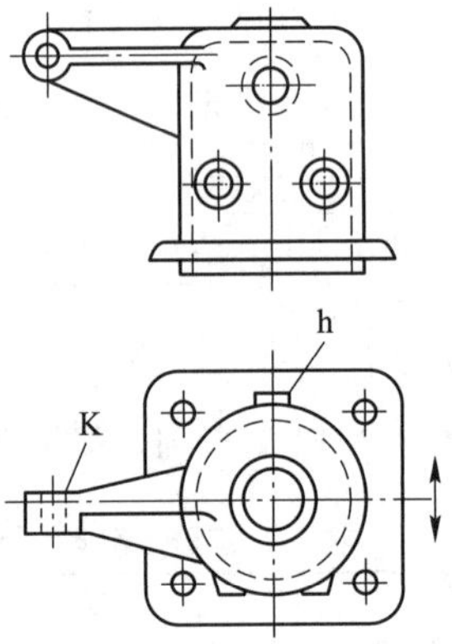	支撑 K 和凸台 h 的位置需要使用侧型芯和活块，将支臂扭过来与分型面平行时，零件只用两半铸型及一个中央型芯即可形成，改善了工艺性

3.2.2 铸件浇注位置的确定

铸件在金属型中位置选择原则，见表 3-7。铸件在金属型中的位置，应满足：

（1）以平面分型代替曲面分型，用少的分型面代替多的分型面。

（2）取高度最低的一面，横放于铸型中，减小合金液冲击，避免铸件氧化夹渣。

（3）使金属液平稳地充型，不要妨碍气体与渣子顺利地从铸型内逸出。

（4）应保证铸件顺序凝固，壁薄部分在下，厚大部分在上，主要工作面在下。

表 3-7 铸件在金属型中位置选择原则

原　则	图　例	
	不合理	合理
便于安放浇注系统，保证合金液平稳充满铸型	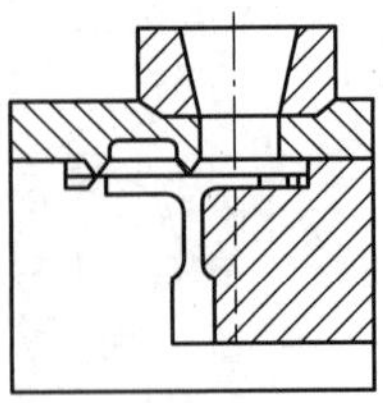	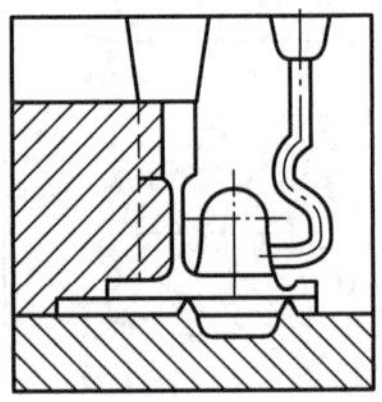

原　则	图　例	
	不合理	合理
便于合金液顺序凝固，保证补缩		
型芯（或活块）数量最少、安装方便、稳固，取出容易		
力求铸件内部质量均匀一致，盖子类及碗状铸件可水平安放		
便于铸件取出，不至拉裂变形		

3.2.3　铸件分型面的选择

金属型铸造分型面选择原则见表 3-8。

表 3-8　金属型铸造分型面选择原则

原　则	图　例	
	不合理	合理
简单铸件的分型面应尽量选在铸件的最大端面上		
分型面应尽可能地选在同一个平面上		

原 则	图 例	
	不合理	合理
应保证铸件分型方便，尽量少用或不用活块		
分型面的位置应尽量使铸件避免铸造斜度，而且很容易取出铸件		
分型面应尽量不选在铸件的基准面上，也不要选在精度要求较高的面上		
应便于安放冒口和便于气体从铸型中排出		

3.3　金属型模具的设计

3.3.1　金属型模具的结构

金属型是金属型铸造的基本工艺装备，是金属型铸造的三要素之一。

金属型的结构取决于铸件形状、尺寸大小、分型面选择等因素。按分型面不同，常见结构形式有整体金属型、水平分型金属型、垂直分型金属型、综合分型金属型等。

3.3.1.1　整体金属型

整体金属型（见图 3-8）无分型面、结构简单，其上面可以是敞开的或覆以砂芯，在铸型左右两端设有圆柱形转轴，通过转轴将金属型安置在支架上。浇注后待铸件凝固完毕，将金属型绕转轴翻转 180°，铸件则从型中落下。再把铸型翻转至工作位置，又可准备下一循环。多用于具有较大锥度的简单铸件中。

3.3.1.2　水平分型金属型

水平分型金属型由上下两部分组成，分型面处于水平位置（见图 3-9），铸件主要部分或全部在下半型中。这种金属型可将浇注系统设在铸件的中心部位，金属液在型腔中的流程短，温度分布均匀。由于浇冒口系统贯穿上半型，常用砂芯形成浇冒口系统。此类金属型上型的开合操作不方便，且铸件高度受到限制，多用于简单铸件，特别适合生产高度不大的中型或大型平板类、圆盘类、轮类铸件。

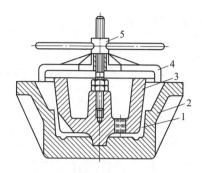

图 3-8　整体金属型

1—铸件；2—金属型；3—型芯；

4—支架；5—扳手

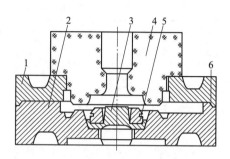

图 3-9　水平分型金属型

1—上半型；2—下半型；3—型块；4—砂芯；

5—镶件；6—定位止口

3.3.1.3　垂直分型金属型

由左右两块半型组成，分型面处于垂直位置（见图 3-10）。铸件可配置在一个半型或两个半型中。铸型开合和操作方便，容易实现机械化。常用于生产小型铸件。

3.3.1.4　综合分型金属型

对于较复杂的铸件，铸型分型面有两个或两个以上，既有水平分型面，也有垂直分型面，称为综合分型金属型（见图 3-11）。铸件主要部分可配置在铸型本体中，底座主要固定型芯；或铸型本体主要是浇冒口，铸件大部分在底座中。大多数铸件都可应用这种结构。常用于形状复杂铸件的生产。

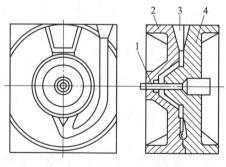

图 3-10　垂直分型金属型

1—金属型芯；2—左半型；3—冒口；4—右半型

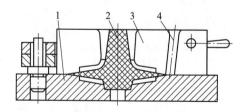

图 3-11　综合分型金属型

1—底板；2—砂芯；3—上半型；4—浇注

3.3.2　金属型模具和型芯设计

3.3.2.1　型腔尺寸

如图 3-12 所示，金属型型腔和型芯尺寸的确定主要根据铸件外形和内腔的名义尺寸，并考虑收缩及公差等因素的影响，计算公式如下：

$$A_X = (A + A_\varepsilon + 2\delta) \pm \Delta A_X \tag{3-3}$$

$$D_X = (D + D_\varepsilon - 2\delta) \pm \Delta D_X \tag{3-4}$$

式中，A_X、D_X 为型腔和型芯尺寸；A、D 为铸件外形和内孔尺寸；ε 为铸件材料的线收缩率，见表 3-9；δ 为涂料层厚度，一般取 $0.1 \sim 0.3$ mm，型腔凹处取上限，凸处取下限。

表 3-9　金属型铸造时几种合金的线收缩率　　　　　　　　（%）

合金种类	铝硅合金、铝铜合金	锡青铜	铸铁	铸钢	硅黄铜
线收缩率	$0.6 \sim 0.8$	$1.3 \sim 1.5$	$0.8 \sim 1.0$	$1.5 \sim 2.0$	2.2

3.3.2.2　金属型壁厚

金属型壁厚与铸件壁厚、材质及铸件外廓尺寸等有关。生产铝、镁合金铸件时，壁厚一般不小于 12 mm，而生产铜合金和黑色金属铸件时，壁厚不小于 15 mm。

为了在不增加壁厚的同时，提高金属型的刚度，并达到减轻质量的目的，通常在金属型外表面设置加强筋形成箱形结构。

3.3.2.3　分型面上尺寸

浇注时，为了防止金属液通过分型面的缝隙由一个型腔流入另一个型腔或型外，或者为了保证直浇道有足够的高度及防止型腔间距、型腔离金属型边缘距离太小而引起该处局部过热，在设计金属型时，对上述各尺寸应有一个最小限度，见表 3-10。

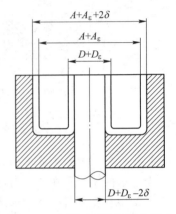

图 3-12　金属型型腔和型芯尺寸

表 3-10　金属型分型面上的尺寸

尺寸名称	尺寸值/mm	附　图
型腔边缘至金属型边缘的距离 a	$25 \sim 30$	
型腔边缘间的距离 b	>30，小件 $10 \sim 20$	
直浇道边缘至型腔边缘间的距离 c	$10 \sim 25$	
型腔下缘至金属型底边间的距离 d	$25 \sim 30$	
型腔上缘至金属型上边间的距离 e	$40 \sim 60$	

3.3.2.4　型芯的设计

设计金属型芯时，可使用金属芯或砂芯或两者同时兼用，一般情况下，应尽量使用金属芯，避免使用砂芯，其设计原则是：

（1）在不影响零件使用和外观的情况下，应按铸件图给以足够的铸造斜度。

（2）对留有加工余量的铸造表面，其铸造斜度可适当大些，以利于型芯的抽拔。

（3）型芯定位要准确，导向要可靠，保证型芯移动时不产生歪斜，避免拉伤铸件。

（4）在方便抽拔型芯条件下，应减少型芯数目。

（5）型芯的结构应考虑加工制造方便，圆形金属芯直径在 $\phi 50$ mm 以上时，应制成空心，壁厚为 $12 \sim 20$ mm。

3.3.3 金属型的排气系统设计

金属型无透气性，排气系统设计不合理将直接影响型腔内气体排出，使铸件产生浇不足、冷隔、外形轮廓不清晰、气孔等缺陷。确定排气系统在金属型中的位置后，必须考虑金属液充型过程有利于将型腔中浇注时卷入的和挥发物所产生的气体排出。

可以开设排气冒口直接排气，但当铸件上部无需安装冒口时，可设置排气孔。要求既能迅速排出腔中气体，又能防止液体金属侵入，可采用扁缝形和三角形排气槽；排气槽又称通气槽、通气沟，如图 3-13 所示。排气塞又称通气塞，可用钢或铜棒制成，如图 3-14 所示，排气塞一般安装在型腔中排气不畅而易产生气窝处，避免铸件缩松、浇不足、成形不良、轮廓不清。

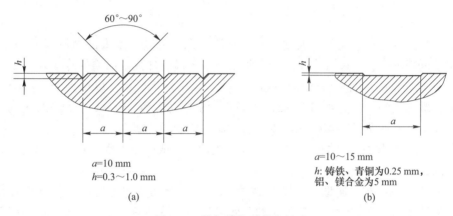

(a)
a=10 mm
h=0.3～1.0 mm

(b)
a=10～15 mm
h: 铸铁、青铜为0.25 mm，
铝、镁合金为5 mm

图 3-13 排气槽的形状和尺寸

3.3.4 金属型的加热和冷却

为保证铸件质量和提高金属型寿命，金属型工作时有一个合适的温度范围。在开始铸造前，需对金属型进行预热，以达到工作温度；在铸造过程中，为保持连续生产，必须对金属型加热或冷却，以保持金属型温度在合适范围之内。

3.3.4.1 加热装置

（1）电阻丝加热。图 3-15 所示为金属型电阻丝加热，使用方便，装置紧凑，加热温度可以自动调节。对大型金属型，电阻丝可直接装在金属型主体上；对小型金属型，则可将电阻丝安装在金属型铸造机上，对整个金属型进行加热。

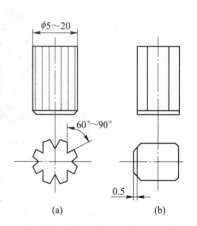

图 3-14 排气塞的形式
（a）A 型；（b）B 型

（2）管状加热元件加热。当金属型壁厚超过 35 mm 时，可采用管状加热元件加热，效率高、拆装方便、寿命长。在不影响金属型强度的情况下，安放管状加热元件时离型面越近越好，如图 3-16 所示。

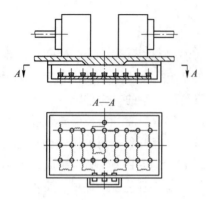

图 3-15 电阻丝加热

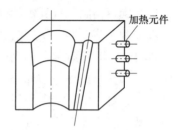

图 3-16 安放管状加热元件的金属型

3.3.4.2 冷却装置

金属型在连续生产情况下，温度会不断升高，常会因其温度太高而不得不中断生产，待金属型温度降下来，再进行浇注。所以常采取以下措施加强金属型的冷却。

（1）在金属型的背面做出散热片或散热刺，如图 3-17 所示，以增大金属型向周围散热的效率。散热片的厚度为 4~12 mm，片间距为散热片厚度的 1.5 倍。散热刺平均直径为 10 mm 左右，间距 30~40 mm。该法适用于铸铁制的金属型。

（2）在金属型背面留出抽气空间，用抽气机抽气，或用压缩空气吹气，以达到降低金属型温度的目的。此法散热效果好，使用安全，不影响金属型的使用寿命。

（3）用水强制冷却金属型，如图 3-18 所示，即在金属型或型芯的背面通循环水或设喷水管加强铸型的冷却。用水冷却金属型，效果最好，但应避免冷却速度过快而降低金属型使用寿命。

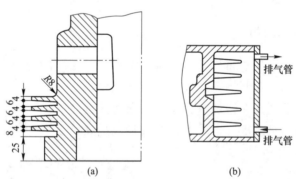

图 3-17 金属型背面的散热片和散热刺
（a）散热片；（b）散热刺

3.3.5 定位、锁紧和顶出机构

3.3.5.1 定位

为了使金属型半型间不发生错位，常采用定位销定位。图 3-19（a）为定位销直接用静配合形式安装在下半型上，上半型定位孔内用静配合形式嵌入衬套，定位销与衬套用动配合。对于圆盘类金属型也可采用止口定位，如图 3-19（b）所示。

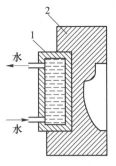

图 3-18　水冷金属型

1—冷却水套；2—金属型

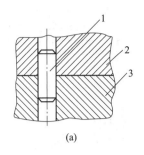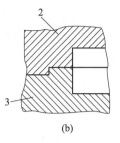

图 3-19　金属型的定位形式

1—定位销；2—上半型；3—下半型

3.3.5.2　锁紧

常用的锁紧机构有：摩擦锁紧、楔形锁紧和偏心锁紧。

摩擦锁紧常用于铰链式或对开式金属型，制造简单，操作方便，如图 3-20 所示。

楔形锁紧主要用于垂直分型铰链式金属型，锥孔斜度 4°~5°，在合箱位置时两凸耳上锥孔的中心线偏差为 1~1.5 mm，如图 3-21 所示。

偏心锁是用得最多的锁紧机构，有多种形式，图 3-22 所示的对开式金属型偏心锁是用开口销 5，将锁扣固定在金属型的凸耳之间，通过偏心手柄 1 的转动，将两半型锁紧。锁紧操作方便可靠、效率高，广泛用于中型金属型。

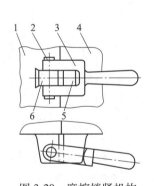

图 3-20　摩擦锁紧机构

1—左半型；2—销子；

3—摩擦紧固手柄；4—右半型；5，6—凸耳

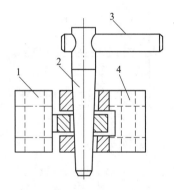

图 3-21　楔形锁紧机构

1，4—凸耳；2—楔销；

3—手柄

3.3.5.3　顶出

由于金属型无退让性，加上金属铸件在型内停留时铸件的收缩受阻，导致铸件出型阻力增大，故在金属型中要设置顶出铸件机构，以便能够及时、平稳地取出铸件。

设计金属型的顶出机构时首先确定铸件在开型后所停留的位置，而铸件在开型后的停留位置又与铸件形状及分型面的选择有关。

图 3-23 所示为弹簧顶杆机构，适用于形状简单、只需一根顶杆的铸件。但弹簧受热后易失去弹性，需经常更换弹簧，故影响其广泛应用。

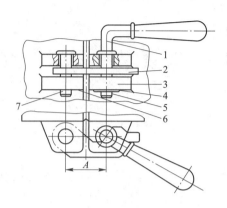

图 3-22　对开式金属型偏心锁
1—偏心手柄；2—锁扣；3—凸耳；4，6—垫圈；5—开口销；7—轴销

图 3-24 所示为楔锁顶杆机构，相当于在弹簧顶杆机构中，弹簧与金属型接触端面以外，在顶杆上开一个楔形的孔，用紧固楔代替弹簧打入楔形的孔，使顶杆复位浇注，浇注完毕后退出紧固楔，敲击顶杆脱出铸件。

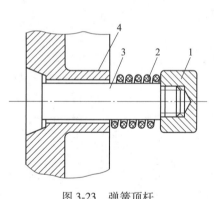

图 3-23　弹簧顶杆
1—螺母；2—压缩弹簧；
3—顶杆；4—金属型

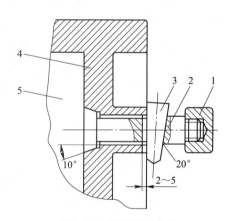

图 3-24　楔锁顶杆机构
1—六角螺母；2—顶杆；3—紧固楔；
4—金属型；5—型腔

3.4　浇注系统的设计

3.4.1　设计原则和形式

金属型铸造的浇注系统设计可以参照砂型铸造浇注系统设计方法，根据合金种类及其铸造性能、铸件的结构特点及对铸件的技术要求，以及金属型铸造冷却速度快、排气条件差、浇注位置受限制等特点，综合加以考虑以设计浇注系统。

浇注系统的常见结构形式见表 3-11 及图 3-25。

表 3-11　浇注系统的结构形式

形式	优点	缺点	适用于 H/L	适用于合金	备注
顶注式	（1）具有合理的铸型热分布，有利于合金顺序凝固，便于铸件补缩； （2）能以大流量充填铸型，浇注速度快； （3）浇道消耗的金属量少； （4）铸型设计、制造方便	（1）液体金属充填型腔时液流不平稳、易飞溅，冲击现象随液流下降高度的增加而严重； （2）由于飞溅，极易引起金属液氧化，形成二次渣、"豆粒"等缺陷； （3）不利于型腔中气体排出	<1	（1）常用于黑色金属铸件，且应是矮面简单的铸件； （2）非铁合金铸件较少运用，或仅用于小件（例如，镁合金铸件高度不大于 80 mm，铝合金铸件高度不大于 100 mm）	为避免冲击、飞溅，高度较大的铸件可将铸型倾斜，浇注过程中逐渐将铸型恢复至水平位置
中注式	（1）金属液充型过程较顶注式平稳； （2）铸型热分布较底注式合理	不能完全避免金属液流对铸型的冲击及飞溅现象	约 1	（1）用于各种合金； （2）用于铸件高度适中（在 100 mm 左右），两端及四周均有厚大安装边，难以采用其他浇道的铸件	
底注式	（1）金属液由下而上平稳充型，有利于型腔中气体排出； （2）便于设计各种形状的浇道，充分撇渣； （3）内浇道可在铸件底部均布，能进行大流量浇注	铸型热分布不合理，不利于顺序凝固	<1	（1）用于各种合金； （2）有色金属用得较多，特别是易产生氧化渣的金属，多用这种方式	为克服热分布不合理，可用各种工艺方法（如调整工艺余量、补注冒口、控制金属型预热温度、调整涂料层厚度等）来解决
缝隙式	（1）液体金属充填铸型过程平稳，有效防止氧化、夹渣及气孔的生成； （2）铸型热分布合理，有利于补缩； （3）有利于型腔中气体的排出	（1）清理浇注系统比较困难； （2）浇注系统消耗金属较多	特别适合于圆形铸件	适用于质量要求较高的铸件	当同时存在几种可能的浇注方式时，优先考虑采用缝隙浇道

    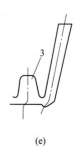

　　(a)　　　　　　(b)　　　　　　(c)　　　　　　(d)　　　　　　(e)

图 3-25　不同形状的直浇道和直浇道底部的挡渣

（a）倾斜状；（b）鹅颈状；（c）蛇形；（d）底部有过滤网；（e）底部接集渣包

1—节流器；2—过滤网；3—集渣包

总之，金属型铸造浇注系统的设计原则应遵循以下几点：

（1）金属型冷却速度快，浇口尺寸应适当加大，但应尽量避免产生紊流。

（2）金属液平稳流入型腔，不直接冲击型壁和型芯，并能够起到一定的挡渣作用。

（3）金属型不透气，必领使金属液顺序地充满铸型，以利于排气。

（4）铸型的温度场分布应合理，有利于铸件顺序凝固，浇注系统一般开设在铸件的热节或壁厚处，以便于铸件得到补缩。

（5）浇注系统结构应简单，使铸型开合、取件方便。

3.4.2 浇注系统尺寸确定

浇注系统尺寸的确定步骤为：先确定浇注时间，再计算最小截面积，然后按比例计算出其他组元的截面积。

3.4.2.1 浇注时间

金属型冷却速度快，为防止浇不足、冷隔等缺陷，浇注速度应比砂型铸造快。根据金属液在金属型中平均上升速度计算出浇注时间。对铝、镁合金铸件，根据实际经验：

$$v_{平升} = \frac{h}{t} = \frac{3}{\delta} \sim \frac{4.2}{\delta} \tag{3-5}$$

式中，$v_{平升}$ 为金属液在金属型中平均上升速度，cm/s；δ 为铸件平均壁厚，mm；h 为金属型型腔的高度，mm。

浇注时间 t 由下式决定：

$$t = \frac{h}{v_{平升}} \tag{3-6}$$

如浇注系统由金属型形成，一般浇注时间不应超过 25 s，以防止金属液在完成充型之前就失去了流动性。

3.4.2.2 最小截面积

根据浇注时间、金属液流经浇注系统最小截面处的允许最大流动线速度 v_{max} 计算出最小截面积 A_{min}：

$$A_{min} = G/(\rho v_{max} t) \tag{3-7}$$

式中，A_{min} 为最小截面积，cm^2；G 为铸件质量，g；ρ 为金属液密度，g/cm^3；v_{max} 为最小截面允许的最大流动速度，cm/s。

为防止金属液在浇注时卷入气体和氧化，以及使浇注系统能起挡渣作用，一般 v_{max} 值不能太大。对镁合金 $v_{max}<130$ cm/s，对铝合金 $v_{max}<150$ cm/s。

3.4.2.3 其他组元的截面积

浇注铝、镁合金时，为防止金属液飞溅，出现二次氧化造渣现象，需要降低金属液的流速，常采用开放式浇注系统，此时浇注系统中的最小截面积应当是直浇道的截面 $A_{直}$。故各组元的截面积比例关系为：

大型铸件（>40 kg）：$A_{直} : A_{横} : A_{内} = 1 : (2 \sim 3) : (3 \sim 6)$

中型铸件（20~40 kg）：$A_{直} : A_{横} : A_{内} = 1 : (2 \sim 3) : (2 \sim 4)$

小型铸件（<20 kg）：$A_{直}：A_{横}：A_{内}=1：(1.5\sim3)：(1.5\sim3)$

内浇道厚度一般应为铸件相连接处对应铸件壁厚的 $50\%\sim80\%$，薄壁铸件可比铸件壁厚小 2 mm。内浇道的宽度一般为内浇道厚度的 3 倍以上。

内浇道长度：小型铸件为 $10\sim20$ mm，中型铸件为 $20\sim40$ mm，大型铸件为 $40\sim60$ mm。

浇注黑色金属时，常采用封闭式浇注系统，此时浇注系统中的最小截面积为内浇口的截面积，各组元截面积比例关系为：

$$A_{直}：A_{横}：A_{内} = (1.15 \sim 1.25)：(1.05 \sim 1.25)：1$$

内浇道长度一般应小于 12 mm。

3.4.3 金属型的冒口

金属型中冒口除了起补缩和浮渣作用外，还有另一个重要作用是保证能迅速排除型腔中的气体。金属型冒口可以根据具体的情况设计成不同的形式与结构。设计冒口时需注意以下几点：

（1）浇注铝、镁合金时应尽量采用明冒口。因为暗冒口的金属液柱静压力小，仅靠暗冒口进行补缩，效果不好，而明冒口除明冒口的液柱静压力外，还有大气压力的作用，其补缩效果远胜于暗冒口。

（2）冒口高度不宜过高，太高时金属液消耗大，在大量金属液通过浇口进入冒口时，有可能引起内浇口过热，铸件靠近浇口处易产生缩松。当然冒口高度也不能过小，过小达不到补缩效果。

（3）应尽量节约金属液。为了提高金属的工艺出品率，同时也为了使冒口起到更好的补缩作用，可采用图 3-26 所示的措施，在冒口中设置砂芯或金属芯，或冷铁和冒口并用，可取得明显的效果。

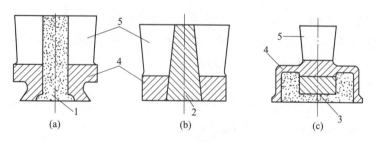

图 3-26 减小冒口措施
（a）安置砂芯或芯壳；（b）安置金属芯；（c）安放冒口
1—砂芯；2—金属芯；3—冷铁；4—铸件；5—冒口

3.5 金属型铸造工艺参数

3.5.1 金属型的涂料

在金属型铸造中，应根据铸造合金的性质、铸件的特点选择合适的涂料，这是获得优质铸件和提高金属型寿命的重要环节。涂料具有以下作用：

（1）保护金属型。涂料可减轻高温金属液对金属型的热冲击和对型腔表面的直接冲刷；在取出铸件时，减轻铸件对金属型和型芯的磨损，并使铸件易于从型中取出。

（2）调节铸件各部位在金属型中的冷却速度。采用不同种类和厚度的涂料能调节铸件在金属型中各部位的冷却速度，控制凝固顺序。

（3）改善铸件表面质量，获得复杂外形及薄壁铸件。防止因金属型有较强的激冷作用而导致铸件表面产生冷隔或流痕以及铸件表面形成白口层。

（4）利用涂料层蓄气排气。涂料层有一定的孔隙度，因而具有蓄气排气作用。

3.5.2 金属型的预热

金属型在喷刷涂料前需先预热，预热温度根据涂料成分和涂敷方法确定。温度过低，涂料中水分不易蒸发，涂料容易流淌；温度过高，涂料不易黏附，会造成涂料层不均匀，使铸件表面粗糙。常用的金属型预热温度见表 3-12。

表 3-12 金属型的预热温度

铸造合金	铝、镁合金	铜合金	铸铁	铸钢
预热温度/℃	150~200	80~120	80~150	100~250

喷完涂料之后还需进一步预热至金属型的工作温度。金属型工作温度太低，使金属液冷却速度太快，易造成铸件冷隔、浇不足等缺陷，铸铁件产生白口；金属型工作温度太高，会导致铸件力学性能下降，使操作困难，降低生产效率，缩短金属型寿命。

3.5.3 浇注工艺参数

3.5.3.1 浇注温度

在金属型铸造的浇注过程中，浇注温度是最重要的工艺参数。由于金属型具有较强的冷却作用，应选择适宜的浇注温度。浇注温度过低，会导致冷隔、浇不足等缺陷；浇注温度过高，则冷却缓慢，结晶晶粒粗大，导致气孔、针孔等缺陷。因此，确定合金的浇注温度时应考虑以下因素：

（1）形状复杂及薄壁铸件，浇注温度应高些，反之浇注温度可适当降低。

（2）金属型预热温度低时，应提高合金浇注温度。

（3）浇注速度快时，适当降低浇注温度；缓慢浇注的铸件，浇注温度应适当提高。

（4）顶注式浇注系统采用较低的浇注温度，底注式浇注系统采用较高的浇注温度。

对于同一种合金铸件，适宜的浇注温度一般要比砂型铸造高一些，具体可根据铸件结构和大小、铸件化学成分等进行确定，常见合金的浇注温度见表 3-13。

表 3-13 金属型铸造时合金的常用浇注温度

钢铁金属			非铁合金		
铸造合金	铸件特点	浇注温度/℃	铸造合金	铸件特点	浇注温度/℃
普通灰铸铁	壁厚>20 mm	1300~1350	铝硅合金		680~740
	壁厚<20 mm	1360~1400	铝铜合金		700~750

钢铁金属			非铁合金		
铸造合金	铸件特点	浇注温度/℃	铸造合金	铸件特点	浇注温度/℃
球墨铸铁		1360~1400	镁合金		720~780
可锻铸铁		1320~1350	锡青铜		1050~1150
普通碳素钢	大件	1420~1440	铝青铜		1130~1200
	中、小件	1420~1450	磷青铜		980~1060
高锰钢		1320~1350	锰铁黄铜		1000~1040

3.5.3.2 浇注速度

由于金属型存在激冷和不透气特征，浇注速度应先慢浇后快浇再慢浇。先慢浇有利于铸型型腔中的气体排出，预防二次夹杂物的形成；然后快浇，可以使金属液快速充满型腔，防止冷隔产生；最后再慢浇，可以防止浇注末期金属液溢出铸型。

浇注速度一定要保证浇注过程平稳，金属液流连续、不中断。为了防止铸件产生气孔、夹渣和夹杂等缺陷，细化结晶晶粒，提高力学性能，可采用倾斜和振动浇注。

3.5.3.3 出模时间

浇注完成后，在保证铸件质量的前提下，铸件应尽早从铸型型腔中取出。因为，铸件在金属型腔中停留的时间越长，温度会降低越大，其收缩量也就越大。由收缩引发的铸件包紧力就会越大，导致铸件出型变得越困难，表面变形及裂纹产生的倾向也增加。对于铸铁件，冷却至 900 ℃时即可出模；对于有色合金铸件，当冒口基本凝固完成即可出模；对于薄壁铸件，为防止白口，可以在 900~950 ℃出模。

3.6 金属型铸造缺陷及控制措施

金属型铸件常见的缺陷有气孔、缩孔及缩松、裂纹、冷隔、白口等，表 3-14 为金属型铸件常见缺陷及预防措施。

表 3-14 金属型铸件常见缺陷及预防措施

缺陷名称	形成原因	常见金属	预防措施
气孔	金属型排气设计不当，铸型预热温度过低，涂料使用不当，金属型表面不干净，原材料未预热，脱氧不当等	各种合金	采用倾斜浇注；涂料喷涂后彻底烘干；原材料使用前预热；选择较好的脱氧剂；降低熔炼温度等
缩孔及缩松	金属型工作温度控制未达到顺序凝固，涂料选择不当，厚度不合适，铸件在铸型中的位置设计不合理，浇冒口起不到补缩作用，浇注温度过低等	各种合金	提高金属型工作温度；调整涂料层厚度；对金属型进行局部加热或局部保温；对局部进行激冷；设计散热措施；设计加压冒口；选择合适的浇注温度等
裂纹	金属型退让性差，冷却速度快，开型过早或过晚，铸造斜度小，涂料薄等	各种合金	注意审查零件结构工艺合理性；调整涂料厚度；增加铸造斜度等

续表 3-14

缺陷名称	形成原因	常见金属	预防措施
冷隔	金属型排气设计不当，浇道开设位置不当，工作温度太低，涂料质量不合格，浇注速度太慢等	各种合金	正确设计浇注系统和排气系统；采用倾斜浇注；适当提高涂料层厚度；提高金属型工作温度；采用机械振动金属型浇注等
白口	金属型预热温度太低，开型时间太晚，壁太厚，未用涂料等	灰铸铁	选择合理的化学成分；金属型表面喷刷涂料；提高金属型预热温度；铸件壁厚与金属型壁厚之比小于 1∶2；高温出炉，提早开型等

3.7　金属型铸造应用的工程案例

3.7.1　发动机缸体金属型铸造

缸体作为汽车发动机的核心零部件之一，是我国汽车轻量化制造和节能环保型生产的主要考虑因素之一。特别是轿车发动机，国内外主流车型主要采用铝合金缸体。由于铝合金发动机缸体是功能部件，缸体内部有复杂的封闭通孔和斜通孔（见图 3-27），型芯的成形成为发动机铸造生产的一个难点。同时，缸体需要在高温下工作，汽车主机厂对其金相显微组织、力学性能、表面硬度等均有较高的要求。为此，本例研究缸体金属型铸造工艺涉及的合金熔炼、型芯成形、模具设计及铸造工艺。

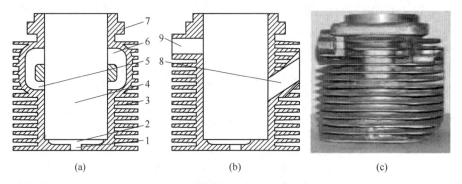

(a)　　　　　　　　(b)　　　　　　　　(c)

图 3-27　发动机缸体结构与实物图
（a）结构图 a；（b）结构图 b；（c）实物图
1—直通小圆孔；2—底孔；3—散热片；4—中心孔；5—封闭连通孔 1；
6—封闭连通孔 2；7—安装法兰边；8—斜通孔；9—横向直通孔

3.7.1.1　铸型设计

根据图 3-27，缸体内圆外方，长度为 114 mm，宽度为 114 mm，高度为 106 mm，缸体的内孔直径为 66 mm，壁厚为 8 mm，与内孔的两边对称有一对 U 型封闭的通孔，此孔是气流的流道，要求表面光滑，只能铸造成形，无法机加工；另外两边分别有一个与内孔相连的斜孔和一个垂直于内孔的长方形孔，缸体四周分布着 14 层散热片，散热片最薄处为 1.5 mm，缸体最厚处为 18 mm。小型发动机缸体材料要求具有较好的室温和高温强度、切削加工以及铸造性能。

图 3-28 为铸型结构示意图。根据零件的结构特点，铸型采用复合分型结构，即上、下型为水平分型；上型又分为左右两半型，左半型与右半型为垂直分型，此结构的优点：（1）方便取件；（2）型芯组装方便。

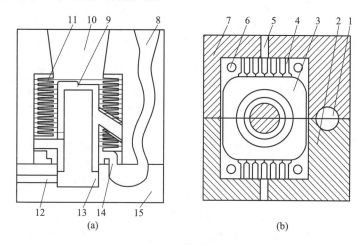

图 3-28　铸型结构

（a）整体上下分型；（b）上型左右分型

1—直浇道；2—上右半型；3—型腔；4—活动型芯上的排气槽；5—排气孔；
6—活动型芯固定杆；7—上左半型；8—蛇形直浇道；9—中心孔砂皮层；10—冒口；
11—叠加式型腔；12—紧固主芯骨螺栓；13—主芯骨架；14—内浇道；15—下半型

型腔采用多层组合叠加式，先将型腔依据结构分成 21 层（左右半型均等），每层按尺寸单片加工好，然后再依据整体尺寸用螺栓组合后一起固定在铸型上，这一方法解决了散热片型腔整体难加工的问题和散热片尾部排气的问题。

型芯结构复杂，要求液流平稳，对型芯的冲击力小。因此采用底注式浇注系统，其具有液流平稳、排气效果好等优点；直浇道高度为 210 mm，铸型采用蛇形直浇道以避免浇注过程中液流的冲击。冒口直接设置在中心孔的上方，比普通冒口设计得更厚大，这样可以更有效地改善补缩条件，同时也利于排气。在每层叠片中都设计了排气槽，总量达 250多道，这些排气槽通过排气孔排出气体。

3.7.1.2　型芯设计

型芯由砂皮层、主芯骨架和 4 个小型芯组合而成，其示意图如图 3-29 所示，组合式的型芯结构解决了 3 个问题：一是将复杂的整体结构简单化，型芯分成 5 部分（见图 3-29 中 1、3、8、10、11），尽管需要 5 个芯盒，但避免了抽芯和活块，使每个芯盒的制芯难度降低；二是主芯骨架由铝合金制造，可保证各个孔的尺寸位置不偏移；三是在金属型上能快速方便安装，在主型芯上方设置一个 M8 的螺纹孔，安放时，用螺杆旋入螺孔，移动螺杆便可将缸体型芯移动到合适位置；安放完成后，取下螺杆，用一预制好的砂芯堵头将孔补上。

3.7.1.3　浇注工艺流程

缸体选用 ZL105A 合金并加入微量元素 Zr 和 Ti。将黏土石墨坩埚预热到 300 ℃，加入Al-Cu、Al-Si 中间合金和纯铝，炉料装好后，将炉温控制在 730 ℃，待合金全部熔化后，

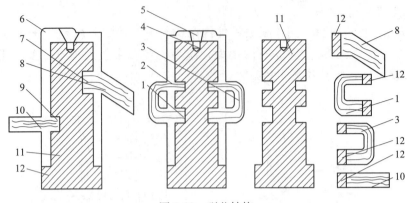

图 3-29　型芯结构

1—U 形孔型芯 1；2—钢丝加强筋；3—U 形孔型芯 2；4—型芯安装螺孔；5—补砂孔；
6—中心孔砂皮层；7—斜通孔型芯固定芯头；8—斜通孔型芯；9—长方形通孔型芯固定芯头；
10—长方形通孔型芯；11—主芯骨架；12—固定铝质芯头

加入 Al-Ti、Al-Zr 中间合金。测试铝液温度达到 730 ℃后，加入 0.08%～0.1%的 Sr 变质剂，用石墨棒进行搅拌数分钟，变质时间为 30 min。变质后压入 Mg 块，待 Mg 全部熔化后捞去浮渣，浇注。为检测合金的变质效果，先浇注一根直径为 20 mm 的砂型试棒，凝固后将试棒打断，观察断口晶粒尺寸，判断变质效果。变质效果好，进行下一工序，如变质效果差，需重新变质。

合金液的过滤、精炼与浇注、压力凝固在自制的专用装置（见图 3-30）中进行。浇注前，石墨坩埚在 750 ℃的温度下预热 2 h 以上，真空罐的真空度为 -0.09 MPa，压缩空气罐的压力控制在 0.3 MPa。

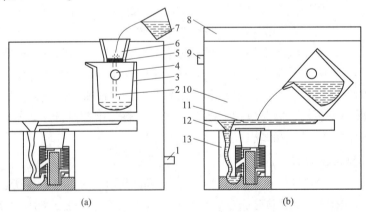

图 3-30　合金过滤精炼与浇注过程

（a）过滤精炼；（b）浇注时

1—真空阀；2，11—铝液流；3—石墨坩埚；4—旋转轴；5—过滤网；6—浇口杯；
7—浇勺；8—盖板；9—进气阀；10—真空室；12—过桥；13—金属型

经细化变质后的合金液浇入浇口杯 6、合金液经 3 层玻璃纤维网过滤后流入石墨坩埚 3 中，在 25 s 内移去浇口杯、盖上盖板并接通真空阀，此时，装置中的真空度可达到 -0.08～-0.06 MPa。立即旋转石墨坩埚，铝合金液通过过桥，进入型腔。在这一过程中，铝合金液以细流的形式处在真空环境中流动，合金液中的气体被真空泵吸走，达到动态真空精炼、浇注一体的目的。浇注完成后，关闭真空阀同时打开进气阀，连通压缩空气罐，使铸件在 0.2~0.3 MPa 的压力下凝固，保压时间为 5 min，15 min 后，打开盖板取件。缸体成品率可达到90%以上。

3.7.2　铝合金薄壁箱体金属型铸造

某 ZL114A 铝合金薄壁箱体结构，如图 3-31 所示，蒙皮的壁厚为（3.5±0.5）mm，蒙皮的展开面积为 2500 cm^2。该薄壁深腔结构金属型铸造充型过程中铝液流程较长，冷却速度较快，大面积薄壁成形困难，同时由于构件局部厚大部位的热节处易出现缩松缺陷。为降低大面积蒙皮的充型难度，箱体铸造采用砂芯金属型低压浇注。

 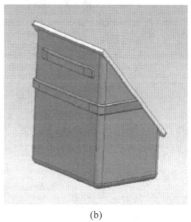

(a)　　　　　　　　　　　(b)

图 3-31　箱体结构

(a) 正面；(b) 背面

3.7.2.1　浇注系统设计

采用金属型铸造时，金属液浇注速度可控，充型速度大小可根据工艺要求准确控制，液体金属充型平稳。同时，为了避免金属液直接冲击铸型型壁，产生涡流和飞溅，将箱体金属型浇注系统的内浇口正对型腔，进行充型，箱体底面为浇注顶面，最后充型。考虑到箱体立面三大一小的结构特点，故在 3 个大立面上均设置了浇道，降低了充型流程，利于铸件成形。

内浇道截面尺寸根据式（3-7）计算，箱体金属型铸件重约 3.5 kg，计算得到的内浇道截面总面积为 32 cm^2，其中两侧面内浇道面积各为 13 cm^2，大面内浇道面积 6 cm^2。各浇道分布如图 3-32 所示。

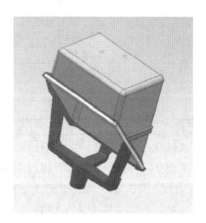

图 3-32　铝合金箱体的
浇注系统结构

3.7.2.2　工艺参数设计

针对不同部位的结构特性以及在凝固过程中所处的凝固顺序，采用凝固顺序控制、铸型涂料厚度控制以及内浇口过铝量控制的方法，消除铸件各部位的缩松缺陷。铸件的特别厚大部位是指筋条和小平面端框位置，筋条厚度约为薄壁蒙皮厚度的 3.7 倍，小平面端框的最大厚度为蒙皮壁厚的 5 倍左右。基于厚大部位的结构特点，本项目通过铸型铜镶块、砂芯钢冷铁结合阶梯式浇注系统，实现了筋条和小平面端框的局部顺序凝固。结合图 3-33 所示的内腔正对筋条位置的阶梯浇口对筋条温度场的影响，形成了筋条外侧先凝固，内侧后凝固，远离阶梯浇口位置先凝固，近浇口位置后凝固的凝固顺序。该设计一方面可以有效解决筋条缩松，另一方面可以减小筋条内侧凝固对大平面铝液充型的影响。

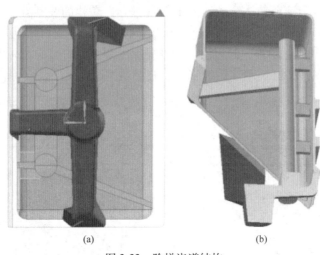

(a)   (b)

图 3-33   阶梯浇道结构

（a）外浇道结构；（b）内浇道结构

设计的主要工艺参数见表 3-15。

表 3-15   铝合金箱体金属型铸造主要工艺参数   （℃）

参 数	取 值
液相线温度	616
固相线温度	550
浇注温度	720
金属型温度	350
冷铁温度	100
砂芯温度	100
充型速度	80 mm/s

3.7.2.3   箱体金属型铸造模拟结果

图 3-34 为箱体金属型铸件凝固温度场分布，铸件可以完整充填，且凝固顺序基本呈现顺序凝固，即远离浇道的上部先凝固，靠近浇道的下部后凝固，凝固顺序合理。

3.7.2.4   箱体金属型铸造实验结果

本例基于浇注过程中铸型温度保持在 300~350 ℃的条件下，控制浇注温度在 725 ℃左右，充型速度在 50~60 mm/s；获得的金属型箱体（见图 3-35）经 X 射线检测无明显的缩松、渣孔缺陷，铸造工艺合理。具体浇注温度和充型速度对铸件的成形与内部质量的影响见表 3-16。

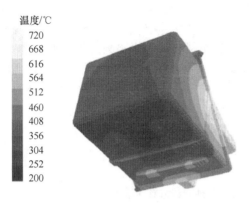

图 3-34 金属型铸件凝固温度场分布　　　　图 3-35 金属型铸造的箱体实物

温度/℃
720
668
616
564
512
460
408
356
304
252
200

表 3-16　箱体的充型与内部质量

充型速度 /mm · s⁻¹	705 ℃	715 ℃	725 ℃	735 ℃
40	×	×	×	√（缩松明显）
50	×	×	√	√（缩松明显）
60	×	×	√	√（缩松明显）
70	×	√（渣孔明显）	√（渣孔明显）	√（缩松、渣孔明显）
80	×	√（缩松、气孔明显）	√（缩松、气孔明显）	√（缩松、渣孔、气孔明显）

注："√"表示充型成功；"×"表示充型失败。

　　由于凝固条件的不同，金属型铸件与砂型铸件的凝固组织有所不同。本例将得到的金属型铸件与采用低压砂型铸造制备的砂型箱体铸件进行了组织对比。图 3-36 所示为金属

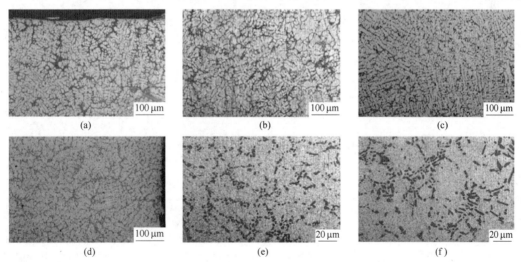

图 3-36　金属型和砂型铸造的箱体铸件薄壁部位 T6 处理前后组织
（a）T6 处理前金属型铸件组织；（b）T6 处理前砂型铸件组织；
（c）（e）T6 处理后金属型铸件组织；（d）（f）T6 处理后砂型铸件组织

型和砂型铸造的箱体薄壁部位截取试样在 T6 热处理前后的组织。热处理前，试样组织均为以自由枝晶形态存在的白色的初生 αAl，层状 $\alpha Al+Si+Al_2Cu$ 或 $\alpha Al+Si+Mg_2Si$ 复杂共晶相以及灰色片状 Si 相。金属型试样金相中起强化作用的共晶相比例比砂型铸件要高，割裂基体的有害片状 Si 相比例低。同时，金属型试样中初生 αAl 晶粒尺寸以及共晶组织尺寸均比砂型试样小，金属型试样晶粒的平均截距约 40 μm，砂型试样平均截距约 50 μm，金属型试样铸件组织更细密。

思 考 题

3-1 试说明金属型铸造时铸件成形有什么特点，与传统的砂型铸造有何区别？

3-2 金属型的浇注系统设计原则是什么？

3-3 试述金属型分型面的选择原则与特点。

3-4 如何确定金属型铸造时的浇注速度？

3-5 金属型铸造型芯的抽芯机构有几种形式？

3-6 查阅文献资料，试简述铝合金变速器箱体采用金属型浇注前为什么必须预热？

4 反重力铸造

4.1 反重力铸造工艺原理

4.1.1 反重力铸造原理分析

反重力铸造技术是指金属液充填铸型的驱动力与重力方向相反，金属液沿反重力方向流动的一类铸造技术的总称。反重力铸造过程中金属液是在重力和外加驱动力的双重作用下填充铸型的。金属液反重力方向流动过程中，由于重力的作用而使金属液保持连续性是反重力铸造技术的主要特点之一；反重力铸造技术的另一个主要特点是金属液流动的外加驱动力可以人为加以控制，金属液充填过程的工艺参数可以通过对液面加压控制技术实现，根据工艺要求充型，进而对铸件品质进行控制。

反重力铸造的工作原理如图 4-1 所示，将干燥的压缩空气或惰性气体通入压力室 1，气体压力作用在金属液面上，在气体压力的作用下，金属液 3 沿升液管 4 上升，通过内浇口 5 进入铸型型腔 6 中，并在气体压力作用下充满整个型腔。直到铸件完全凝固，切断金属液面上的气体压力，升液管和内浇口中未凝固的金属液在重力作用下流回到坩埚 2 中，完成一次浇注。

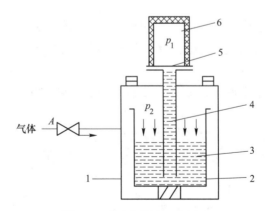

图 4-1 反重力铸造工作原理

1—压力室；2—坩埚；3—金属液；4—升液管；5—内浇口；6—铸型型腔

反重力铸造是重力铸造和压力铸造的结合，其实质是帕斯卡原理在铸造中应用的典范。根据帕斯卡原理，由图 4-1 得：

$$p_1 F_1 h_1 = p_2 F_2 h_2 \tag{4-1}$$

式中，p_1 为金属液面上的压力，MPa；F_1 为金属液面上的受压面积，cm^2；h_1 为坩埚内金属液面下降的高度，cm；p_2 为升液管中使金属液上升的压力，MPa；F_2' 为升液管的内截面积，cm^2；h_2 为金属液在升液管中上升的高度，mm。

一般条件下 F_1 要远远大于 F_2，因此当坩埚内金属液面下降高度 h_1 时，只要对坩埚中的金属液面上施加很小的一个压力，升液管中的金属液就会上升一个相应的高度。

4.1.2　反重力铸造工艺流程

浇注工艺过程包括升液、充型、增压、保压凝固、卸压及延时冷却阶段。其浇注工艺压力变化过程如图 4-2 所示。

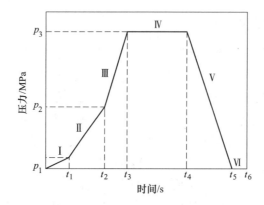

图 4-2　反重力铸造浇注工艺压力变化过程

根据图 4-2 中的压力变化规律，可以将浇注过程分为以下几个阶段：

（1）升液阶段 I：将一定压力的干燥空气通入密封坩埚中，使金属液沿着升液管上升到铸型浇道处。

（2）充型阶段 II：金属液由浇道进入型腔，直至充满型腔。

（3）增压阶段 III：金属液充满型腔后，立即进行增压，使型腔中的金属液在一定的压力作用下结晶凝固。

（4）保压阶段（结晶凝固阶段）IV：型腔中的金属液在压力作用下完成由液态到固态转变的阶段。

（5）卸压阶段 V：铸件凝固完毕（或浇口处已经凝固），即可卸除坩埚内液面上的压力，使升液管和浇道中尚未凝固的金属液依靠自重流回坩埚中。

（6）延时冷却阶段 VI：卸压后，为使铸件完全凝固而具有一定强度，防止铸件在开型、取件时发生变形和损坏，需延时冷却。

4.1.3　反重力铸造的类型和特点

4.1.3.1　反重力铸造类型

根据金属液充填铸型驱动力的施加形式不同，反重力铸造可以分为低压铸造、差压铸造、真空吸铸和调压铸造。

（1）低压铸造是通过将气体压力作用于金属液面，而铸型型腔与大气压相等，进而在压力驱动下使得金属液自下而上充填型腔，并在压力作用下凝固而获得铸件的方法。低压铸造时施加在金属液面上的气体压力较低，一般为 20~60 kPa。为方便起见，本章仅以低压铸造为例对反重力铸造工艺进行介绍。

（2）差压铸造是在低压铸造基础上发展而来，不仅可以对金属液面增压，也可以对铸型型腔增压。在对金属液面和铸型型腔同步增压后，再以一定的方式建立压差，即可将金属液压入、充填型腔。充型完成后，通过保持系统压差，可以强化凝固补缩效果，提高铸件的致密度。

（3）调压铸造是在差压铸造基础上发展而来，最大区别在于可以实现正压和负压的控制，使充型平稳性、充型能力和顺序凝固条件均要优于差压铸造，获得壁厚更薄、性能更优的大型铸件。

（4）真空吸铸是在铸型型腔内形成真空，将金属液置于开放大气环境中或置于一定压力的气氛中，在金属液面和铸型型腔之间的压差作用下，使金属液由下而上压入型腔，进而凝固获得铸件。

4.1.3.2　反重力铸造特点

上述反重力铸造工艺均具有以下共性特点：

（1）金属液充型平稳，充型速度可根据铸件结构和铸型材料等因素进行控制，因此可避免金属液充型时产生紊流、冲击和飞溅，减少卷气和氧化，提高铸件质量。

（2）金属液在可控压力下充型，流动性增加，有利于生产复杂薄壁铸件。

（3）铸件在压力下结晶，补缩效果好，铸件组织致密，力学性能高。

（4）浇注系统简单，一般不需设冒口，工艺出品率可达90%。

（5）易于实现机械化和自动化，与压铸相比，工艺简单、制造方便、投资少。

（6）由于充型速度及凝固过程比较慢，因此低压铸造的单件生产周期比较长，一般为 6~10 min/件，生产效率低。

反重力铸造主要应用于较精密复杂的中大铸件和小件，合金种类几乎不限，尤其适用铝、镁合金，生产批量可为小批、中批、大批。目前已用于航空、航天、军事、汽车、拖拉机、船舶、摩托车、柴油机、汽油机、医疗机械、仪器等机器零件制造上。在生产框架类、箱体类、筒体、锥状等大型复杂薄壁铸件方面极具优势。

图 4-3 和图 4-4 所示分别为反重力铸造成形的铝合金发动机缸体和镁合金汽车轮毂。

图 4-3　铝合金发动机缸体　　　　图 4-4　镁合金汽车轮毂

4.2　反重力铸造工艺设计

4.2.1　铸型材料及分型面

反重力铸造可使用各种铸型，如金属型、砂型、石墨型、陶瓷型、石膏型、熔模铸造型壳等。铸型选择主要根据铸件的结构特点、精度要求和批量等来考虑。铸件精度要求高、形状一般、批量较大的铸件，可选用金属型。铸件内腔复杂、不能用金属芯时，可使用砂芯。大、中型铸件精度要求不高时，单件或小批量生产时可采用砂型。精度要求较高的大中型铸件适宜用陶瓷型。铸件形状复杂，精度要求高的中小件适宜采用熔模型壳。对特殊要求的单件、小批生产的铸件可采用石膏型、石墨型。

反重力铸造分型面除了遵循重力铸造分型面选择的原则外，还应考虑以下两点：

（1）若采用水平分型金属型时，开型后铸件应留在包紧力较大的上型中，以便于顶出铸件。

（2）分型面的选择，应有利于设置浇注系统和气体排出。

4.2.2　浇注系统设计

反重力铸造的浇注系统与位于铸型下方的升液管直接相连。充型时，金属液从内浇口引入，并自下而上地充型；凝固时，铸件则是自上而下地顺序凝固。为保证铸件顺序凝固，内浇口应尽量设在铸件的厚壁部位，由浇注系统对厚壁部位进行补缩。离浇口比较远且体积比较大，不能满足顺序凝固条件的部位，可设置过渡浇道，以起冒口补缩作用。

4.2.2.1　内浇道

低压铸造浇注系统应满足顺序凝固的要求，还应保证金属液流动平稳，除渣效果好，并能提高生产效率，节约金属液，浇注后便于清除浇冒口。

（1）浇道截面积。内浇道截面积可按式（4-2）计算，试模后根据生产实践进行修正。

$$A_内 = G/(\rho v t) \tag{4-2}$$

$$t = h/v_升 \tag{4-3}$$

式中，$A_内$ 为内浇道截面积，cm^2；G 为铸件质量，g；ρ 为合金密度，g/cm^3；v 为内浇道出口处的线速度，cm/s，当 $v \leqslant 15$ cm/s 时，可实现金属液平稳充型；t 为充型时间，s；h 为型腔高度，cm；$v_升$ 为升液速度，cm/s，一般 $v_升 = 1 \sim 6$ cm/s，复杂薄壁件取上限。

（2）内浇道形状。内浇道一般为圆形，若受零件形状的限制，也可设计成异形浇道。为防止内浇口处的金属液冷却凝固堵塞浇道，内浇道的截面尺寸最好是该部位铸件壁厚尺寸的两倍以上，内浇道的高度越低，来自浇道金属液的热量、压力传递损失越小，补缩效果越好，越容易获得顺序凝固。但此处是升液管和铸型接触固定的部位，因铸件结构差异，内浇道高度会有些波动，一般情况下为 30~40 mm。

低压铸造的浇注系统主要结构形式有单升液管单浇口、单升液管多浇口及多升液管多浇口三种形式，如图 4-5 所示。

对较大的、有多处热节的铸件，可采用多个内浇道，使铸件各部位都有补缩的来源，以达到良好的补缩效果。对于箱体类铸件，如图 4-6 所示的缸盖（材质 ZL104），采用升液

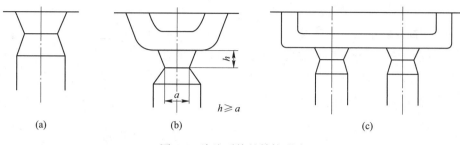

图 4-5 浇注系统的结构形式

（a）单升液管单浇口；（b）单升液管多浇口；（c）多升液管多浇口

管（直浇道）、横浇道和 5 个内浇道。图 4-7 的缸体（材质 ZL104）使用升液管、横浇道和 8 个内浇道。图 4-8 的箱体也采用了类似的浇注系统。对于壳体和筒体铸件，当铸件直径小于 400 mm 时可采用 1 个升液管，如图 4-9 所示，而铸件直径大于 400 mm 时可采用 2 个升液管，如图 4-10 所示。

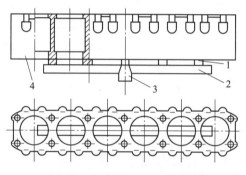

图 4-6 铝合金缸盖浇注系统

1—内浇道；2—横浇道；3—升液管；4—铸件

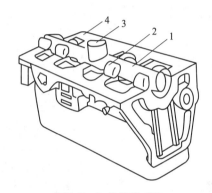

图 4-7 缸体浇注系统

1—横浇道；2—内浇道；3—升液管；4—铸件

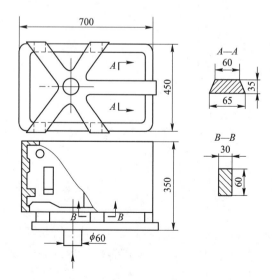

图 4-8 箱体铸件浇注系统

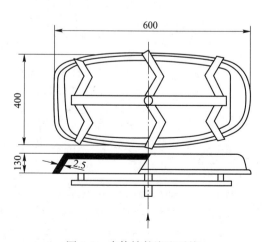

图 4-9 壳体铸件浇注系统

4.2.2.2　横浇道及升液管截面积

内浇道截面积确定之后，按照比例，可选择横浇道和升液管出口处截面积。对于易氧化的金属应采用开放式浇注系统，对不易氧化的金属常采用封闭式浇注系统。但对于使用单个内浇道的铸件一般采用：

$$A_{升液管出口} : A_{横} : A_{内} = (2 \sim 2.3) : (1.5 \sim 1.7) : 1$$

$$(4-4)$$

式中，$A_{升液管出口}$ 为升液管出口截面积，cm^2；$A_{横}$ 为横浇道截面积，cm^2；$A_{内}$ 为内浇道截面积，cm^2。

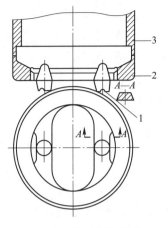

图 4-10　薄壁筒体铸件
双升液管浇注系统
1—升液管；2—环形浇道；3—铸件

4.2.3　冒口设计

低压铸造一般不设冒口，若必须设置，也应该设置为暗冒口，如图 4-11 所示。

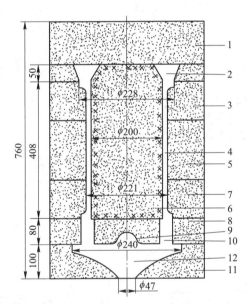

图 4-11　潜水泵铝合金壳体砂型低压铸造
1—箱盖；2—冒口；3—上型；4—铸件型腔；5—中箱；6—型；7—下型；
8—内浇道型；9—集液包；10—内浇道；11—底型；12—喇叭形浇道

4.2.4　铸型涂料

反重力铸造时，铸型、升液管以及坩埚都应涂刷涂料。在浇注过程中，升液管长期浸泡在金属液中，容易受到金属液的侵蚀，缩短升液管的使用寿命，采用铸铁坩埚和升液管时，会导致铝合金液中铁含量增加，降低铸件的力学性能。因此，在坩埚内表面，以及升液管的内、外表面都应涂刷一层较厚的涂料。

4.3 反重力铸造工艺参数

正确制订反重力铸造的浇注工艺，是获得合格铸件的先决条件。根据反重力铸造时金属液充型和凝固过程的基本特点，在制订工艺时，主要是确定压力的大小、加压速度、浇注温度以及采用金属型铸造时铸型的温度和涂料的使用等。

4.3.1 压力调控

反重力铸造时，金属液充填铸型的过程是靠坩埚中液体金属表面上气体压力作用来实现的。所需气体的压力可用式（4-5）确定：

$$p = \rho\mu gH \tag{4-5}$$

式中，p 为充型压力，Pa；H 为金属液上升的高度，m；ρ 为金属液密度，kg/m^3；g 为重力加速度，m/s^2；μ 为充型阻力参数，$\mu = 1.0 \sim 1.5$，阻力小取下限，阻力大取上限。

反重力铸造的加压过程可分为升液、充型、增压、保压、卸压等几个阶段。加在密封坩埚内金属液面上的气体压力的变化过程如图 4-12 所示。

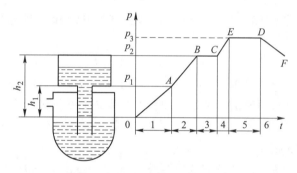

图 4-12 反重力铸造浇注过程

4.3.1.1 升液压力和升液速度

A 升液压力

升液压力指当金属液面上升到浇口，高度为 h_1 时所需要的压力。由式（4-5）得升液压力为：

$$p_1 = \mu\rho gh_1 \tag{4-6}$$

式中，p_1 为升液阶段所需压力，Pa；h_1 为金属液面至浇道的高度，m。

在升液过程中，升液高度 h_1 将随着坩埚中金属液面下降而增加，对应的压力 p_1 值也应随之增大。

B 升液速度

升液速度指升液阶段金属液上升至浇口的速度。升液压力是在升液时间内逐渐建立起来的。随着压力增大，升液管中液面升高。因此，增压速度实际上反映了升液速度。增压速度可用式（4-7）计算：

$$v_1 = p_1/t_1 \tag{4-7}$$

式中，v_1 为升液阶段的增压速度，Pa/s；t_1 为升液时间，s。

升液速度缓慢些为好，以防止金属液自浇口流入型腔时产生喷溅，并使型腔中气体易于排出型外。一般情况下，对于铝合金升液速度一般控制在 5~15 cm/s。

4.3.1.2　充型压力和充型速度

A　充型压力

充型压力指在充型过程中，金属液上升到铸型型腔顶部（高度为 h_2）时所需的气体压力。显然，如果充型压力小，铸件就浇不足。由式（4-5）得：

$$p_2 = \mu\rho g h_2 \tag{4-8}$$

式中，p_2 为充型压力，Pa；h_2 为型腔顶部与坩埚中金属液面的距离，m。

同样，所需的充型压力 p_2 随着坩埚中金属液面的下降而增大。

B　充型速度

充型速度指在充型过程中，金属液面在型腔中的平均上升速度，取决于通入坩埚内气体压力增加的速度。增压速度可按式（4-9）计算：

$$v_2 = \frac{p_2 - p_1}{t_2} \tag{4-9}$$

式中，v_2 为充型阶段的增压速度，Pa/s；p_1，p_2 分别为升液和充型压力，Pa；t_2 为充型时间，s。

充型速度关系到金属液在型腔中的流动状态和温度分布，因而直接影响铸件的质量。充型速度太慢，则会使金属液温度下降而使黏度增大，造成铸件冷隔及浇不足等缺陷。充型速度太快则充填过程金属液流不平稳，型腔中气体来不及排出，会形成背压力，阻碍金属液充填。一旦充型压力超过背压力，会产生紊流、飞溅和氧化，从而形成气孔、表面"水纹"和氧化夹杂等缺陷。

铸件的壁厚、复杂程度以及铸型的导热条件不同，充型速度也不同。金属型低压浇注厚壁铸件时，由于铸件壁厚，型腔容易充满，同时为了让型腔中的气体有充裕时间逸出，充型速度可低些。采用金属型和金属芯浇注薄壁铸件时，由于金属型冷却速度大并能承受较高的压力，在不产生气孔的前提下，充型速度应尽可能高些。

4.3.1.3　增压压力和增压速度

A　增压压力

金属液充满型腔后，在充型压力的基础上进一步增加的压力，称为增压压力（或结晶压力），有：

$$p_3 = p_2 + \Delta p \tag{4-10}$$

或

$$p_3 = K p_2 \tag{4-11}$$

式中，p_3 为增压压力，Pa；Δp 为充型后继续增加的压力，Pa；K 为增压系数，一般取 −2.0~1.3。

压力越大，则补缩效果越好，有利于获得组织致密的铸件。增压压力可根据铸件结构、铸型种类、加压工艺来选定。压力太大不仅影响铸件的表面粗糙度和尺寸精度，还会造成粘砂、胀箱甚至跑火等缺陷。薄壁干砂型或金属型干砂芯，增压压力可取 0.05~0.08 MPa，金属（芯）增压压力一般为 0.05~0.1 MPa。

B　增压速度

为使压力能够起到补缩作用，还应根据铸件的壁厚及铸型种类确定增压速度。由下式计算：

$$v_3 = \frac{p_3 - p_2}{t_3} \tag{4-12}$$

式中，v_3 为建立增压压力的增压速度，Pa/s；t_3 为增压时间，s。

增压速度对铸件质量也有影响，如用砂型浇注厚壁铸件时，铸件凝固缓慢，若增压速度很大，就可能将刚凝固的表面层压破；如用金属型浇注薄壁铸件，铸件凝固速度很快，若增压速度很小，增压就无意义。一般对于采用金属型、金属芯的低压铸造，增压速度取10 kPa/s 左右；对于采用干砂型浇注厚壁铸件时，增压速度取5 kPa/s 左右。

4.3.1.4　保压时间

保压时间是指自增压结束至铸件完全凝固所需的时间。保压时间的长短不仅影响铸件补缩效果，而且还关系到铸件的成形，因为液体金属的充填、成形过程都是在压力作用下完成的。当浇注厚大铸件时，若保压时间不足，铸件未完全凝固就卸压，型腔中的金属液会回流至坩埚中，导致铸件"放空"而报废。若保压时间过长，则增加浇道残留长度，不仅降低工艺出品率，而且由于浇道冻结，使铸件出型困难，并增加升液管与浇道接口处的清理工作量，影响生产效率。保压时间与铸件结构特点、合金的浇注温度、铸型种类等因素有关。生产中常以铸件浇道残留长度来确定保压时间，一般浇道残留长度以20~50 mm 为宜。

4.3.2　浇注温度

反重力铸造时，液态金属是在压力作用下充型的，因而充型能力高于一般重力浇注，而且，因浇注在密封状态下进行，液态金属热量散失较慢，所以其浇注温度可比一般的铸造方法低10~20 ℃。对于具体的铸件而言，浇注温度仍必须根据其结构、大小、壁厚及合金种类、铸型条件来正确选择。

4.3.3　铸型温度

当采用非金属铸型（如砂型、陶瓷型、石墨型等）时，铸型温度一般为室温或预热至150~200 ℃；采用金属型铸造铝合金铸件时，金属型工作温度一般为200~250 ℃，如汽缸体、汽缸盖、曲轴箱壳、透平轮等；薄壁复杂件，应预热至300~350 ℃，如增压器叶轮、导风轮、顶盖等。

4.4　反重力铸造设备

4.4.1　反重力铸造设备类型

反重力铸造设备主要由保温炉及密封坩埚系统、机架及铸型开合机构和液面加压控制系统三部分组成，图4-13 为典型反重力铸造设备。按铸型与保温炉的连接方式，可分为顶置式低压铸造机和侧置式低压铸造机。

图 4-14 所示为顶置式低压铸造机的示意图，为目前应用最广泛的机型，结构简单，操作方便，但生产效率较低，因一台保温炉只能放置一副铸型，保温炉的利用率低。图 4-15 所示为侧置式低压铸造机示意图，将铸型置于保温炉的侧面，铸型和保温炉由升液管连接，一台保温炉同时可为两副以上的铸型提供金属液，生产效率提高。此外，装料、撇渣和处理金属液都较方便，铸型的受热条件也得到了改善。但侧置式低压铸造机结构复杂，限制了其应用。

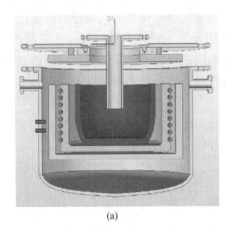
(a)

(b)

图 4-13　典型反重力铸造设备
（a）反重力设备示意图；（b）反重力设备实物

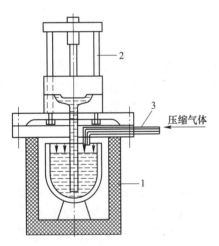

图 4-14　顶置式低压铸造机
1—保温炉；2—机架；3—供气系统

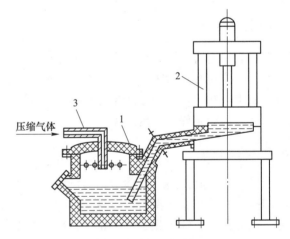

图 4-15　侧置式低压铸造机
1—保温炉；2—机架；3—供气系统

4.4.2　压力控制系统

4.4.2.1　液面加压控制系统

液面加压控制系统是低压铸造机控制系统的重要组成部分，其作用是实现充型速度自由可调，坩埚液面下降、气压泄漏可以补偿，保压压力可调。液面加压控制系统的类型很多，如定流量手动系统、定压力自动控制系统、DKF-1 液面加压控制系统、随动式液面加压系统、803 型液面加压系统、CLP-5 液面加压闭路反馈控制系统、LPN-A2 型继动式液面加压控制系统、Z1041 微机液面加压控制系统等。

4.4.2.2　计算机控制低压铸造设备

计算机控制低压铸造设备由工艺过程控制器、工艺曲线发生器、A/D 数模转换器、调节算法器、D/A 数模转换器、工艺参数及控制参数设定和低压铸造设备组成，如图 4-16 所示。为使工艺过程按工艺要求进行，并达到控制精度，需将各种工艺参数和控制参数输入，作为给定值。

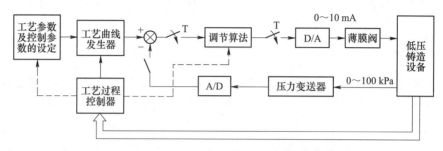

图 4-16　低压铸造设备计算机控制系统原理

（1）工艺过程控制器：检测各工艺参数的状态变化，产生控制工艺流程的指令，为整个系统的正常工作提供一个逻辑时序。工艺参数包括炉温、工作压力、充型时间、凝固时间、冷却时间等。

（2）工艺曲线发生器：根据低压铸造的数学模型，不断产生相应时刻的加压工艺要求的给定压差值。

计算机控制低压铸造设备比一般低压铸造设备功能更健全，可给定升液、充型不同阶段的金属液充型速度。铸型内设置了触点，可监视液面的实际充型情况，如排气不好、型中反压力过大、实际充型速度达不到给定值。计算机能自动计算出实际值及反压力大小，并调节给定的气体加压速度，以补偿反压力的影响，保证达到要求的充型速度。对各工艺参数都有信息采集、处理、显示和打印输出功能。计算机的使用有利于提高铸件质量。

4.4.3　保温炉结构设计

反重力铸造设备需安装保温炉，以满足在所需温度条件下的金属液浇注过程。通常可采用电阻坩埚炉对金属液进行保温控制，但存在两种不同的结构设计思路。

4.4.3.1　独立保温炉结构

如图 4-14 所示，保温炉与压室均为独立结构并加以组装。即将保温炉直接置入下压室，此时保温炉仅完成加热或保温作用，压室与外界的压差由独立的压室承受，由于压室结构相对简单，可以降低压室漏气的可能性；而保温炉也可采用常规设计。对于差压铸造及调压铸造，由于系统需要耐受较高的压力作用，或因抽真空须有较好的防泄漏性能往往采取这种结构设计方案。但该结构设计存在一些缺点：补充金属液的操作繁琐，需卸除铸型并开启中隔板，对生产率影响较大；还要求有较大的下压空间，能够容纳完整的保温炉结构，对系统压力控制带来一定的难度。

4.4.3.2　一体化保温炉结构

如图 4-15 所示，保温炉与下压室采用一体化设计。即将保温炉作为一个封闭压室进行设计，或将坩埚设计为封闭式结构，直接对坩埚进行压力调控，大大减小了增压空间尺寸，可以显著提升压力控制系统的快速响应能力，有利于压力的精确控制，同时可通过保温炉壁开口补充金属液，从而提高生产效率。然而该方案也存在一些缺点：气路电路接口多，密封相对困难；坩埚温度较高，密封件迅速老化，使用寿命也受到影响，仅适合较低压力下应用。因此，对生产率有较高要求的反重力铸造设备常采用图 4-14所示的结构。

4.4.4　升液管结构设计

在反重力铸造设备中，升液管是一个输运金属液的重要构件，其上端与铸型浇口连接配合，下端长时间浸泡在高温金属液中，金属液在压差下通过升液管完成升液、充型，升液管还同时承担传递凝固压力的作用。

升液管材质有多种，如氮化硅陶瓷、碳化硅陶瓷、钛酸铝陶瓷、铸铁、无缝钢管等，目前多采用铸铁材质，其使用寿命为 5~25 个工作日。近来陶瓷升液管使用越来越多。陶瓷升液管的优点是耐腐蚀性强、无渗漏，但韧性及抗热冲击性差、成本较高。

常见的几种升液管结构包括直筒式、正锥式、倒锥式、潜水钟式，如图 4-17 所示。其中，顶部为锥形的升液管不仅有利于金属液回流，也可起到一定的撇渣作用。

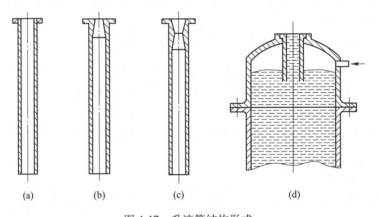

图 4-17　升液管结构形式
（a）直筒式；（b）正锥式；（c）倒锥式；（d）潜水钟式

升液管应具有良好的气密性，若发生泄漏，会导致压差无法建立，金属液不能完成充型；在升液管有轻微漏气的情况下，坩埚内的气体会渗入升液管，随液流填充型腔，在铸件内部形成气孔。因此，升液管使用前需经 0.6 MPa 的水压检测。

升液管的高度以升液管底端离坩埚底部的距离为 50~100 mm 为基准予以确定。

升液管内径一般在 $\phi70$ mm 左右，出口处的形状做成上小下大的锥度，能起一定的撇渣作用，如图 4-17（b）所示。

考虑到升液管与中隔板相连接，中隔板可能为升液管热量散失提供条件，还需进一步强化升液管的保温条件。为了防止升液管"冻结"，可在升液管内部涂覆一定厚度的硅酸铝棉涂层减缓热量散失，同时可以考虑在升液管颈部安装电热保温装置。

4.5 反重力铸造应用的工程案例

4.5.1 航天镁合金壳体反重力铸造

航天产品制造过程工艺复杂、精度要求高，为保证航天产品性能和品质、缩短研制周期、降低制造成本、提高产品可靠性，需不断提升产品合格率，稳定控制其生产过程。尽管铸造过程十分复杂，因素多变，很难避免缺陷的产生，但近年来热工界还是提出"向近无缺陷方向发展"的目标。本例以某航天部件——镁合金壳体铸件为研究对象，其内部品质等指标对最终产品极其关键，因此，针对其缺陷问题的分析和解决具有积极的意义。

4.5.1.1 镁合金壳体铸件

某镁合金壳体长度为 600 mm，端框直径为 400 mm，薄壁处壁厚为 12 mm，使用黏土砂反重力铸造成形，图 4-18 为铸件结构示意图。

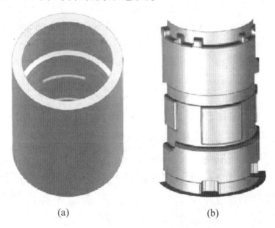

(a)　　　　　　　(b)

图 4-18　某镁合金壳体铸件结构示意图
(a) 三维图；(b) 剖视图

该壳体铸件应满足主要包括化学成分、力学性能、铸件尺寸和内部品质等方面要求。其中，铸件内部品质应经 X 射线检测。对于铸件内部存在的缩松等缺陷，前后端框、舵框与后滑块连接部位按二级验收，其余按三级验收，铸件内部不允许出现熔剂夹渣和裂纹等缺陷。采用黏土砂手工造型、反重力自动浇注工艺，铸件结构虽然比较规则，但壁厚差别较大，不利于铸造成形。同时受手工造型影响，黏土砂性能不稳定，凝固温度场难以控制，产品稳定性差，容易产生缩松等铸造缺陷。采用黏土砂手工造型工艺生产的镁合金壳体铸件，近 3 年合格率为 65%，合格率最高水平也仅为 72%，铸造合格率相对较低，生产过程稳定性差。

4.5.1.2 原因分析

通过对近 3 年某镁合金壳体铸件报废原因进行统计，发现主要报废原因为铸件内部缩松缺陷超标，占比约为 96%。潜在失效模式及后果分析是极其重要的缺陷预防技术，应用以识别并帮助最大程度地减少潜在的隐患。目前采用的黏土砂手工造型方法经过多次迭代改进已较为成熟，继续使用该方法很难减少缩松缺陷。树脂砂造型可以通过树脂和固化剂的反应实现型砂的粘接，避免了造型时人工操作对型砂紧固不均匀产生的一系列问题，设定铸件合格率提升至85%以上的目标值。

4.5.1.3　树脂砂工艺控制

通过开展树脂砂型砂强度、透气性、发气量、耐热时间、阻燃等工艺性能试验，确认较为理想的树脂砂型砂配比为：树脂双组分各为0.6%、阻燃剂为1.2%，其余为石英砂。此时形成的树脂砂强度大于0.7 MPa，透气性大于250，发气量小于12 mL/g，耐热时间大于12 s，试样表面氧化膜较完整，无明显烧斑。

4.5.1.4　反重力铸造工艺设计和模拟分析

图4-19所示为反重力浇注系统，采用4立筒底注式，冷铁分布于浇口前及铸件厚壁处。

图4-20所示为仿真结果。采用ProCAST软件进行数值模拟，发现在正对立筒贴片冷铁两侧有缩松缺陷，如图4-20（a）所示。对工艺进行调整，减小贴片宽度，增加冷铁宽度，数值模拟发现舱体中段薄壁处出现缩松缺陷，如图4-20（b）所示，对该处继续增加冷铁宽度后再次模拟，缺陷消失，如图4-20（c）所示。

4.5.1.5　反重力铸造工艺验证及优化

根据确定的树脂砂型砂配方以及反重力铸造工艺开展工艺试验。准备成形冷铁、造型制芯用模具、砂箱和底板等工装。按树脂砂型砂配方配置树脂砂，并混合均匀。把冷铁配置在芯盒中，将混合好的树脂砂依次添加在底箱、过渡箱、中箱、盖箱和芯盒

图4-19　某镁合金壳体
反重力铸造系统

中，固化成形后，修整砂型砂芯。将调制好的阻燃醇基涂料均匀刷涂在铸型内表面和砂芯外表面，点燃涂料，烘干铸型型腔表面，将涂料表面打磨平整。将外型和砂芯组合，并放置过滤网、石棉线和信号线，利用锁紧装置锁紧铸型，准备浇注。

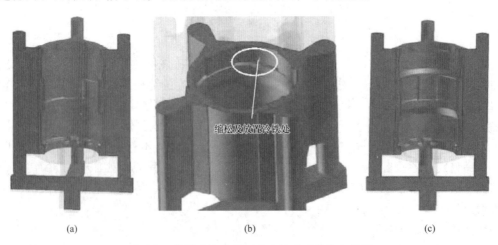

缩松及放置冷铁处

(a)　　　　　　　　　　(b)　　　　　　　　　　(c)

图4-20　某镁合金壳体反重力铸造系统仿真结果
（a）冷铁两侧缺陷；（b）薄壁处缺陷；（c）增加冷铁宽度后

对使用全树脂砂造型工艺制备的壳体铸件进行 100% X 光检测，考查其内部品质，投产 4 件，首次 X 光检测合格 1 件，3 件存在超标缺陷，如图 4-21 所示，主要在正对内浇道冷铁两侧发现三级缩松缺陷，另外中段未放置冷铁薄壁位置也存在树枝状缩松。两处位置缺陷与仿真结果基本一致。

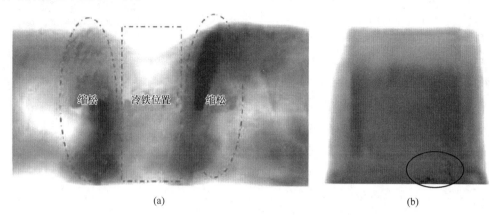

(a)   (b)

图 4-21　某镁合金壳体铸件缩松缺陷
（a）缺陷；（b）中段薄壁

增加正对贴片冷铁宽度，确保冷铁能将贴片完全覆盖，将中段薄壁处换成完整成形冷铁，去除原有边缘窄冷铁，确保冷铁能完全覆盖中段薄壁。进一步规范砂铁比为 1∶2，同时进一步优化浇注参数，增加结晶增压值，提高合金凝固压力，增加凝固速率，减少缩松发生概率。

按照调整后的工艺投产 20 件壳体铸件，首次 X 光检测合格 16 件，一次合格率为 80%，远超黏土砂工艺一次合格率水平，不合格的 4 件经返修后合格。工艺优化后投产的铸件，缺陷位置较为分散，基本无大量固定位置重复缺陷，判断缺陷为偶发操作因素引起。后续投产 100 件，合格率达 90%，生产过程稳定。

通过开展某航天镁合金壳体铸件合格率提升与稳定性控制研究，实现了合格率提升及生产稳定的目标。虽然合格率目标实现，但还需要进一步放大样本量开展试验，向"零缺陷"的目标努力。

考虑铸件中心位置壁厚较大，其冷却速度慢，过长的凝固时间会降低铸件生产率，因此可以考虑对该部位进行强制冷却。但这一强制冷却手段的应用应以铸件的凝固顺序为前提，因此在铸型强制冷却手段上，采用了较为灵活的通风孔设计来控制该部位的冷却速度，通过不同通风孔的选择性送风，可以获得灵活控制的冷却能力，并在实际生产中进一步调控并稳定冷却工艺。

4.5.2　航空薄壁件反重力铸造

航空薄壁平板件是一类典型的大外廓尺寸复杂薄壁铸件，常以高比强度的铝合金制造，从而在较低的自重条件下获得足够的构件强度。考虑铸件结构及合金的特点，这类铸件充型及补缩难度大，而性能要求又较高，对铸造工艺设计提出了较为严苛的要求。反重力铸造因其具备在充型流动及补缩控制方面的显著优势，成为了解决这类铸件生产难题的重要手段。

4.5.2.1　薄壁铸件特点及技术要求

以图 4-22 某航空薄壁平板结构件为例，材质为铝合金。平板铸件初始厚度设置为 20 mm，尺寸为 576 mm×573 mm，因其面积较大，故每块平板设置了 1 根缝隙浇道，浇道直径 $\phi65 \sim 70$ mm，浇道长度为 800 mm，通用冷铁初始厚度设置为 15 mm。

4.5.2.2　反重力铸造工艺设计

A　浇注系统

因其典型壁厚较薄，冒口不好放置，故通过加长缝隙浇道的长度补缩铸件。设计了如图 4-23 所示的浇注系统，依次排列 6 块平板（1~6），分为浇冒口系统和通用冷铁。

B　浇注工艺压力曲线

低压浇注曲线如图 4-24 所示，保压压差设置为 35 kPa。

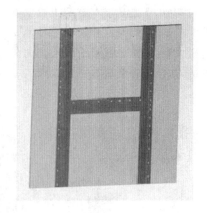

图 4-22　某航空薄壁平板构件

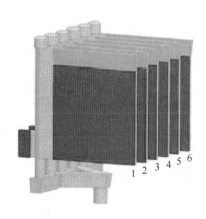

图 4-23　浇注系统

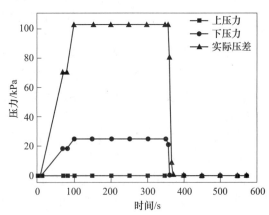

图 4-24　保压压差 35 kPa 的浇注工艺压力曲线

4.5.2.3　反重力铸造实验结果

产生的缩松缺陷位于冷铁较大间隙处，因为最大冷铁间隙超过 30 mm，这些部位要迟于四周凝固，凝固过程中得不到金属液的补充，从而形成缩松缺陷。为此，通过设置冷铁间间隙小于 5 mm，再次浇注，平板产生的缺陷依然为缩松缺陷。尽管这些缺陷相似，但产生缺陷的位置与冷铁间间隙较大时的位置存在明显差异，缩松缺陷在平板上的分布比较分散，在平板上部、下部、靠近立筒侧和远离立筒侧都有多处分布，且在冷铁的中心位置也有分布。

平板浇注时合金液面与铸件型腔顶部高度差达到 2344 mm 以上（直浇道底部到冒口顶部 1044 mm+底箱 200 mm+中隔板至浇注完成后液面距离 1100 mm），保证铸件完整浇注成形所需压力至少为 62 kPa。另外，为减少铸件内部缺陷数量及等级，结壳压力需 10 kPa，保压压力还需 35 kPa，因此，铸件浇注过程共需 107 kPa 压力，压差上限至少要 107 kPa。为验证保压压力对铸件缺陷形成的影响，首先开展数值模拟研究。表 4-1 所示为浇注的实际低压工艺参数，保压增压值分别为 35 kPa、20 kPa、15 kPa。

表 4-1 薄壁平板铸件反重力铸造工艺参数

浇注工艺	1	2	3
升液速率/kPa·s^{-1}	1.1	1.1	1.1
充型速率/kPa·s^{-1}	1.0	1.0	1.0
结壳速率/kPa·s^{-1}	1.1	1.1	1.1
保压速率/kPa·s^{-1}	1.1	1.1	1.1
结壳增压值/kPa	10	10	10
保压增压值/kPa	35	20	15
保压时间/s	240	240	240
结壳时间/s	10	10	10
同步压力值/kPa	550	550	550
失压时间/s	10	10	10

数值模拟结果，铸件厚度均为 20 mm，冷铁厚度 15 mm 时，压差由 15 kPa 提升至 20 kPa 时，缺陷形成倾向变化不大，提升至 35 kPa 时，缺陷形成倾向明显降低。实际验证中，采用压差为 20 kPa 的浇注工艺浇注平板，其缺陷形成数量要明显多于压差为 35 kPa 条件下浇注的平板。

在保压压力为 35 kPa 条件下，当铸件厚度或冷铁厚度一定时，增加冷铁厚度或减小铸件厚度，缺陷形成倾向明显增加，两者存在匹配关系，如图 4-25 所示。同时，冷铁之间存在较大间隙时，铸件相应位置形成缺陷的倾向较大，与实际浇注结果吻合。

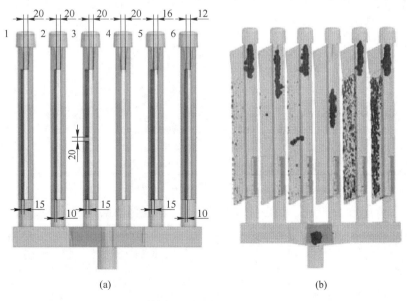

图 4-25 不同铸件或冷铁厚度下的缺陷分布情况

（a）缺陷模拟模型；（b）缺陷模拟结果

思 考 题

4-1 简述反重力铸造技术的工艺特点。

4-2 根据压力驱动方式不同，反重力铸造具体包括哪些工艺？

4-3 反重力铸造为什么要保压，如何确定保压时间？

4-4 为了保证反重力铸造的铸件质量，应控制哪些工艺参数？

4-5 查阅文献资料，简述反重力铸造技术在航空航天关键构件制造中的应用现状。

5 离心铸造

5.1 离心铸造工艺原理

5.1.1 离心铸造工艺分类

离心铸造是将金属液浇入旋转的铸型中，在离心力的作用下填充铸型而凝固成形的一种铸造方法。我国在20世纪30年代就开始使用离心铸造工艺方法生产管、筒类铸件，目前离心铸造的生产已经高度自动化。

离心铸造必须采用离心铸造机，以提供使铸型旋转的条件。根据铸型旋转轴线在空间的位置，离心铸造工艺分为立式离心铸造和卧式离心铸造。

5.1.1.1 立式离心铸造工艺

立式离心铸造工艺的铸型是绕垂直轴旋转的，如图5-1所示，工作形式与波轮洗衣机类似。由于立式离心铸造的铸型安装和固定比较方便，铸型可以采用金属型，也可以采用砂型、熔模型壳等非金属型。立式离心铸造工艺主要用于生产圆环类铸件（见图5-2），也可用来生产异型铸件，但需要用到组合式铸型，使用受到一定的限制。

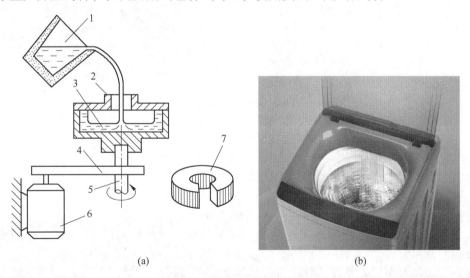

(a)   (b)

图5-1 立式离心铸造工艺

（a）立式离心铸造；（b）波轮洗衣机

1—浇包；2—铸型；3—液体金属；4—皮带轮和皮带；5—旋转轴；6—电动机；7—环类铸件

5.1.1.2 卧式离心铸造工艺

卧式离心铸造工艺的铸型是绕水平轴或与水平线交角很小的轴旋转浇注的，如图5-3

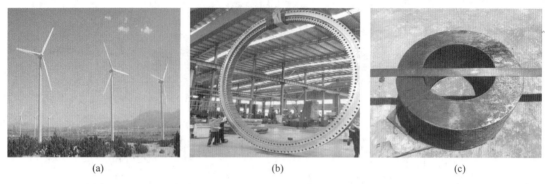

(a)　　　　　　　　(b)　　　　　　　　(c)

图 5-2　立式离心铸造的风电塔筒法兰件

（a）风力发电塔；（b）大型法兰件；（c）环形铸坯

所示，工作形式与滚筒洗衣机类似。卧式离心铸造工艺的铸型可以采用金属型，也可以采用砂型、石膏型、石墨型、陶瓷型等非金属型。卧式离心铸造工艺主要用于生产套筒类铸件或长管类铸件，如图 5-4 所示。

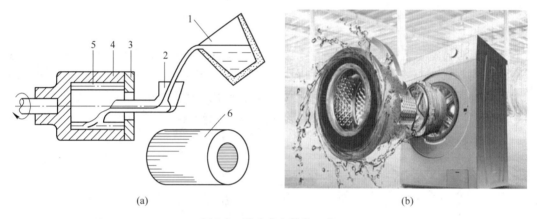

(a)　　　　　　　　(b)

图 5-3　卧式离心铸造工艺

（a）卧式离心铸造示意图；（b）滚筒洗衣机

1—浇包；2—浇注槽；3—端盖；4—铸型；5—液体金属；6—铸件

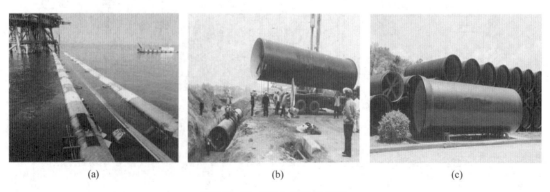

(a)　　　　　　　　(b)　　　　　　　　(c)

图 5-4　卧式离心铸造的管件

（a）海上石油管件；（b）陆上污水管件；（c）铸管管件

5.1.2 离心铸造工艺原理

5.1.2.1 离心力场中液体金属自由表面的形状

离心铸造时，在离心力的作用下，与大气接触的金属液表面冷凝后最终成为铸件的内表面，这一表面称为自由表面。离心力场中液体金属自由表面的形状主要由重力和离心力的综合作用决定。

A 立式离心铸造时自由表面的形状

立式离心铸造时，金属液的自由表面为回转抛物线形状。如在铸型上截取轴向断面，可得如图 5-5 所示的图形。

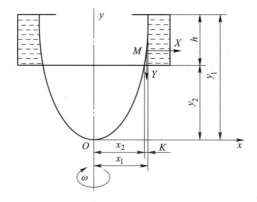

图 5-5 立式离心铸造时液体金属轴向断面上自由表面的形状

取金属液自由表面上的某一质点 M，因自由表面与大气接触，是一个等压面，所以由水力学中的欧拉公式可知，当液体质点受力在等压面上作微小位移时，应满足：

$$X\mathrm{d}x + Y\mathrm{d}y + Z\mathrm{d}z = 0 \tag{5-1}$$

式中，X、Y、Z 分别为质点在 x、y、z 轴方向上所受的力，N；$\mathrm{d}x$、$\mathrm{d}y$、$\mathrm{d}z$ 分别为质点在 x、y、z 轴方向上微小位移的投影，m。

根据离心铸造产生的离心力及液体质点的重力，可知：$X = m\omega^2 x$，$Y = mg$，由于自由表面为一回转面，故 z 方向合力为 0。将 X、Y 值代入式（5-1）得：

$$m\omega^2\mathrm{d}x + mg\mathrm{d}y = 0 \tag{5-2}$$

移项积分后，得：

$$y = \frac{\omega^2}{2g}x^2 \tag{5-3}$$

式（5-3）为一抛物线方程。因此，在立式离心铸造的旋转铸型中，液体金属的自由表面是一个绕垂直旋转轴的回转抛物面，凝固后的铸件沿着高度存在壁厚差，上部壁薄，内孔直径较大，下部壁厚，内孔直径较小，其半径相差数值 $K(\mathrm{m})$ 可用下式估算：

$$K = x_1 - \sqrt{x_1^2 - \frac{0.18h}{(n/100)^2}} \tag{5-4}$$

式中，n 为铸型转速，r/min；x_1 为铸型上部金属液内孔半径，m；h 为铸件高度，m。

由此可知，当铸型转速不变时，铸件越高，壁厚差越大；当铸件高度一定时，提高铸型的转速，可减少壁厚差。

若已知铸件高度和允许的壁厚差，则可用下式估算所需铸型转速：

$$n = 42.3 \sqrt{\frac{h}{x_1^2 - x_2^2}} \qquad (5-5)$$

式中，x_2 为铸件下部的内孔半径，m。

B　卧式离心铸造时自由表面的形状

卧式离心铸造时，液体金属自由表面的形状为一圆柱面，由于离心力和重力场的联合作用，其轴线在未凝固时向下偏移一段很小的距离，而在金属液的凝固过程中，因液态金属是由外壁向自由表面结晶的，同时，型壁上同一圆周上各处冷却速度相同，随着凝固过程的进行，温度降低，液态金属的黏度增大，所以内壁金属液各处厚度趋于均匀，偏移现象逐渐消失，最后，铸件的内表面不会出现偏心。

5.1.2.2　液体金属中异相质点的径向运动

浇入旋转铸型的金属液常常夹有密度与金属液本身不一样的异相质点，如随金属液体进入铸型的夹杂物和气泡、渣粒，不能互溶的合金组元及凝固过程中析出的晶粒和气体等。密度较小的颗粒会向自由表面移动（内浮），密度较大的颗粒则往型壁移动（外沉），它们的沉浮速度为：

$$v = \frac{d^2(\rho_1 - \rho_2)\omega^2 r}{18\eta} \qquad (5-6)$$

式中，v 为颗粒的沉浮速度，正值为沉，负值为浮，m/s；d 为异相质点颗粒直径，m；ρ_1、ρ_2 分别为金属液和异相质点颗粒的密度，kg/m³；η 为金属液的动力黏度，Pa·s。

与一般重力场铸造比较，异相质点的沉浮速度增大 $G = \omega^2 r/g$，故离心铸造时，渣粒、气泡等密度比金属液小的质点能很快浮向自由表面，减少铸件内部污染，提高铸件的致密度，但铸件内易形成密度偏析，如离心铸铁件中的硫偏析，离心铸钢件中的碳偏析，离心铅青铜件中的铅偏析等。改善铸型冷却条件，可减轻偏析的产生。

5.1.2.3　离心铸件在液体金属相对运动影响下的凝固特点

A　离心铸型径向断面上金属液的相对运动

由于离心铸造时，金属液是浇入正在快速旋转的铸型中，在它与型壁接触之前，本身没有与铸型同样方向的旋转初速度，而是被铸型借助于摩擦力带动而进行转动的。由于惯性的作用，进入型内的金属液在最初一段时间内往往不能与铸型作同样速度的转动，而有些滞后，越靠近自由表面，滞后现象越严重，随着时间的推移，滞后现象会逐渐减弱，直至消失。如图 5-6 所示，柱状晶的倾斜方向与铸型旋转方向一致。

B　离心铸型轴向断面上金属液的相对运动

在卧式离心铸造时，浇入型内的金属液有从掉落的铸型区段（落点）向铸型两端流动填充铸型的过程（轴向运动），此运动结合由惯性引起的转动速度的滞后，使金属液沿铸型壁的轴向运动成为一种螺旋线运动，如图 5-7 所示。此螺旋线在进行方向上的旋转方向与铸型的旋转方向相反，图中螺旋线上的箭头表示金属液自落点向两端流动的方向。故离心铸件外表面上常有螺旋线形状的冷隔痕迹。

在生产较长的管状离心铸件时，进入铸型的液体金属除了沿四周方向覆盖铸型内表面

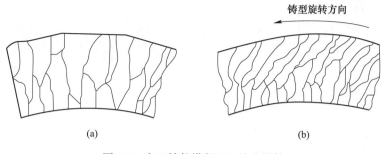

图 5-6　离心铸件横断面上柱状晶体

（a）径向柱状晶；（b）倾斜柱状晶

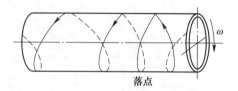

图 5-7　金属液在铸型壁上的螺旋线形轴向运动

外，金属液还会沿内表面以一股液流的形式层状地在铸件上作轴向流动，以完成充填成形过程，如图 5-8 所示。图 5-8 中数字表示各层金属液的流动次序，即第一层金属液作轴向流动时，由于铸型的冷却作用，使温度降低，液体金属的黏度增大，流动速度减小，而内表面温度较高，第二股流便在第一股流上流动并超越第一股流的前端，继续向前流动一段距离，依次类推。由于层状流动时温度降低较快，各液层的金属均按各自条件进行凝固，因而各层的金相组织、组元的分布也会有所不同，所以常在铸件断面上出现层状偏析，且大多以近似于同心圆环的形式分层，如图 5-9 所示。

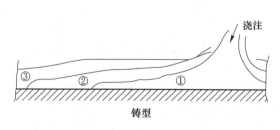

图 5-8　离心铸型纵断面上液体金属层状流动

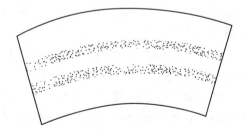

图 5-9　离心铸件横断面上的层状偏析

5.1.3　离心铸造工艺特点

离心铸造工艺特点有：

（1）由于液体金属是在旋转状态下，靠离心力的作用完成充填、成形和凝固过程，所以离心铸造的铸件致密度较高，气孔、夹渣等缺陷少，故其力学性能较高。

（2）生产中空铸件时可不用型芯，生产长管形铸件时可大幅度改善金属充型能力，简化管类和套筒类铸件的生产过程。

（3）离心铸造中几乎没有浇注系统和冒口的金属消耗，大大提高了铸件出品率。

（4）离心铸造成形铸件时，可借离心力提高金属液的充型性，故可生产薄壁铸件，如叶轮、金属假牙等。

（5）离心铸造便于制造筒、套类复合金属铸件，如钢背铜套、双金属轧辊等，如图 5-10 所示。

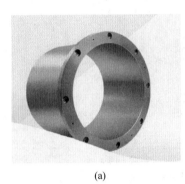  

(a)   (b)   (c)

图 5-10　离心铸造的双金属复合铸件

（a）钢背铜套；（b）双金属轧辊；（c）双金属轧辊工作面

5.2　离心铸造工艺参数

5.2.1　离心力

离心铸造时，假设金属液中某个质量为 $m(\mathrm{kg})$ 的质点 M 以一定的角速度 $\omega(\mathrm{rad/s})$ 作圆周运动，旋转半径为 $r(\mathrm{m})$，如图 5-11 所示，则此质点旋转时产生的离心力 F 为

$$F = m\omega^2 r = \pi^2 mn^2 r/900 \approx 0.011 mrn^2 \qquad (5\text{-}7)$$

式中，n 为转速，$\mathrm{r/min}$。

离心铸造时产生离心力的旋转金属所占空间称为离心力场，在此力场中每一金属质点都受到式（5-7）所示的离心力的作用。

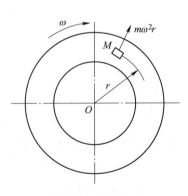

图 5-11　离心力场

离心力场中单位体积液体金属的质量即为它的密度 ρ，这部分液体金属产生的离心力称为有效重度 γ'：

$$\gamma' = \rho\omega^2 r = \gamma\omega^2 r/g \qquad (5\text{-}8)$$

式中，γ 为金属的重度，$\mathrm{N/m^3}$。

有效重度大于一般重度的倍数，称为重力系数 G。即

$$G = \omega^2 r/g \qquad (5\text{-}9)$$

离心铸造时，重力系数的数值为几十至一百多。

5.2.2 浇注定量

离心铸造所浇注的空心铸件的壁厚完全由所浇注的金属液的量决定，主要采取以下方法控制浇入铸型中的金属液的量：

（1）质量定量。在浇注前，准确地称量好一次浇注所需金属液的质量。该方法定量准确，但操作麻烦，需要专用称量装置，适于单件、小批量生产。

（2）容积定量。用一定内形的浇包取一定容积的金属液，一次性浇入铸型中来控制金属液的量。该方法虽受到金属液温度、熔渣和浇包内衬的侵蚀等因素的影响而定量不够准确，但操作方便易行，在大量生产、连续浇注时应用较为广泛。

（3）自由表面高度定量。如图 5-12 所示，将导电触头 3 放置于铸型内一固定位置，金属液 4 上升至触头，电路接通，指示器 5 发信号，即停止浇注。该方法定量不大准确，仅适用于较长厚壁铸件的浇注。

（4）溢流定量。如图 5-13 所示，在端盖上开浅槽，浇注时如见端盖内孔发亮，即停止浇注。该方法应用方便，但易出现金属液自端盖飞出现象，适用于浇注小铸件。

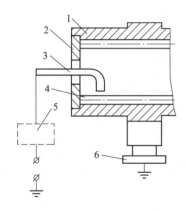

图 5-12 自由表面高度定量法

1—铸型；2—端盖；3—触头；4—金属液；
5—指示器；6—机座

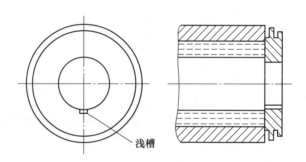

图 5-13 溢流定量法

5.2.3 浇注温度

由于离心铸造的铸件大多为管状、筒状或圆盘环类状，且采用金属铸型较多，这就使得在离心力作用下金属液的充型能力得到加强。因此，离心铸造的浇注温度可以比重力铸造低 5~10 ℃。浇注温度过低，会产生夹杂、冷隔等缺陷；对于铸铁管和铸铁汽缸套等，因合金的熔点与金属铸型的熔点相接近，如果浇注温度过高，则降低模具使用寿命和生产效率，同时产生缩孔、缩松、晶粒粗大、气孔等缺陷。

表 5-1 为离心球墨铸铁管的浇注温度推荐值，D_N 为管内径。通常汽缸套较铸铁管短，故浇注温度可低些，普通灰铸铁汽缸套的浇注温度为 1280~1330 ℃，合金灰铸铁浇注温度为 1300~1350 ℃。

表 5-1　离心球墨铸铁管的浇注温度

D_N/mm	球化温度/℃	扇形包温度/℃	D_N/mm	球化温度/℃	扇形包温度/℃
100	1520	1460~1380	900	1460	1340~1310
200	1500	1420~1360	1000	1460	1340~1310
300	1500	1400~1350	1200	1450~1480	1340~1310
400	1460	1380~1330	1400	1450~1480	1330~1300
500	1460	1350~1320	1600	1410~1460	1310~1290
600	1460	1340~1310	1800	1420~1450	1310~1290
700	1460	1340~1310	2000	1420~1450	1310~1290
800	1460	1340~1310	2200	1420~1450	1310~1290

5.2.4　浇注速度

在离心力场和重力场的作用下，为了降低金属液对铸型的冲击程度，减少飞溅，浇注时应使金属液进入铸型的流向尽可能与铸型的旋转方向趋于一致。图 5-14 和图 5-15 分别为立式和卧式离心铸造时，金属液进入铸型的流动方向与产生飞溅的关系。

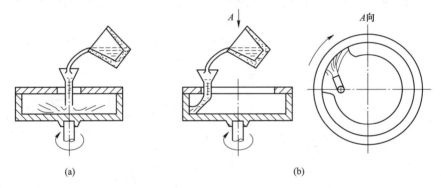

图 5-14　立式离心铸造时浇入金属液的流向与产生飞溅的关系
（a）不合理；（b）合理

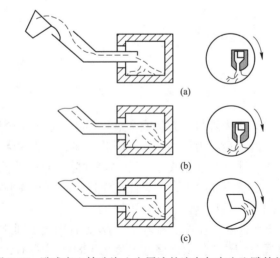

图 5-15　卧式离心铸造浇入金属液的流向与产生飞溅的关系
（a）金属液流向与铸型旋转方向相反；（b）金属液流向垂直于铸型旋转方向；（c）金属液流向与铸型旋转方向一致

推荐的离心铸造的浇注速度见表 5-2。开始浇注时，应注意使金属液能快速铺满整个铸型，在不影响转速的情况下，应尽快浇注。铸件越大，浇注速度也应越快。浇注完毕后，观察凝固后铸件的内表面颜色为暗红色时，即可出模，防止铸型温度大幅上升而恶化使用寿命。

表 5-2　离心铸造的浇注速度

合金种类	铸件质量/kg	浇注速度/kg·s⁻¹
铸铁	5~20	1~2
	20~50	2~5
	50~100	5~10
	100~400	10~20
	400~800	20~40
铸钢	100~300	10~17
	300~1000	17~25
青铜	20~50	2~5
	50~100	5~10
	100~200	10~15
	200~400	15~25
	400~800	25~35
	800~1500	35~50
	1500~2500	50~70
黄铜	20~50	<4
	50~100	4~8
	100~200	8~10
	200~400	10~15
	400~800	15~25
	800~1500	25~30
	1500~2500	40~60

5.2.5　离心铸型的设计

设计离心铸型时，应根据合金种类、铸件的收缩率、铸件的尺寸精度、起模斜度、加工余量以及铸型特点而定。

5.2.5.1　金属铸型设计

离心铸造用金属型一般用灰铸铁或球墨铸铁做成，主要用于生产管状、筒状、环状离心铸件，其工艺过程简单，生产效率高，铸件无夹砂胀型等缺陷，工作环境也得以改善。但是铸件上易产生白口，铸件外表面上易生气孔，铸型成本高。

悬臂式离心铸造机常用的有单层与双层两种结构金属型。

单层金属型的结构，如图 5-16 所示，铸型本体为一空心圆柱体，铸型后端有中心孔或法兰边，以便把铸型安装在主轴上。铸型的前端有端盖，圆周均布三个夹紧装置将其固定和锁紧。打开端盖时，拧松螺钉，并将卡块转动使之与端盖脱开。

双层金属型的结构如图 5-17 所示，在铸型（外型）内侧加一衬套（内型）作为铸件的成形部分。因此，当生产不同外径的铸件时，只要调换相应内径的衬套，而不需要更换整个铸型。铸型底部有一圆孔，穿过转轴中心的顶杆，通过圆孔可将底、衬套连同铸件一起顶出铸型。为了便于操作，衬套由左右两半构成，并在与外型的配合面做出锥度和留出 1~2 mm 的间隙。同时该铸型的端盖采用锥形销固定和锁紧。

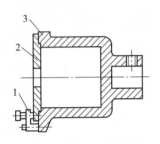

图 5-16 单层金属型结构

1—端盖夹紧装置；2—端盖；3—铸型本体

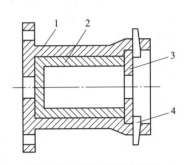

图 5-17 双层金属型结构

1—外型；2—衬套；3—端盖；4—锥形销

单层铸型或双层铸型的内型的最小壁厚不低于 15 mm，铸型壁厚一般为铸件厚度的 0.8~5 倍。双层金属铸型的外型壁厚见表 5-3，内、外型之间的间隙不小于 1 mm。

表 5-3 双层金属铸型的外型壁厚　　　　　　　　　　　　　　（mm）

外型内径	100~200	200~300	300~400	400~500	500~600	600~700	700~800
外型壁厚	20~25	20~30	25~35	30~40	35~45	40~50	45~55

5.2.5.2 铸型转速设计

铸型转速是离心铸造的一个非常重要的参数，不同的铸件和不同的离心铸造工艺，铸型转速也不同。铸型转速过低，立式离心铸造时金属液充型不良，卧式离心铸造时金属液发生雨淋现象，也会使铸件内出现疏松、夹渣、内表面凹凸不平等缺陷。铸型转速过高，铸件易出现纵向裂纹、偏析等缺陷，也会使机器出现大的振动，磨损加剧，功率消耗过大。故铸型转速的选择原则应是在保证铸件质量的前提下，选取最小值。

实际生产中，常用一些经验公式计算铸型转速，一般转速在小于 15% 的偏差时，不会对浇注过程和铸件质量产生显著的影响。生产中，当铸件外半径与铸件内半径的比值不大于 1.5 时，铸型转速广泛采用康斯坦丁诺夫公式计算，即：

$$n = \beta \frac{55200}{\sqrt{\gamma r_0}} \tag{5-10}$$

式中，n 为铸型转速，r/min；γ 为铸件合金重度，N/m^3；r_0 为铸件内半径，m；β 为对康斯坦丁诺夫公式的修正系数，具体取值见表 5-4。

表 5-4　康斯坦丁诺夫公式修正系数

离心铸造类型	铜合金卧式离心铸造	铜合金立式离心铸造	铸铁	铸钢	铝合金
β 值	1.2~1.4	1.0~1.5	1.2~1.5	1.0~1.3	0.9~1.1

此外，为了获得组织致密的铸件，还可以根据金属液自由表面上的有效重度或重力系数确定铸型的转速：

$$n = 29.9\sqrt{\frac{G}{r_0}} \tag{5-11}$$

式中，G 为重力系数，可按表 5-5 选取。

表 5-5　推荐的重力系数 G 值

铸件合金种类	重力系数 G
铜合金	40~110
铸铁	45~110
铸铜	40~75
ZL102	50~90

5.2.5.3　铸型预热

为了避免浇注时产生大量气体，减小对金属液的激冷作用，同时提高铸件质量，减缓对铸型的热冲击，提高寿命。离心浇注之前，要对金属铸型进行预热，充分干燥。

金属铸型预热的方法主要有：木材、焦炭等燃烧加热；煤气和油等燃烧加热；内模放在炉上加热。预热时要力求温度均匀，某些铸件的离心铸造过程中需要将模具保持一定的工作温度，从而保证铸件质量，提高模具使用寿命。

5.2.6　涂料

离心铸造的铸型一般都要使用涂料，目的是：保护模具，减少金属液对金属型的热冲击作用、延长使用寿命；防止金属铸件的激冷作用，防止铸件表面产生白口；使铸件脱模容易；获得表面光洁铸件；增加与金属液之间的摩擦力，缩短金属液达到铸型旋转速度所需的时间。

与其他特种铸造工艺类似，选取的铸型涂料也应具备以下几点要求：

（1）有足够的绝热能力，保温性好，导热性低，延长金属型寿命。

（2）较高的耐高温性能，不与金属液发生反应，不产生气体。

（3）与金属型有一定的黏着力，干燥后不易被金属液冲走。

（4）容易脱模，来源广，混制容易，储存方便，涂料稳定。

5.3　离心铸造设备

5.3.1　立式离心铸造机

离心铸造机的结构形式有很多，根据离心铸造工艺类型，离心铸造机可分为立式离心铸造机和卧式离心铸造机。

　　立式离心铸造机的基本结构，如图 5-18 所示。机身安装在地坑中，上层轴承座可通水冷却。铸件最大外径 3000 mm，最大高度 300 mm。主轴最大载重 25000 N，铸型最高转速 500 r/min。铸型安装在垂直主轴（或与主轴固定在一起的工作台面）上，主轴的下端用止推轴承和径向轴承限位，上方用径向轴承限位。上下轴承均安装在机座上，主轴安装带轮，启动电动机，通过传动带带动铸型转动。立式离心铸造机仅在有限领域使用，装备多为自行设计制造，主要用于生产法兰、轴承套圈等圆盘环类铸件，图 5-19 所示为 J556型立式离心铸造机实物。

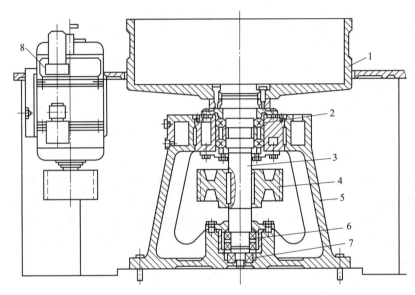

图 5-18　立式离心铸造机
1—铸型套；2—轴承；3—主轴；4—带轮；5—机座；6，7—轴承；8—电动机

图 5-19　J556 型立式离心铸造机实物

5.3.2　卧式离心铸造机

卧式悬臂离心铸造机的结构，如图 5-20 所示。铸型安装在水平的主轴上，主轴由安装在机座上的轴承支撑，在主轴的中部或端部有带轮，当电动机启动时，通过带带动主轴使铸型转动。浇注槽装在悬臂回转架上。凝固后的铸件用汽缸通过顶杆将铸件和内型套一起顶出。铸件最大直径 400 mm，铸件最大长度 600 mm，铸件最大质量 120 kg，铸型转速 250~1250 r/min，电动机功率为 3~10 kW（上限为带轮装在主轴端部，下限为带轮装在主轴中部）。主要用于生产中小型缸套、铜套等套筒类铸件。

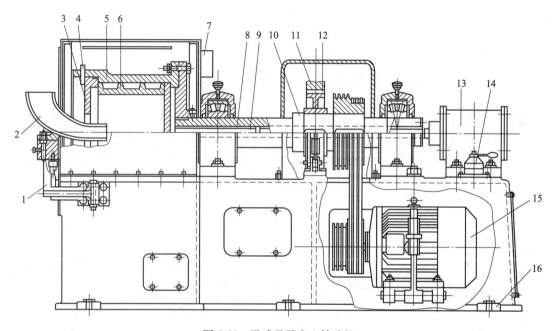

图 5-20　卧式悬臂离心铸造机

1—浇槽支架；2—浇注槽；3—端盖；4—销子；5—外型；6—内型；7—挡板；8—弹簧；
9—顶杆；10—主轴；11—闸板；12—制动轮；13—汽缸；14—气阀；15—电动机；16—机座

滚筒式离心铸造机的结构，如图 5-21 所示。两支承轮中心与铸型中心连线的夹角为 90°~120°，支承轮轴承间距离可横向调整，以满足不同直径铸件浇注的需要。铸件最大直径 1100 mm，铸件最大长度 4000 mm，特殊情况可达 8000 mm，铸型转速 150~800 r/min。主要用于生产管状铸件，如各种铸铁管、造纸机滚筒、轧钢机轧轮等。

卧式水冷金属型离心铸造机的结构，如图 5-22 所示。是将金属铸型完全浸泡在一定温度的封闭冷却水中，以提高冷却速度和生产效率的一种离心铸造机。其特点是金属管模的冷却强度较大，金属液凝固速度较快，组织中存在渗碳体，断面多为白口，机械化、自动化程度较高。水冷金属型离心铸造机分二工位和三工位两种机型，使用最广泛的是二工位机型。水冷金属型离心铸造机的结构复杂，主要由浇注系统、机座、离心机、拔管机、液压站、桥架、运管小车及控制系统 8 个部分组成。国内外通常用其来生产直径在 1000 mm 以下的铸管件。

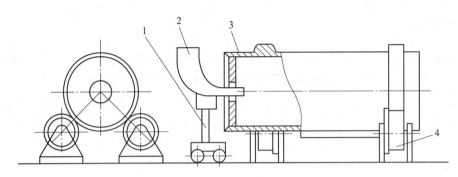

图 5-21   滚筒式离心铸造机

1—浇槽支架；2—浇注槽；3—铸型；4—托辊

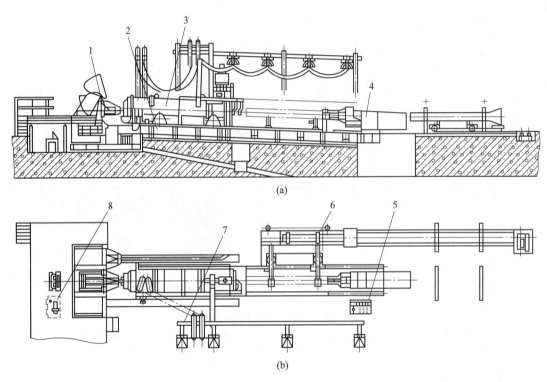

(a)

(b)

图 5-22   卧式水冷金属型离心铸造机

（a）立面图；（b）平面图

1—浇注系统；2—机座；3—离心机；4—拔管机；5—控制系统；6—运管小车；7—桥架；8—液压站

5.4   离心铸造应用的工程案例

5.4.1   高端重载轴承套圈环坯离心铸造

　　针对深空深海、远洋探测和风电装备制造领域轴承环件高效、低碳、低成本生产的迫切要求，太原科技大学李永堂教授带领的科研团队开发了一种环形零件短流程铸辗复合精确成形工艺，工艺流程为离心浇铸、环形铸坯、加热、热辗扩，如图 5-23 所示。该先进制造技术的提出完全符合"中国制造 2025"和"增强制造业核心竞争力三年行动计划（2018—2020 年）"确立的研究任务和发展目标：要强化前瞻性基础研究，开展先进成型、加工等关键制造工艺联合攻关，着力解决核心基础零部件产品制造的关键共性重大技术，明显提升关键零部件及制造工艺设备水平，为石化、汽车等重点产业转型升级提供装备保障。

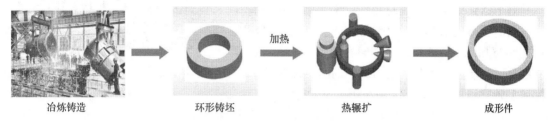

冶炼铸造　　　　　　环形铸坯　　　　　　热辗扩　　　　　　成形件

图 5-23　环件短流程铸辗复合精确成形工艺流程

环件短流程铸辗复合精确成形新工艺利用环形铸坯直接辗扩，省去了现有工艺中的镦粗、冲孔工序，具有节材、节能，减少排放，节省设备投资等优点。特别是对大型环件，具有显著的经济效益、社会效益和广阔的推广应用前景。然而利用环形铸坯直接辗扩成形环形零件是一种全新的工艺技术，面临许多关键技术和科学问题。首先要研究环形铸坯凝固理论与铸造工艺，为辗扩成形提供高质量的铸坯，是其在热辗扩过程中同时实现"成形"和"成性"双重目的的前提保障。

5.4.1.1　铸件特点

42CrMo 钢是深空深海、远洋探测和风电装备制造领域高端重载轴承套圈的基础结构钢材料，化学成分为：$w(C) = 0.42\%$，$w(Si) = 0.35\%$，$w(Mn) = 0.72\%$，$w(Cr) = 1.1\%$，$w(Mo) = 0.25\%$，$w(Ni、Cu) \leqslant 0.3\%$，$w(S、P) \leqslant 0.035\%$。42CrMo 钢具有熔点高、流动性差、收缩大、易氧化等特点，但由于夹杂物对轴承环形铸坯力学性能的影响很大，因此浇注系统必须结构简单，断面尺寸较大，充型快而平稳，流股不宜分散，并且要有利于环形铸坯的顺序凝固和冒口的补缩。同时，它也不应阻碍环形铸件的收缩。考虑到这些要求及环形铸坯的实际尺寸，确定立式离心铸造工艺方案。

5.4.1.2　浇注系统设计

A　浇道

立式离心铸造的浇注系统由直浇道和横浇道两部分组成，它们除了作为金属液浇注通道外，还必须具有能够提供金属液去填补环形铸坯凝固时的收缩，实现顺序凝固的作用。

浇道设计应当满足式（5-12）和式（5-13）：

$$M_{直} > M_{横} > M_{铸} \tag{5-12}$$

式中，$M_{直}$ 为直浇道的模数，cm；$M_{横}$ 为横浇道的模数，cm；$M_{铸}$ 为铸件被补缩部分模数，cm。

$$V_P > (V_{铸} + V_{横}) \cdot K \tag{5-13}$$

式中，V_P 为直浇道最大补缩的体积，cm^3；$V_{铸}$ 为铸件体积，cm^3；$V_{横}$ 为横浇道体积，cm^3；K 为铸件收缩率，%。

图 5-24 为环形铸坯立式离心铸造的浇注示意图。取环形铸坯的凝固收缩率 K 为 5% ~

6%，计算得直浇道的直径为 ϕ100 mm，高为 241 mm；横浇道高为 191 mm，内圆直径为 ϕ100 mm，外圆直径为 ϕ300 mm，侧边长为 100 mm，共 4 条横浇道，互成 90°均匀分布在直浇道与环形铸坯之间。

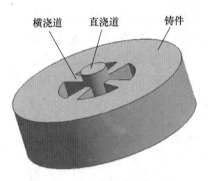

图 5-24　环形铸坯立式离心
铸造浇注系统

B　铸型转速

环形铸坯采用立式离心铸造，旋转轴与水平面有一夹角时，凝固后的环坯内表面形成一抛物面形状，如图 5-25 所示。立式离心铸造时，倾角 $\alpha = 90°$，更容易在环形铸坯上产生抛物面内腔，如图 5-26 所示。根据铸型转速和倾角，其尺寸关系可由下式确定：

$$d = \sqrt{D^2 - \frac{8Lg\sin\alpha}{\omega^2}} = \sqrt{D^2 - \frac{0.716L\sin\alpha}{\left(\dfrac{n}{1000}\right)^2}} \tag{5-14}$$

式中，d 为小径尺寸，mm；D 为大径尺寸，mm；L 为铸件长度，mm；g 为重力加速度，9.8 m/s^2；α 为旋转轴倾角，(°)；ω 为旋转角速度，r/min。

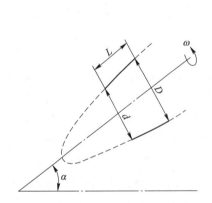

图 5-25　离心铸造环坯内表面的抛物面

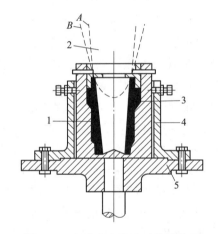

图 5-26　立式离心铸造时的抛物面
1—铸件；2—浇口；3—金属铸型；
4—离心机外壳；5—下端盖

从上式可看出，当 $\alpha = 90°$时为立式离心铸造，此时 d 和 D 的差值最大，内腔形状完全取决于转速，不同的铸型转速下，环形铸坯内表面形成的抛物面也不同，如图 5-27 所示。低合金铸钢件的铸型转速采用重力系数法得到的结果较为可靠，即：

$$n = 299\sqrt{N/R} \tag{5-15}$$

式中，n 为转速，r/min；N 为重力系数，见表 5-6；R 为环形铸坯半径（通常取内半径），cm。

在立式离心铸造中没有冒口，而浇道充当了冒口的角色，N 的取值应为 5~20，此处取 $N = 20$。

$$n = 299\sqrt{N/R} = 299\sqrt{20/25} \approx 267 \text{ r/min} \approx 4.5 \text{ r/s} \tag{5-16}$$

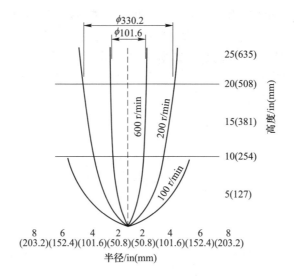

图 5-27　立式离心铸造时不同转速形成的抛物面形状

表 5-6　重力系数的选用

铸件名称	N	铸件名称	N
中空冷硬轧辊	75~150	轴承钢圈	50~65
内燃机气缸套	80~110	铸铁管沙	65~75
大型缸套	50~80		30~60
钢背铜套	50~60	双层离心管	10~80
钢管	50~65	铝硅合金套	80~120

　　考虑到环形铸坯尺寸较大，浇注金属液充型速度快，为减轻金属液对型腔内壁的压力，起始浇注阶段，转速控制在正常转速的 10%~15%，待环形铸坯的外层发生凝固后，将转速调整为正常，直至环形铸坯凝固结束。

　　C　浇注时间

　　环形铸坯尺寸越大，浇注速度也越大，但规律性不强，难以确定适当的浇注时间。实践表明，离心浇注时环坯壁厚的增加速度有较强的规律性，浇注时间可按下式确定：

$$\tau = \frac{e}{v_0} \tag{5-17}$$

式中，τ 为浇注时间，s；e 为环形铸件壁厚，mm；v_0 为环形铸件壁厚的增厚速度，为 0.5~3 mm/s。

　　该环形铸坯的壁厚 $e = 169$ mm，取 v_0 值为 3 mm/s，则充型时间为 57 s。

　　D　浇注温度

　　柱状晶的长度随浇注温度的提高而增加，当浇注温度达到一定值时，可以获得完全的柱状晶，如图 5-28 所示。但本例环形铸坯立式离心铸造的预期是得到尽可能多的等轴晶，限制柱状晶发展，以细化晶粒、改善环形铸件组织均匀性和提高力学性能。降低浇注温度可避免在浇注、凝固初期和凝固过程中形成的激冷等轴晶在向内部游离时因为熔体温度过高而重熔，从而促进等轴晶的形成。大量实验研究发现，合理降低浇注温度是减少柱状晶，同时获得细小等轴晶的有效措施，如图 5-29 所示。

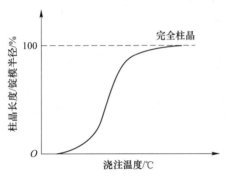

图 5-28　浇注温度与柱状晶长度关系

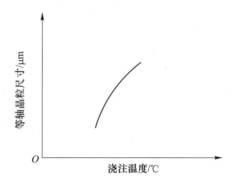

图 5-29　浇注温度与等轴晶粒尺寸关系

环形铸件的浇注温度一般是在其材质的熔点以上 $40 \sim 80$ ℃，本例中根据 42CrMo 和 Q235B 的化学成分，前者 Cr 含量较高，有形成氧化膜倾向，而且本例环形铸件壁厚较大，综合分析确定二者浇注温度均为 $1500 \sim 1520$ ℃。

E　铸型工作温度

当合金液的液态和凝固收缩率大于环形铸坯的固态收缩率时，环坯易出现缩孔疏松等缺陷。因此，浇注前应对铸型进行预热。环形铸坯的外形尺寸和壁厚较大，铸型预热温度为 25 ℃、200 ℃和 400 ℃，具体取何值，待后续对环形铸坯立式离心铸造的凝固过程数值模拟研究进行确定。

5.4.1.3　环坯立式离心铸造模拟结果

A　网格划分及参数设置

采用 ProCAST 软件进行实体网格划分，节点及网格总数为 202920 和 1084371。热物性参数采用 ProCAST 自行计算结果，并稍加修正，环坯与铸型间界面换热系数为 500 W/（m^2·K），浇注温度为 1600 ℃，铸型预热温度为 25 ℃，铸型转速为 4.5 r/s，浇注速度为 378 mm/s。

B　充型过程分析

从图 5-30 可以看出，环坯整个过程充型良好，四个横浇道充型均匀，使得环坯在同一时刻，各向具有同样的厚度，确保了环坯的顺序凝固。由各时刻的充型分解图可知，当 $t=4$ s 时，直浇道已被充满，并平均流入四个横浇道内，进入铸型内的金属液在离心力的作用下，随着铸型的旋转方向而靠近外壁；当 $t=5.5$ s 时，金属液附着在外壁上，由于是立式离心铸造，金属液将由型壁的下部逐渐向上方填充；当 $t=18$ s 时，整个型壁已被金属液完全覆盖，形成了一薄层激冷层，最外缘的部位开始降温，逐渐凝固；此时如果转速过低，产生的离心力不足以克服金属液的重力，就会出现淋落，紊流等现象，不利于环坯的凝固和晶粒细化；$t=27$ s 和 $t=32$ s 时金属液充型平稳，内表面平滑。$t=57$ s，铸型及浇道完全被填充，铸件开始凝固。

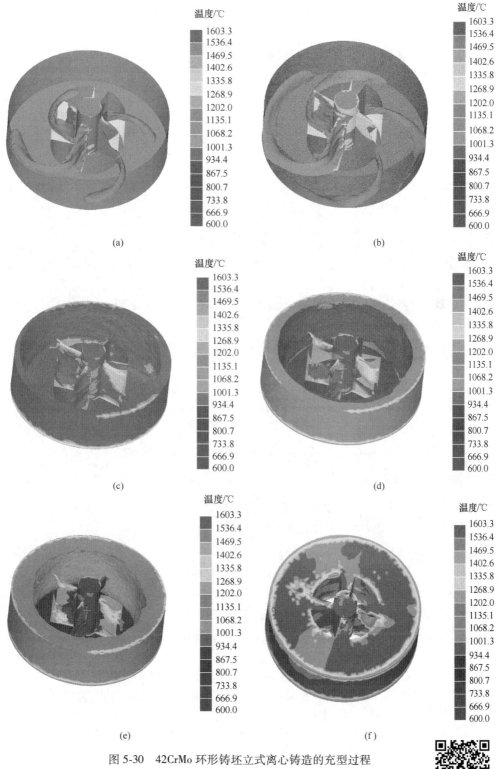

图 5-30   42CrMo 环形铸坯立式离心铸造的充型过程

（a）$t=4$ s；（b）$t=5.5$ s；（c）$t=18$ s；（d）$t=27$ s；（e）$t=32$ s；（f）$t=57$ s

扫一扫看更清楚

C　工艺参数对凝固组织的影响

a　铸型转速

图 5-31 为浇注温度为 1520 ℃，铸型温度为 50 ℃，换热系数为 2000 W/(m² · K) 时，铸型转速分别为 240 r/min、360 r/min、480 r/min 时，不同壁厚处的组织模拟结果。从凝固组织模拟结果来看，随着铸型转速的增大，在靠近环件内壁的区域的晶粒尺寸越来越小，而靠近外壁的区域的晶粒变化不大。造成厚壁区域晶粒尺寸变化的原因是随着铸型转速的增加，合金液质点所受到的离心力在增大，金属液流动速度加快，因此，对流换热增强。

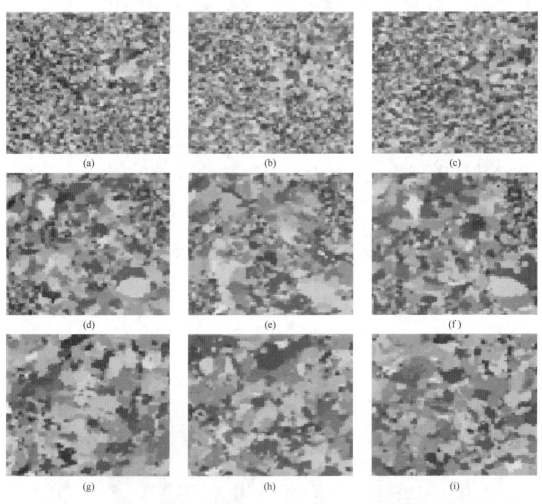

图 5-31　不同铸型转速下 42CrMo 环形铸坯不同壁厚处组织模拟结果

(a) 240 r/min，铸件壁厚 R=410 mm；(b) 360 r/min，铸件壁厚 R=410 mm；

(c) 480 r/min，铸件壁厚 R=410 mm；(d) 240 r/min，铸件壁厚 R=390 mm；

(e) 360 r/min，铸件壁厚 R=390 mm；(f) 480 r/min，铸件壁厚 R=390 mm；

(g) 240 r/min，铸件壁厚 R=370 mm；(h) 360 r/min，铸件壁厚 R=370 mm；

(i) 480 r/min，铸件壁厚 R=370 mm

凝固速度加快，抑制了柱状晶的生长，从而使晶粒变小，如图 5-32 所示。当转速为

480 r/min 时，无论是薄壁区域还是近环坯内壁的厚壁区域，晶粒尺寸都为最佳状态。

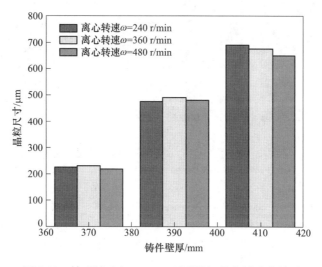

图 5-32　铸型转速与 42CrMo 环形铸坯晶粒尺寸的关系

b　浇注温度

　　浇注温度是影响环形铸坯凝固组织的重要因素，图 5-33 为铸型转速为 480 r/min，铸型温度为 50 ℃时，浇注温度分别为 1500 ℃、1520 ℃、1540 ℃时，环坯不同壁厚处的组织模拟结果。在同一壁厚区域，不同浇注温度下晶粒组织模拟结果相差不是很大，这是因为模拟选取温度间隔为 20 ℃，其温度差异很小，因此模拟结果相差不明显。但是若选取温度差异较大，就不符合实际浇注情况，因为根据成分的选定，浇注温度基本就有了一个区间值，不能随意变化太大。但从图中可看出，环件随着壁厚增加，晶粒尺寸是在逐渐增大的，浇注温度在低于 1520 ℃时，晶粒尺寸变化不明显。当高于 1520 ℃时，在环坯内壁区域，晶粒尺寸在变大，而且由等轴晶变为粗大柱状晶，因此浇注温度不宜过高。

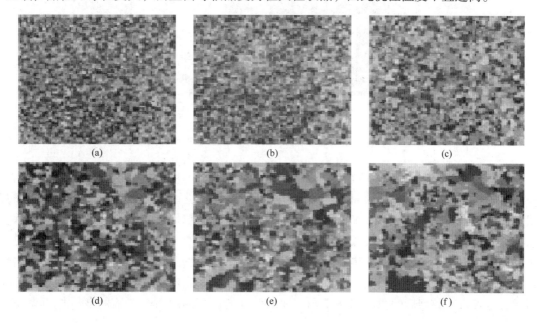

(g)　　　　　　　　　　　(h)　　　　　　　　　　　(i)

图 5-33　不同浇注温度下 42CrMo 环形铸件不同截面处组织模拟结果

(a) $T=1500\ ℃$，环件壁厚 $R=410$ mm；(b) $T=1520\ ℃$，环件壁厚 $R=410$ mm；
(c) $T=1540\ ℃$，环件壁厚 $R=410$ mm；(d) $T=1500\ ℃$，环件壁厚 $R=390$ mm；
(e) $T=1520\ ℃$，环件壁厚 $R=390$ mm；(f) $T=1540\ ℃$，环件壁厚 $R=390$ mm；
(g) $T=1500\ ℃$，环件壁厚 $R=370$ mm；(h) $T=1520\ ℃$，环件壁厚 $R=370$ mm；
(i) $T=1540\ ℃$，环件壁厚 $R=370$ mm

　　浇注温度过高，金属液的过冷度 ΔT 增加，由形核理论可知，过冷度增大，临界形核功显著降低，结果凝固过程易于进行，晶粒长大加快。同时，浇注温度过高，为异质形核提供晶粒的从铸型内壁脱落的晶粒会被重新熔解，导致形核率降低，等轴晶被抑制，促进了柱状晶的生长，使晶粒粗大。图 5-34 所示为不同的浇注温度与晶粒尺寸的统计结果。

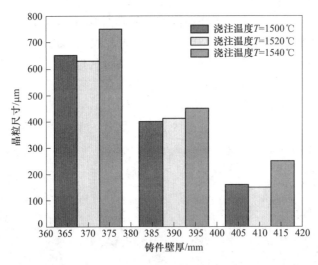

图 5-34　浇注温度与 42CrMo 环形铸坯晶粒尺寸的关系

c　铸型温度

　　分别对铸型温度为 25 ℃、200 ℃和 400 ℃不同温度下进行数值模拟，环坯不同区域的组织模拟结果如图 5-35 所示，铸型温度对不同区域平均晶粒尺寸的影响，如图 5-36 所示。预热温度的改变对环坯不同区域的影响作用也是不同的，对于靠近环坯外壁的区域来说，主要以激冷作用为主，铸型预热温度对其影响作用较小。对于靠近环件内壁的区域，随着铸型温度升高，等轴晶区域变大，但平均晶粒尺寸也在不断增大。原因是当铸型温度升高时，合金液进入铸型后的温度梯度变小，加之较高的铸型温度对合金液的激冷作用减弱，环坯凝固冷却速度降低，因而形成粗大的等轴晶。

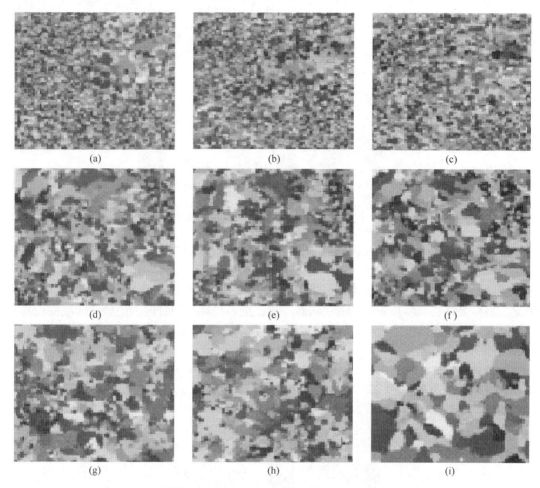

图 5-35　不同铸型温度下 42CrMo 环形铸坯不同截面组织模拟结果

（a）$T=25$ ℃，环件壁厚 $R=410$ mm；（b）$T=200$ ℃，环件壁厚 $R=410$ mm；
（c）$T=400$ ℃，环件壁厚 $R=410$ mm；（d）$T=25$ ℃，环件壁厚 $R=390$ mm；
（e）$T=200$ ℃，环件壁厚 $R=390$ mm；（f）$T=400$ ℃，环件壁厚 $R=390$ mm；
（g）$T=25$ ℃，环件壁厚 $R=370$ mm；（h）$T=200$ ℃，环件壁厚 $R=370$ mm；
（i）$T=400$ ℃，环件壁厚 $R=370$ mm

d　换热系数

换热系数虽然不是离心铸造工艺的主要参数，但在前面的分析中也提到，换热系数是铸造过程中对流换热的一个抽象等效。因此，对于换热系数对铸造凝固组织的影响可以作为铸造工艺中冷却系统的研究。从平均晶粒尺寸与换热系数在不同壁厚处的变化曲线图 5-37 可知，随着换热系数的增大，晶粒平均尺寸半径在减小，晶粒在细化。尤其是从 1000 W/（m^2·K）增加至 2000 W/（m^2·K）的过程中，晶粒尺寸变化率较大，而从 2000 W/（m^2·K）后，晶粒尺寸变化较小，表明换热系数的影响不是值越大影响越大，而是有一定的局限性。

本例研究的环形铸坯壁厚较大，随着环坯从外壁向内凝固，当铸件凝固层厚度达到一

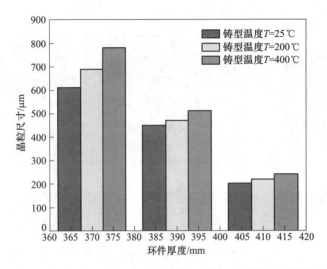

图 5-36　铸型温度对 42CrMo 环形铸坯不同区域晶粒尺寸的影响

定程度以后，根据非均匀形核理论，熔融金属内部形核条件达不到形成大量晶核的条件，因此，晶粒继续长大，长成大量的柱状晶。铸件进一步凝固的时候，随后尚未凝固的金属液同时达到液相线温度，因此，在环坯内侧形成粗大的柱状晶组织。

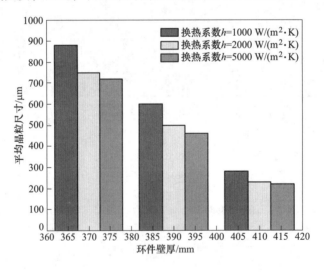

图 5-37　换热系数与 42CrMo 环形铸坯平均晶粒尺寸的关系

5.4.2　大型球墨铸铁管件离心铸造

　　球墨铸铁管具有强度高、韧性好、耐腐蚀、抗振性好、施工方便等特点，成为城镇供水和长距离引水的优选管材，也被广泛应用于农村供水管网工程建设。新兴铸管股份有限公司（以下简称"新兴铸管"）作为全球最大的球墨铸铁管及管铸件研发制造商之一，铸管产品在国内市场和国际市场均具有显著优势（见图 5-38），覆盖全国和"一带一路"沿线 120 多个国家。近年来，以满足日益多样化的施工需求为己任，尤其针对我国各地区过河、过路、隧道等各类复杂地质条件，不断强化产品研发、积累生产经验，秉持"为人民健康引水"理念，以球墨铸铁管及管铸件研发制造，保障了农村供水"最后一公里"，助力全国水利工程项目顺利推进。

图 5-38　新兴铸管股份有限公司生产线及铸管件
（a）厂房外立面；（b）铸管生产线；（c）铸管产品；（d）污水管道

　　比如，广西百色水库灌区工程是国务院确定的 172 项重大节水供水工程之一，新兴铸管为百色水库灌区管道输水提供大部分球墨铸铁管，最大口径为 DN2200 mm，项目将改善百色地区农村饮水水源条件，为推动革命老区经济社会发展和少数民族地区乡村振兴贡献力量（见图 5-39）。甘肃省平凉市崆峒区泾河流域灌溉生态改造（一期）工程全长 30.6 km，全段采用新兴铸管 DN800-DN1200 K9 级球墨铸铁管，以崆峒水库、泾河干流地表水为供水水源，可解决泾河灌区的生活饮水、农业灌溉和工业用水需求。西安黑河水库复线引水工程作为 2021 年第四届全国运动会的配套保障工程，是西安市第二条从黑河水库向市区引水的通道，项目全长 42.6 km，全线使用新兴铸管 DN2400 球墨铸铁管，以其安装便捷、广泛适应、耐腐蚀等优势，为第四届全国运动会及未来西安市城市供水提供保障。

　　面对市场日益旺盛的需求，新兴铸管组织开展改型项目攻坚活动，制定实施方案，解决了离心铸造浇注过程中铁液冲击力大、成形困难、砂芯制作过程复杂等多项技术难题，于 2021 年 3 月在 1 号热模离心机上成功拔出了第一支直径为 2.6 m 的离心球墨铸铁管，是新兴铸管乃至全国球墨铸铁管的最大口径，代表着新兴铸管从 DN80 到 DN2.6 全口径的生产尺寸，不但丰富了企业的产品结构，也进一步满足了国内市场对大口径离心铸铁管的需求。在此基础上，新兴铸管凭借优异的质量控制体系、服务方案及强大的供货能力，为广东湛江引调水工程项目提供 DN2.6 口径 15 km 球墨铸铁管，解决湛江地区供水能力不足、水源单一等问题，提高供水保障能力，缓解未来水资源供需矛盾。

图 5-39　新兴铸管产品在广西百色水库灌区工程中的应用

以球墨铸铁管 DN1200 及以上规格为例，它通常采用热模涂料法离心铸造工艺生产。热模涂料法大致工艺流程为：在铸管模具（简称"管模"）内表面喷涂一定厚度的隔热涂层，该涂层具有延长铁液冷却时间、消除激冷产生的渗碳体，同时延长管模寿命的作用。将熔炼、球化合格的铁液伴随孕育剂均匀浇注到旋转管模内，并在离心力作用下凝固成形，铸管成形后进入退火炉进行低温退火。

5.4.2.1　铁液制备

铁液熔炼采用高炉-电炉双联熔炼工艺，电炉的容量为 20 t，功率 3000 kW。首先向电炉加入 60%~70% 的高炉铁液，然后加入 30%~40% 的废钢，废钢最终加入量以将化学成分 C 量控制在工艺要求范围内为准。大功率电炉将铁液温度升至 1450 ℃，并静置 10~15 min，电炉出铁时应保证液面无游离浮渣、出铁温度 ≥1400 ℃、碳含量在 3.5%~3.7%。硅铁加入量根据电炉铁液含硅量和球化铁液终硅量确定，硅铁在电炉出铁前加入球化包包底，通过电炉输入球化包铁液的热量将硅铁熔解并均匀分散。

球化方式采用喷吹法，即将喷枪插入球化包铁液底部，利用干燥的氮气作为载体，在 0.4~0.5 MPa 压力下，把钝化镁粒吹入铁液深部，镁粒气化后形成镁蒸气，镁蒸气在铁液上浮过程中不断搅动铁液，并与铁液中的氧、硫不断反应，形成氧化物、硫化物，从而脱氧、脱硫，最终达到球化作用。球化后保证铁液残留 Mg 含量在 0.05%~0.06%，并在 10 min 内完成浇注。浇注前，需要将球化后液面出现的大量浮渣清理彻底。残留 Mg 过低、球化后浇注间隔时间长、浮渣多等情况容易出现球化衰退、性能不合格。

与冲入法工艺相比，喷吹法显示出明显的技术经济特点。以工业纯颗粒镁作为球化剂，大大减少了球化剂的加入量，降低了球化处理成本；铁液脱硫和球化可同时进行，原铁液的含硫量可允许达到 0.30%，无需球化前做预脱硫处理；处理后残留量更低（≤0.010%）；在预定的残余镁量下，镁的吸收率高达 40%~50%（吨铁镁粒加入量 1.2~1.5 kg，铁液球化后残镁含量为 0.050%~0.060%）；以纯镁作为球化剂不会增加铁液的 Si 含量，可灵活控制铁液中 Si 含量；铁液温度损失小，温降为 30~50 ℃；原铁液钛、钒及其他微量元素较高时可加入稀土配合使用。

5.4.2.2　离心浇注工艺

浇注前需要在管模内表面喷涂一定厚度隔热层，喷涂涂料是以水为载体，以硅藻土为骨料，膨润土为黏结剂，经过混合、发酵、搅拌、研磨形成的混合物。喷涂前保证管模温度在 150~250 ℃，模温≤30 ℃，喷涂时既可以保证涂层彻底干透，又可以保证喷涂涂层的强度；喷涂时将管模以一定的转速旋转（一般为 30~60 r/min），装有喷涂系统的喷涂车沿管模轴向做往返运动，涂料通过喷嘴喷涂在高温管模内表面，涂层厚度控制在 0.5~1.2 mm。喷涂时涂料必须完全雾化，从而保证涂层光洁度；在管模高温作用下，水分快速挥发后，剩余的则为涂层。

为保证轴向、环向管壁壁厚均匀，浇注时承载扇形包、弯槽、流槽的浇注车边匀速退车边匀速翻转扇形包，把铁液均匀地浇注到高速旋转的管模中，高速旋转的管模中铁液在离心力作用下冷却成形。图 5-40 所示为卧式离心铸造浇注系统原理示意图。

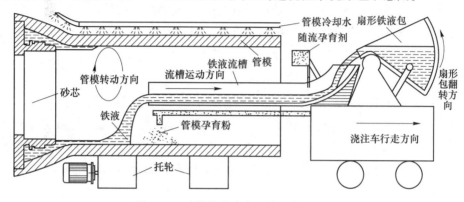

图 5-40 球铁管卧式离心铸造浇注工艺

浇注时管模转速越高，离心力越大，铁液容易在管模内出现飞溅和超前流现象，造成冷隔等铸造缺陷，所以在保证铁液在管模内有足够的离心力不产生淋落的情况下，管模转动的重力系数（铁液在旋转管模内离心力与正常重力之比）取最小值 15，浇注结束后，管模转动的重力系数立即提升至 42，作为终转速，以增加铸管管壁的致密度。管模转速由重力系数公式计算而得，重力系数公式如下：

$$N = F/G = m\omega^2 r /(mg) = \omega^2 r/g = (n \cdot 2\pi/60)^2 \cdot r/g = 0.112(n/100)^2 r \quad (5-18)$$

式中，N 为重力系数；F 为离心力，N；G 为重力，N；m 为物体质量，kg；ω 为角速度，rad/s；g 为重力加速度，9.8 N/kg；n 为管模转速，r/min；r 为管模半径，m。

以 DN1400 管模为例，由式（5-18）和表 5-6 可知重力系数取 15，则 $N = 15 = F/G = (n \cdot 2\pi/60)^2 \times 0.7/9.8$，得出浇注管模转速 $n = 138$ r/min。同样算法得出终转速 $n = 232$ r/min。

孕育处理可避免球铁管出现铸态碳化物，同时保证球化质量。为增强孕育效果，孕育剂分为随流孕育剂和管模粉孕育剂两种，其粒度和成分见表 5-7。

表 5-7 孕育剂粒度和成分（质量分数） （%）

种类	粒度/mm	Si	Mn	P	S	Ca	Ba	Fe
随流孕育剂	1~3	70	0.22	0.023	0.015	1.56	4.42	21.35
管模粉孕育剂	0~0.3	58	0.35	0.016	0.005	0.85	—	38.97

随流孕育剂粒度为 1~3 mm（见表 5-7）。从扇形包铁液进入流槽到浇注结束期间，向

流槽中流动铁液加入孕育剂，即随流孕育（见图 5-40），每吨铁液加入量为 4~5 kg。

为避免铸管外壁激冷形成铸态渗碳体，浇注车浇注前进入管模、浇注时退出管模过程中，以干燥空压风为载体将 0~0.3 mm 粉状孕育剂均匀喷吹在旋转的管模内表面涂层，故称为管模粉孕育。每吨铁液加入量为 2~3 kg，作为辅助孕育剂。

为了避免冷却速度过于缓慢造成球化衰退、氧化夹渣等缺陷，同时提升生产节奏，在浇注开始至铸管凝固成形期间，管模外壁用喷淋水进行冷却，保证铁液以 2~4 ℃/s 的冷却速度冷却成形。

铁液在旋转管模离心力作用下逐渐凝固成铸管，待完全凝固并冷却至 700~800 ℃ 时，开始拔管操作。拔管时，为了避免管子在高温状态下成椭圆，拔管钳、铸管、接管托轮、管模处于同步缓慢旋转状态。待完全拔出铸管后，抱管天车采用旋转的抱轮将热态铸管抱送至退火工位。

5.4.2.3 热处理

通过控制铁液成分、冷却速度及多次孕育措施，铸管铸态组织为：40%~70% 珠光体，其余为铁素体（或可能包含 5% 以下渗碳体）。为了保证良好的强度、塑性等综合力学性能，需要进行低温退火，将珠光体含量控制在 20%~35%。退火时铸管在退火台车托轮上保持缓慢旋转状态，避免椭圆。退火工艺为 720~740 ℃，保温 10~15 min。

5.4.2.4 性能检测

按《水及燃气用球墨铸铁管、管件和附件》（GB/T 13295—2013）试验方法要求，自铸管插口处取 120 mm 长立方体状的管环作为本体试样（底部尺寸为壁厚不高于 10 mm），试样与轴线平行。将该试样加工成直径为 6 mm，标距至少为其直径 5 倍的试棒，试棒端部应适合安装在拉伸试验机上进行拉伸试验。加载速率恒定在每秒 6~30 N/mm² 之间，试验结束试验机直接显示试棒抗拉强度、屈服强度结果。把试棒断裂的两部分拼在一起测量伸长的标距，用标距的伸长量与初始标距之比求得伸长率。图 5-41 所示为试棒断口状态，断口处呈凹凸不平整颗粒状，无颈缩现象，整个断面基本与轴线垂直，是典型的铸铁脆性断裂。经长期拉伸试验数据统计，铸管抗拉强度范围为 420~480 MPa，屈服强度范围 300~320 MPa，伸长率范围 9%~15%，硬度范围 HB 180~200，均满足《水及燃气用球墨铸铁管、管件和附件》（GB/T 13295—2013）（标准规定离心铸造管的抗拉强度 ≥420 MPa，伸长率 ≥7%，硬度 HB ≤230）中的力学性能要求。

石墨球化等级基本为 2 级，少量为 3 级，石墨球大小为 6 级；基体组织：铁素体 70%~80%，珠光体 20%~30%，无渗碳体、磷共晶等有害组织，如图 5-42 所示。由于铁液在离心力作用下凝固，铸管管壁致密度良好，无渣层、疏松、缩松、气孔等铸造缺陷，管壁致密度情况如图 5-43 所示。

为避免在输水工程中铸管出现渗漏、爆裂现象，力学性能、金相组织合格的管子需要逐支进行水压试验。试验水压压力为铸管最大工作允许压力加 0.5 MPa，保压时间 ≥30 s，无漏水、爆裂现象则合格，水压试验原理如图 5-44 所示。

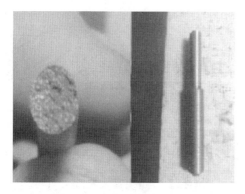

图 5-41　拉伸试样断口形貌

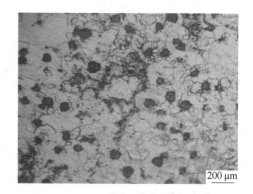

图 5-42　球铁管显微组织

图 5-43　球铁管管壁断口形貌

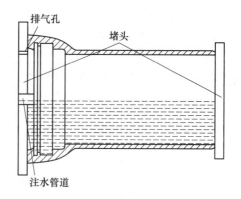

图 5-44　球铁管水压试验

思 考 题

5-1　简述离心铸造的类型及其特点。

5-2　结合理解，试举例说明离心铸造主要应用于哪类零件的生产。

5-3　试述离心铸件在液体金属相对运动影响下的凝固特点。

5-4　离心铸造铸型的转速对铸件质量有哪些影响，转速确定的原则是什么？

5-5　双金属铸件的离心铸造过程与单一金属铸件相比，其难点体现在哪里？

5-6　查阅文献资料，谈一谈我国新兴铸管股份有限公司的离心铸造工艺和设备水平在世界范围内处于何种地位。

6 旋压成形

6.1 旋压成形原理

6.1.1 旋压成形原理分析

旋压是用于成形薄壁回转体零件的一种金属压力加工方法。综合了锻造、挤压、拉深、弯曲、环轧、横轧和滚压等工艺特点的少切削或无切削加工的先进特种塑性加工工艺，是借助于旋轮或杆棒等工具作进动力，使与随芯模沿同一轴线旋转的金属毛坯产生连续的局部塑性变形，从而成为所需的空心回转体零件，如图 6-1 所示。

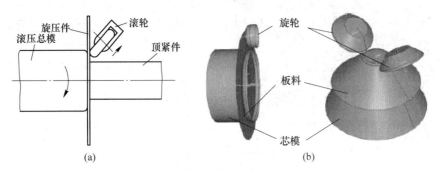

图 6-1 旋压成形原理示意图
（a）平面图；（b）三维图

根据旋压过程中金属材料的流动方向，旋压工艺可分为正旋和反旋两种。正旋是指旋压过程中金属材料的流动方向与旋轮的进给方向相同，如图 6-2 所示；反旋是指旋压过程中金属材料的流动方向与旋轮的进给方向相反，如图 6-3 所示。

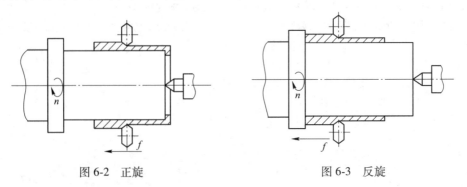

图 6-2 正旋   图 6-3 反旋

正旋时，杯状筒坯底部与芯模端面接触，旋轮从筒坯底部开始旋压，已旋压的金属处于拉应力状态，而未旋压的部分则处于无应力状态，并朝着旋轮的进给方向流动，此时旋压所需的扭矩由芯模经筒坯底部以及已旋压即变薄的壁部来传递，最后传到旋轮上。反旋时，采用的筒坯其一端与芯模的台肩环形面接触，在旋轮进给推力作用下，由接触端面的摩擦力，并经未减薄的原始壁部来传递扭矩，旋轮从一端开始旋压，被旋出的金属向着旋轮进给的反方向流动，如图6-4所示。

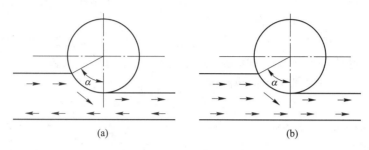

图6-4　旋压变形区的金属流动
（a）正旋；（b）反旋

6.1.2　旋压成形材料

适于旋压成形的材料包含各类钢铁和有色金属，约有200多种，每类金属旋压加工产品类别又有数百种，典型的旋压成形材料如下。

6.1.2.1　有色金属材料

A　铝合金

用于旋压成形的铝及其合金产品约40种规格。防锈铝合金共有5A02、5A06、5A21等，5A06是高镁含量合金，其多数工件选择加热旋压成形，5A21是Al-Mn系防锈铝合金，旋压性能优于5A02和5A06。

2A12为Al-Cu-Mg系热处理强化合金，是典型的硬铝合金，综合性能较好，但加工硬化较严重，适应于较小道次减薄率、多道次的旋压过程。

7A04为Al-Zn-Mg-Cu系热处理强化超硬铝合金，高温时生成$MgZn_2$相，有极高的强化效应。

6A02为Al-Mg-Si-Cu系锻铝合金，具有中等强度及良好的塑性，在室温和热态都易于旋压成形，旋压总减薄率约为75%，是优质的旋压用材。

B　铜合金

主要有纯铜、黄铜、白铜。纯铜又称紫铜，旋压变形塑性最好，挤压退火后，旋压过程的减薄率大于80%，成形效果好。黄铜因应变硬化较严重，塑性不如纯铜。

白铜的冷旋性能与黄铜相当，有较好的塑性。当镍、铁、锰为主要添加元素时，管材旋压累计减薄率最高可达90%，当大于75%时，壁厚变形充分而均匀，再进行650~700 ℃退火，可以获得较好的性能。

C　钛合金

钛合金强度高于铝合金，高温时更加明显，因此钛合金多数需要加热旋压成形，TB2封头在700~800 ℃旋压时，抗拉强度是室温的1/10。TC3的热旋温度在700~850 ℃；TC4热旋温度高达1050 ℃，与稀有高熔点金属旋压温度接近。

6.1.2.2　钢铁材料

A　高强度钢

典型的低合金高强度钢 D6AC 钢，合金总含量小于 5%，是旋压变形性能良好的钢种之一。在旋压过程中坯料应采用球化退火，变形过程中选择高温中间退火。D6AC 钢旋压件选择 500 ℃退火时，可基本消除残余内应力。

D406 钢也是一种超高强度钢，合金中的锰、铬、钼等元素能够提高钢的淬透性，保证整个断面都获得马氏体组织。D406 钢比较适合室温强力旋压，若采用热旋，温度应选择 600~700 ℃，避开 580 ℃以下的热脆区。

B　结构钢

40CrNiMo、14MnNi 和 40Mn2 等都具有较好的旋压性能，40CrNiMo 钢减薄 40%后，显微组织为较细的回火索氏体，旋压变形后经 540 ℃退火，其旋压内应力可完全消除。14MnNi 合金室温变薄旋压后强度显著提高，但塑性并不降低，该合金具有良好的变形性能和强化效果，累计减薄率大于 80%时，形变强化效应比坯料提高一倍。40Mn2 合金的旋压性能仅次于 14MnNi，由于其含碳量比 14MnNi 合金高，强度高于 14MnNi 合金约 30%。

6.1.3　旋压成形制品及特点

6.1.3.1　旋压成形制品

旋压成形工艺不仅在兵器、航空、航天、民用等金属精密加工技术领域占有重要地位，而且在化工、机械制造、电子及轻工业等领域也得到了广泛应用。主要旋压成形制品如图 6-5 和图 6-6 所示。

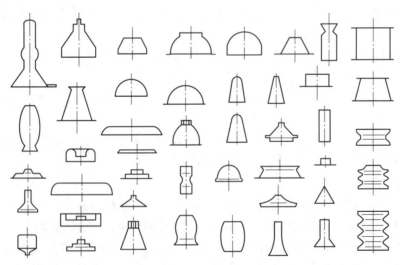

图 6-5　旋压制品的典型形状

（1）军用领域如导弹壳体、封头、喷管、头罩、雷达舱、炮管、鱼雷外壳等，飞机副油箱、头罩、发动机机匣等。

（2）民用领域如冶金行业各种管材、汽车轮毂、带轮、齿轮等，化工行业的化肥罐、储气罐、高压容器等，轻工产品中的洗衣机零件、灭火器零件、乐器、灯罩、压力锅、各种气瓶等，还有通信行业的雷达屏、阴极管、阴极辊等。

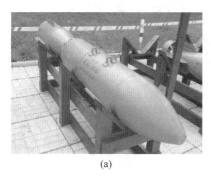 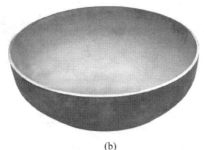 

(a)　　　　　　　　　　(b)　　　　　　　　　(c)

图 6-6　典型旋压成形制品

（a）导弹头；（b）火箭贮箱封头；（c）轮毂

6.1.3.2　旋压成形特点

旋压工艺作为塑性加工的一个重要分支，具有柔性好、成本低等优点，适合加工多种金属材料，是一种经济、快速成形薄壁回转体零件的方法。主要显著特点如下：

（1）在旋压过程中，旋轮（或钢球）对坯料逐点压下，单位压力可达 2500~3500 MPa，适于加工高强度难变形材料，且所需总变形力较小，从而使功率消耗降低。

（2）坯料的金属晶粒在变形力的作用下，沿变形区滑移面错移。

（3）强力旋压可使制品达到较高的尺寸精度和较小的表面粗糙度值。

（4）制品范围广。

（5）同一台旋压机可进行旋压、接缝、卷边、缩颈、精整等加工，因而可生产多种产品。

（6）坯料来源广，可采用空心的冲压件、挤压件、铸件、焊接件、机加工的锻件和轧制件以及圆板作坯料。

（7）旋压是一种少切削或无切削工艺，因此，材料利用率高、省工时、成本低。

6.2　旋压成形工艺

6.2.1　旋压成形受力分析

旋压成形的工艺参数中，旋压力是指旋轮直接施加于筒坯的作用力。旋压过程中，作用在旋轮与筒坯接触区的旋压力可分解为 3 个旋压分力：即切向分力为 F_t，作用方向为垂直于工件旋转轴线的径向分力 F_r 和作用方向为平行芯模轴线的轴向分力 F_z，如图 6-7 所示。通常旋压工作者感兴趣的不是旋压力的合力，而是其分量。因为需要根据旋压力的分量来分别确定旋压设备所需的功率和进给机构的动力。切向分力通常较小，对成形影响大的主要是径向分力和轴向分力。

6.2.2　旋压成形工艺类型

根据旋压变形特征、壁厚减薄程度，可以将旋压工艺分为普通旋压和变薄旋压。

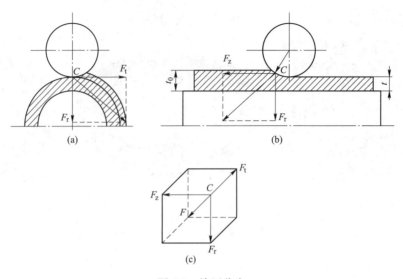

图 6-7　旋压分力
（a）筒坯径向截面受力；（b）筒坯轴向截面受力；（c）三个方向分力的图解

（1）普通旋压是指主要改变坯料形状，而壁厚尺寸基本不变或改变较少的旋压成形过程。按照变形温度的不同，普通旋压可分为冷旋压和热旋压。

（2）变薄旋压又称强力旋压，它是指坯料形状与壁厚同时改变的旋压成形过程。变薄旋压的主要类别如下：

1）按变形性质和工件形状分为筒形旋压和锥形剪切旋压；

2）按旋轮和坯料流动方向分为正向旋压和反向旋压，如图 6-2 和图 6-3 所示；

3）按旋轮和坯料相对位置分为内径旋压和外径旋压；

4）按旋压工具分为旋轮旋压与滚珠旋压。

6.2.3　普通旋压

普通旋压过程中毛坯厚度基本保持不变。依靠坯料沿圆周的收缩及沿半径方向上的伸长变形来实现，其重要特征是在旋压过程中可以明显看到坯料外径的变化。

普通旋压根据制品的外形轮廓不同主要分为拉深旋压、缩颈旋压和扩径旋压。

6.2.3.1　拉深旋压

拉深旋压是指毛坯拉深过程中的旋压成形方法，它是普通旋压中最主要和应用最广泛的成形方法，毛坯弯曲塑性变形是它的主要变形方式，如图 6-8 所示。

拉深旋压又分为：简单拉深旋压、多道次拉深旋压。其中，拉深道次数主要由变形量决定。

图 6-9 所示为典型的拉深旋压成形制品。

6.2.3.2　缩颈旋压

缩颈旋压是利用旋轮将回转空心件或管状毛坯进行径向局部旋转压缩减小直径的方法。旋压过程中将毛坯同心装夹在芯模中，主轴带动毛坯旋转，旋轮按规定施加一定大小横向进给，逐步地使毛坯缩径，得到喉径形状或封闭球形的零件，如图 6-10 所示。

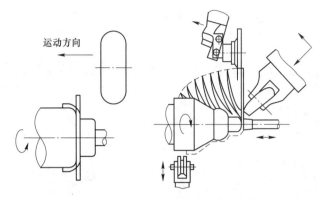

图 6-8　拉深旋压

图 6-9　典型拉深旋压成形制品

（a）喉形封头；（b）鸭嘴形封头；（c）锥形封盖；（d）平底杯盖；（e）底部开口形灯罩；

（f）阶梯底盖；（g）缩口形封头；（h）喇叭形封头；（i）灯罩

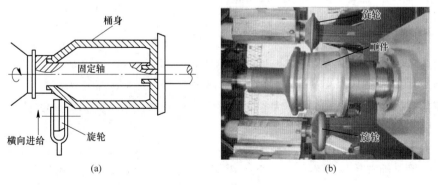

图 6-10　缩颈旋压

（a）平面图；（b）三维图

为避免工件产生起皱和破裂，旋轮要作多次往复运动，且每次均给以一定进给量。
图 6-11 为典型的缩颈旋压成形制品。

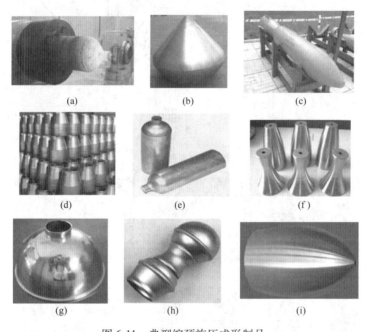

图 6-11　典型缩颈旋压成形制品
（a）缩颈热旋压；（b）尖形容器；（c）导弹头；（d）筒体容器；（e）储气罐；
（f）异形气瓶；（g）弧形头罩；（h）喉形容器；（i）弧形制品

6.2.3.3　扩颈旋压

扩颈旋压是利用旋轮使回转空心件或管状毛坯进行局部（中部或端部）直径增大的方法，如图 6-12 所示。根据扩径程度大小，需要若干道次进行。旋压道次确定原则：材料在扩径过程中不产生过度应变（应力），应力不能超过抗拉强度，否则导致破裂。

图 6-13 所示为典型的扩颈旋压成形制品。

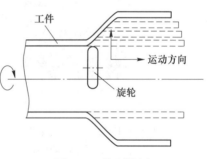

图 6-12　扩颈旋压

6.2.4　强力旋压

强力旋压被认为是制造薄壁筒形件最有效的工艺方法之一。其实质是依靠坯料厚度减薄来实现，外径基本保持不变。强力旋压时，旋轮施加在坯料上的压力要比普通旋压时大得多，变形规律和普通旋压时也不大相同，坯料直径基本保持不变，但厚度变化很大：由厚变薄。强力旋压又称为变薄旋压。

利用强力旋压可以旋制各种型号的战斗机壳体、药形罩、整流罩、喷管等军品零件，还可旋制车辆制动缸等民用零件。因此，筒形件强力旋压成形技术在国民经济的许多部门，特别是航空航天、兵器工业和载运工具的生产中，已占有十分重要的地位。

强力旋压主要分为剪切旋压、筒形件旋压和特种旋压。

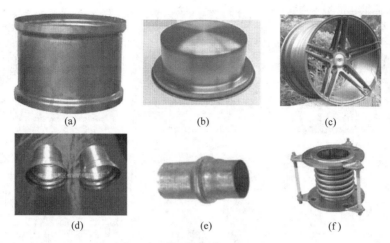

(a)　　　　　　　　　(b)　　　　　　　　　(c)

(d)　　　　　　　　　(e)　　　　　　　　　(f)

图 6-13　典型扩颈旋压成形制品

（a）轮毂毛坯；（b）压力锅内胆；（c）汽车轮毂；（d）出风口筒体；（e）异径连接管件；（f）弹簧减震支座

6.2.4.1　剪切旋压

在剪切旋压过程中，平板坯料在旋轮挤压与剪切综合作用下，厚度方向遵循体积不变定律和正弦规律变形，如图 6-14 所示。适于机匣、导弹壳体等锥形、抛物线及各种曲母线形工件的成形。

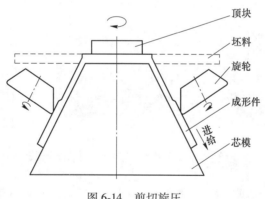

图 6-14　剪切旋压

工件形状的改变主要是靠壁厚的减薄、锥度减小和高度的增加，最终产品要素为锥筒段高度、半锥角、壁厚、已知位置的直径、锥筒段母线直线度、圆度等，从工件的纵断面上看，其变形过程犹如按一定母线形状推动一迭扑克牌一样。图 6-15 为典型的剪切旋压成形制品。

在铝合金材料的剪切旋压中如果变形程度较大，可通过热旋压的方式成形工件，具体是将毛坯均匀预热到再结晶温度以上，同时将旋压模具加热到 200~300 ℃，在旋压过程中可用乙炔焰加热毛坯，以保证温度不会过快降低，使材料处于软化状态，有利于旋压成形。

6.2.4.2　筒形件旋压

筒形件强力旋压工艺主要包括正向旋压和反向旋压，如图 6-2 和图 6-3 所示。

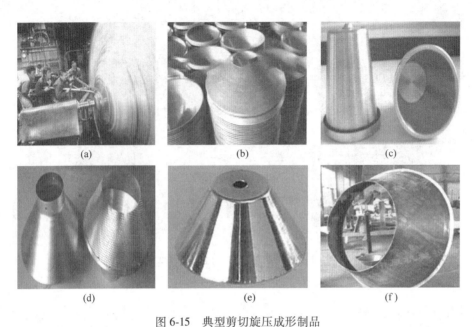

图 6-15　典型剪切旋压成形制品

（a）剪切旋压生产；（b）盖板；（c）杯形件；（d）无封底灯罩；（e）封底灯罩；（f）大型锥形盖板

正旋适用面较宽，直径精度优于反旋；反旋的芯模及行程较短，其应用限于不带底的筒形件。图 6-16 所示为典型的强力旋压成形的筒形件制品。

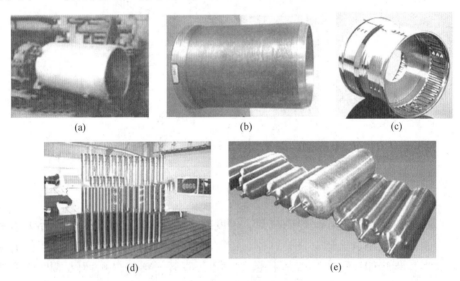

图 6-16　典型强力旋压成形的筒形件制品

（a）大型筒体；（b）缩比实验筒体；（c）异形筒体；（d）冷却管件；（e）压力容器

6.2.4.3　特种旋压

特种旋压区别于常规的变薄旋压与普通旋压，它是根据工件或制品的形状而派生出新的旋压成形方法，特种旋压工艺具有新型复合旋压工艺的特征。典型的特种旋压工艺包括：带轮旋压、曲母段旋压、椭锥件旋压、环件旋压、齿肋旋压、螺纹旋压、车轮旋压、多轮旋压、无模旋压等。

图 6-17 所示为典型的特种旋压成形制品。

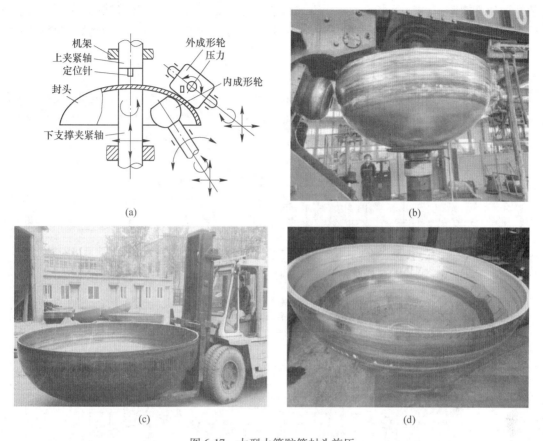

(a)　　　　　　　　　　　　　　　　(b)

(c)　　　　　　　　　　　　　　　　(d)

图 6-17　大型火箭贮箱封头旋压

（a）封头旋压示意图；（b）封头旋压装备；（c）大型旋压封头；（d）2219 铝合金火箭贮箱封头

6.2.5　旋压工艺参数

在旋压工件生产任务确定之后，根据旋压工件的材料性质、结构形式、尺寸精度、表面质量、所需设备性能和用途等因素进行综合考虑，制定出最佳的旋压工艺参数。主要涉及毛坯种类和尺寸设计、工艺参数确定、旋压道次规范等。

6.2.5.1　毛坯种类和尺寸设计

A　毛坯种类

平板毛坯：用于旋压锥形件、双锥形件、双向圆锥形件、筒形件。

由平板坯预成形的毛坯：通过普通旋压、冲压或其他成形方法得到，多用于旋压成尖顶锥形件、曲母线锥形件、球形封头和筒形件等。

经车削的锻造毛坯：为了旋出等壁厚零件，减轻零件的质量，需采用经车削加工的锻造毛坯。多用于旋压成母线为抛物线的等壁厚零件，等壁厚球形封头或筒形（管形）件等。

旋压过程中，毛坯内部和表层的缺陷会被扩大，因此对旋压用毛坯的内、外层的要求为：（1）毛坯内部不得有隔层、夹杂、裂纹和疏松等缺陷，否则，旋压件易出现断裂、内裂及微裂等缺陷。（2）毛坯表面不得有斑痕、加工印记、裂纹和毛刺等缺陷，否则，旋压件表面会起鳞皮。在变形量大的情况下，还会发生断裂。（3）毛坯表面的污垢和鳞皮应除掉，以免压伤制件和弄脏润滑剂。

B　毛坯尺寸设计

普通旋压的毛坯设计，可参考冲压拉深的设计方法，但普通旋压有一定延伸率（一般为 3%~5%），设计的毛坯可比冲压拉深的稍小。一般锥形件的毛坯尺寸，如图 6-18 所示。

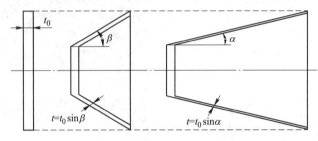

图 6-18　一般锥形件毛坯尺寸

对于多道次旋压的曲母线形件，毛坯余量应留大些；旋压道次少的，毛坯余量留少些。图 6-19 所示为曲母线形件毛坯尺寸示意图。

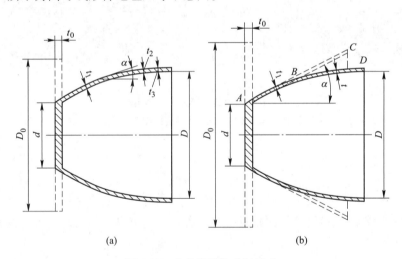

图 6-19　曲母线形件毛坯尺寸
（a）单道次旋压毛坯；（b）多道次旋压毛坯

6.2.5.2　工艺参数确定

影响旋压变形过程的各种工艺因素，统称为旋压变形的工艺参数，直接决定着材料在旋压时的变形过程，也影响着旋压件的质量、旋压力的大小和生产效率。

主要包括减薄率、主轴转速、进给量、芯模和旋轮的间隙、旋压角度、旋压道次规范、旋轮运动轨迹、旋轮几何形状等。

6.2.5.3　旋压道次规范

旋压道次制定取决于：旋轮沿毛坯表面的进给量、道次间距、旋轮圆角半径和坯料性能、相对厚比，以及旋轮轨迹设计。

图 6-20 所示为制定旋压成形工艺的路线图。

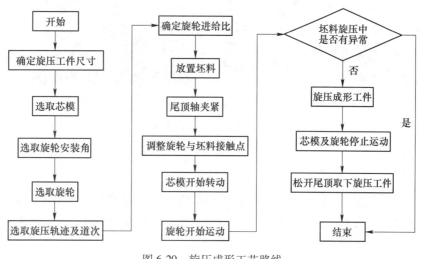

图 6-20　旋压成形工艺路线

6.3　旋压成形设备

旋压设备又称为旋压机，是一种少、无切削的先进特种塑性成形设备，主要适用于各种薄壁空心回转体金属零件的塑性成形，是旋压工艺专用设备。我国于 20 世纪 60 年代开始旋压成形工艺研究，主要的旋压制品包括喷气发动机机匣、火箭筒零件、飞机浆帽、头罩、鱼雷壳体、各种导弹封头等。

6.3.1　旋压设备工作原理及类型

旋压机类似于金属切削车床，在车床大拖板的位置，设计成带有纵向运动动力的旋轮架，固定在旋轮架上的旋轮可作横向移动；与主轴同轴连接的是一芯模（轴），旋压毛坯套在芯模（轴）上；旋轮通过与套在芯模（轴）上的毛坯接触产生的摩擦力被动旋转；同时，旋轮架在轴向大推力液压缸的作用下作轴向运动。此时，旋轮对坯料表面加压实施逐点连续塑性变形。在车床尾架的位置上，设计了与主轴同一轴线的液压缸控制的尾架，尾架对套在芯模（轴）上的坯料端面施加轴向推力，如图 6-21 所示。

根据 6.1 和 6.2 节的分析，旋压成形工艺不同，旋压机也会不同，目前旋压机还没有系列化和标准化，因此国内外分类还不统一，大致有轻型、中型、重型之分。一般旋压力在 100 kN，适于加工中小型、薄壁和软质材料零件的旋压机为小型旋压机；一般旋压力在 100~400 kN，适于加工各种形状的零件和长管件的旋压机为中型旋压机；一般旋压力在 400 kN 以上，适于加工大型零件的旋压机为重型旋压机。

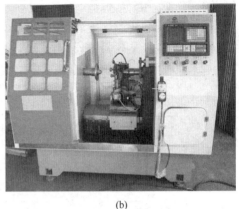

(a)

(b)

图 6-21　旋压成形设备

(a) 筒体旋压设备；(b) 数控旋压设备

旋压成形设备的具体分类如下：

（1）按成形特性分：普通旋压机、强力旋压机、与其他加工工艺联合旋压机。

（2）按主轴方位分：立式旋压机（小型、重型旋压机多为立式的）、卧式旋压机（中型旋压机多为卧式的）。

（3）按机身结构分：机床型旋压机、轧机型旋压机、压力机型旋压机和特殊型旋压机。

（4）按旋压温度分：冷旋压、热旋压。

（5）按旋轮数量分：单轮旋压机、双轮旋压机、三轮旋压机和多轮旋压机。

（6）按旋轮驱动或控制方式分：手工操作、机械传动式、液压半自动式、录返控制式、数控及自动编程录返式（NC 或 CNC）。

6.3.2　旋压设备的主要结构

旋压机主要由机身、主轴箱、旋轮座、尾架等主要部件组成。

6.3.2.1　机身

机身一般由铸件或钢板制成，是旋压机的重要受力件之一。它必须满足一定的刚性要求，以减小机床工作时的振动和变形。旋压机的机身多采用米字形加强肋使整个机身形成一个半封闭状态的盆形件，以增强其抗拉、抗压强度及抗扭能力。

6.3.2.2　主轴箱

主轴箱是输出旋转运动及传递扭矩和功率的传动装置。一般除少数专用旋压机外，主轴回转运动都需要变速，因此，旋压机的主轴箱都带有一个变速箱，主轴箱和变速箱可分可合。在大多卧式旋压机中，两者都是合在一起的。但当主轴为机械有级变速而变速范围较宽时，机器整体体积就显得庞大，这时两者采取分开形式。

旋压机的主轴箱除输出扭矩带动工件旋转外，有时还需同时作轴向运动，因此，在轴线上装有进给装置，使机器工作时主轴能作旋转和轴向进给的复合运动。图 6-22 所示的三轮三柱悬臂式旋压机就是这种主轴箱可移动式旋压机。

为使主轴箱的动态刚性增加，通常箱体具有足够的刚度并与机身牢固连接。为便于装卸芯模和工件，在一些立式旋压机中也有将主轴箱设计制作成可移动式的，如图6-23所示的双轮鞍座式旋压机。

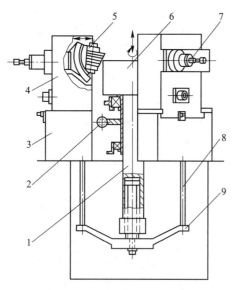
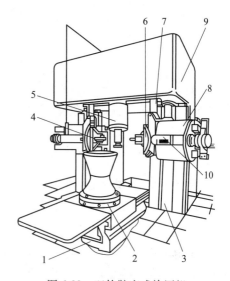

图6-22　三轮三柱悬臂式旋压机

1—主轴；2—主轴变速机构；3—机身；
4—旋转座；5—旋轮；6—芯模；
7—液压缸；8—连杆；9—支架

图6-23　双轮鞍座式旋压机

1—导轨；2—主轴；3—立柱；4—旋轮；
5—尾架；6—旋压头；7—液压缸；
8—纵滑块；9—上横梁；10—横滑块

6.3.2.3　旋轮座

旋轮座是为了装夹旋轮并使旋轮按照工艺要求实现旋轮的横向、纵向进给及快速行程，即完成旋压成形的基本运动循环的主要部件之一。旋轮座的好坏对旋压机的应用范围、旋压精度、生产率高低和使用方便程度都有直接的影响。因此，设计旋轮座时，应合理选择旋轮座的数目、结构、布局及安装调整控制方式等，同时，还应该使旋轮座整体具有足够的刚度，以保证必要的加工精度和避免振动的产生。

旋轮座的结构形式有很多种，从结构和运动方式来分，大致可分为鞍座式、框架式、转盘式和转臂式四种。

（1）框架式结构可以克服鞍座式结构的缺陷，特别是刚性大大提高。框架式结构有开式和闭式之分。

闭式框架式旋轮座采用刚性很强的框架来安装旋轮。旋轮有对称布置的双旋轮框架式，还有常见的沿工件圆周方向等分均布和不等分分布的框架式旋压机。图6-24所示为三轮均布框架式旋压机，由于旋轮均布且同装于刚性很强的框架中，当旋轮同步进给时，产生的三个径向旋压分力的合力为零，框架处内力平衡，机身稳定，刚性好。

（2）转盘式旋轮座，如图6-25所示。这种结构与普通车床的自定心卡盘相似，三个旋轮安装在三个爪上。旋轮的调整采用楔块式间隙调整机构。

6.3.2.4　尾座

尾座通常用来将毛坯紧紧顶在芯模端面上，使得旋压过程中毛坯、芯模随同主轴一起旋转，保证旋压顺利进行。因此，尾座应有足够的刚度和适当的运动速度，以减少辅助时间。

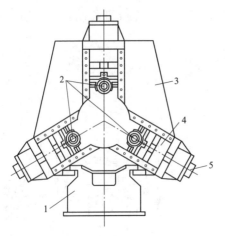

图 6-24　三轮均布框架式旋压机
1—机身；2—旋轮；3—框架；
4—缸体；5—液压缸

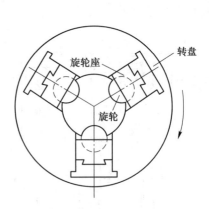

图 6-25　转盘式旋轮座

所有通用型旋压机、封头旋压机和部分管材旋压机等都有尾座。但当管材反旋时，一般不用尾座，若需要尾座，也仅用于顶紧芯模。对其他旋压法，如普通旋压的扩旋和缩旋，可用于安装内旋轮、芯模等工具。

常见旋压机的主要技术参数见表 6-1。

表 6-1　常见旋压机主要技术参数

机床型号			PX-1	SY-3	SY-4	SY-6	XC-550	XC-700	QX-3	W029
机床型式			单轮鞍座卧式	双轮鞍座卧式	双轮鞍座卧式	双轮鞍座卧式	双轮鞍座卧式	双轮鞍座卧式	三轮框架卧式	双轮鞍座卧式
床面上中心高/mm			350	630	400	750	550	700	880	1250
顶尖距/mm			—	2500	3100	2800	2020	2650	7000	—
电动机功率 /kW	主轴		5.5	75	55	125	22	30	75	320
	液压系统		4	13	13	43	—	—	—	30
主轴转速/r·min^{-1}			200~1100 (6级)	16~630 (9级)	63~400 (9级)	16~400 (无级)	20~630 (无级)	45~555 (无级)	16~350 (无级)	10~100 (无级)
工作力 /kN	旋轮座	纵向	20	200	200	400	100	130	300	60
		横向	20	200	200	400	80	100	250	60
	尾顶力		10	150	150	280	55	65	150	60
进给速度 /mm·min^{-1}	旋轮座	纵向	0~942	单轮 0~700 双轮 0~350	单轮 10~1000 双轮 10~500	8~295	2~278 4~600	10~250 100~700	—	200
		横向	3000	3000	—	—	—	—	—	—
	尾架		1500	2000	上缸 700 下缸 10~8000	393	—	—	—	240

行程/mm	旋轮座	纵向	800	1200	2700	1400	1100	1100	6000	2700
		横向	350	250	400	320	310	320	2500	500
	尾架		400	1200	2050	2200	650	750	750	—
加工范围/mm	最大直径		—	1200	800	750	1300	1600	600	2500
	最大厚度		11	12	12	20	15	20	25	—
机床外形尺寸 /mm×mm×mm			2735×1685×1340	7200×5000×2200	7700×4000×1520	10041×5780×2960	3500×3820×2180	11100×4900×2350	17175×5794×2215	1435×9400×3320
机床质量 /kg			—	35000	300	125000	21000	—	90000	276000
备注			瓦房店防爆电器厂制	上海重型机床厂制	上海重型机床厂制	上海重型机床厂制	西安重型机械研究所	—	西北有色金属研究院	武汉重型机床厂制
机床型号			QX63-20	Flotura12	Floturn80	Hydrospin42	Hydtospin75	Hyfford120	Autospib1020	Autospin5060
机床型式			三轮框架卧式	单轮卧式	三轮立式	双轮卧式	双轮立式	双轮立式	双轮卧式	双轮卧式
床面上中心高 /mm			640	—	—	—	—	—	254	610
顶尖距/mm			3460	—	—	—	—	—	457	1400
电动机功率 /kW	主轴		75	11.2	150	15/35（两种）	262	447.6	3.73	22.371
	液压系统		16.8	—	—	—	—	—	7.457	11.19
主轴转速/r·min^{-1}			80~630（无级）	403~2611（8级）	24~125	10~45（恒扭矩）45~500（恒功率）	8~141（恒扭矩）141~283（恒功率）	3~300	600~2350（4级）	120~1600（11级）
工作力 /kN	旋轮座	纵向	400	18	68	52	1020	793.8	9.07	49.90
		横向	200	18	79.6	52	1140	—	6.8	40.82
	尾顶力		100	9	—	—	900	567	6.12	27.22
进给速度 /mm·min^{-1}	旋轮座	纵向	1000	1835	356	508	510	—	—	—
		横向	3000	—	—	889	—	—	—	—
	尾架		2000	—	—	—	—	—	—	—
行程 /mm	旋轮座	纵向	2000	—	—	—	2540	—	304.8	609.6
		横向	1200	—	—	—	1070	—	152.4	254
	尾架		700	—	—	—	—	—	304.8	609.6

续表6-1

加工范围 /mm	最大直径	300	457	2000	—	1910	3048	—	—
	最大厚度	20	—	—	—	—	—	—	—
机床外形尺寸 /mm×mm×mm		9680× 4810× 2635	—	—	—	—	—	1727.2× 609.6× 1524	3550× 1295.4× 2133.6
机床质量/kg		39500	—	—	—	240000	1270	7030	
备注		青海重型机床厂制	美国	美国	美国	美国	美国	美国	美国

6.3.3　普通旋压机

6.3.3.1　立式普通旋压机

（1）有模转臂式普通旋压机。由简单的机身底座、立柱和上横梁等部件构成。该机的尾顶液压缸装于上横梁中部，转臂式的旋轮座与立柱铰接，并由装于立柱两侧的套筒型液压缸驱动作摆动运动。工作时主轴带动芯模及工件一起旋转，转臂上的旋轮沿芯模摆动实现半球形的仿形运动，同时可满足旋转攻角恒定要求。

（2）无模单臂式普通旋压机。图6-26所示为一台无模单臂立式普通旋压机，机身由机架、上梁、底座构成。机架内装有支撑梁、滑板、液压缸和液压马达等。在上梁和底座上同轴分别装有液压缸，用来夹紧工件。旋压机工作时，自由旋转的工件被带有动力的旋轮压紧并旋转，逐渐旋压成所需形状。旋轮的轨迹由液压缸和液压缸控制的支撑梁和滑板

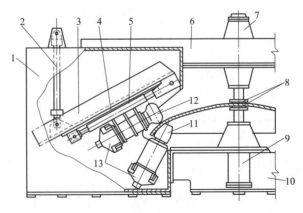

图6-26　无模单臂立式普通旋压机

1—机架；2, 5, 7, 9—液压缸；3—支撑液压缸；4—滑板；6—上梁；
8—夹紧器；10—底座；11—内旋轮；12—外旋轮；13—液压马达

的移动来确定，当支撑梁下降，同时滑板左移时，旋轮使工件边缘弯曲变形。这种旋压机结构简单，易于调整，可用两步成形法加工容器封头。由于滑板可以转动，因此易于加工其他旋压机难以加工的超薄板料。

6.3.3.2　卧式普通旋压机

A　单轮鞍座卧式普通旋压机

如图 6-27 所示，由机身、主轴变速箱、主轴、旋轮座、尾座和靠模台等构成，是典型的机床型旋压机结构。主轴采用机械变速机构，旋轮座可在 360°范围内调整旋轮的安装角，具有双坐标仿形系统。该系统由操纵手柄、感压阀、换向阀、随动阀和靠模触销等组成。靠模台装在机身中部的正面。机身后侧装有位置可调的切边刀架。操作者可用万向手柄操纵仿形仪使旋轮按预定的方向运动，以实现旋压工作。

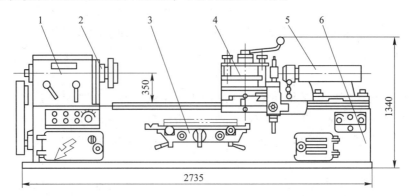

图 6-27　单轮鞍座卧式普通旋压机

1—主轴变速箱；2—主轴；3—靠模台；4—旋轮座；5—尾座；6—床身

B　无模双轮卧式普通旋压机

图 6-28 所示为无模双轮卧式普通旋压机，双轮为内旋轮和外旋轮，它们均有三个坐标轴，使得旋轮可自由地上下、左右和垂直运动。工作时，由计算机数控和自适应系统控制，以确保最佳攻角、间隙和进给比。尾顶液压缸与主轴同轴向安装，并保证足够的压紧力。坯料一次装夹便可以高精度、高效率地旋压出各种形状的中、小型中等厚度及薄壁封头。

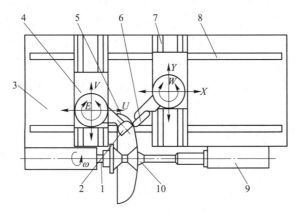

图 6-28　无模双轮卧式普通旋压机

1—主轴；2—内旋轮；3—机身；4—旋轮座；5—工件；6—外旋轮；7，8—导轨；9—尾顶液压缸；10—夹紧器

6.3.4　强力旋压机

强力旋压是在普通旋压的基础上发展而来，不但改变工件的形状，同时也减薄其厚度。因此，强力旋压机的机身、主轴、旋轮座和尾座等主要受力部件都应具有足够的刚度，旋轮座也应具有足够的纵向和横向拖动力。在大、中型强力旋压机中常采用双轮和三轮对称配置结构，以平衡其径向分力，使芯模和主轴轴承的受力均衡，以减小芯模的挠度和跳动，保证了工件的精度。强力旋压机的主轴传动功率偏大，尾顶液压缸压紧力因此也需较大，以整体提高传动部分的刚性。同理，与普通旋压机类似，强力旋压机根据主轴布置形式也可分为立式和卧式两种。

6.3.4.1　立式强力旋压机

立式旋压机具有占地面积小，芯模不会因为自重而变形，装卸工件方便等优点。但由于其地基复杂，厂房高，旋轮行程不够大和多旋轮工作时开敞性差等原因，立式强力旋压结构多用于重型旋压机上。

A　三轮三柱悬臂式强力旋压机

图 6-22 所示为国产 QX-2 型三轮三柱悬臂式旋压机，可以加工直径为 1300~2000 mm，正旋最大长度为 1100 mm，反旋为 2200 mm 的工件。机身为一个六角形大铸件，其中三面为旋轮座，一面为电动机，另两面为操作者位置。主轴由直流电动机驱动作旋转运动，同时在推力为 700 kN 的液压缸驱动下作轴向往复运动。旋轮座分别装在各自的底座上并由丝杠带动作横向调整。旋轮座间用伸缩杆连接以增强刚性。每个旋轮座都有一个横向液压缸并且具有仿形系统，旋压力为 600 kN。旋轮座可以由蜗杆副驱动，在弧形导轨中旋转 10° 角，以改变旋轮攻角。靠模支架通过连杆由主轴液压缸带动，与主轴一起沿着纵向相对于随动阀运动。

B　双轮鞍座式强力旋压机

图 6-23 所示为美国赫福特公司制造的重型双轮鞍座式旋压机，具有与龙门式切削车床相似的龙门机身，采用闭式框架结构，刚性好，旋轮选用鞍座式旋轮座，可以沿着机身导轨作纵向移动，具有方便装卸芯模及工件的特点，但受到行程短的限制，该机只适用于旋制各种直径变化较小和长度较短的大型工件。该机可加工直径和高度均不超过 1520 mm 的工件，可使 25 mm 厚的不锈钢板毛坯一次旋薄 50%，并保证直径与壁厚精度不超过 ±0.075 mm。主轴电动机功率为 50 kW，主轴采用液压马达驱动，转速为 10~400 r/min，双旋轮配置可以在轴向和径向加压力 1000 kN，进给速度为 0~1524 mm/min。当加工工件直径变化时，旋压速度不变。尾座安装于机身框架上方，向下可以产生 900 kN 压力和向下产生 450 kN 的拉力。

6.3.4.2　卧式强力旋压机

卧式强力旋压机与立式强力旋压机相反，具有占地面积大、刚性好、适于加工特长工件的特点，但是芯模易因自重而变形。卧式强力旋压机的旋轮座大多安排在主轴线四周相对位置上，其进给运动由旋轮座的移动来实现。此结构多用于中型旋压机。

图 6-24 所示为国产 QX-20 型三轮均布框架式强力旋压机，典型卧式结构，是现代筒形件加工的主要结构形式之一，可以加工直径为 50~300 mm 的工件。该机主轴采用 75 kW 的

可控硅恒功率无级调速电动机，配置齿轮变速机构，可以得到 80~240 r/min、210~630 r/min 两挡转速。旋轮座采用框架式三旋轮呈 120°均布的结构形式，旋轮座框架由三角形整体铸钢制成。旋轮纵向推力为 600 kN，横向推力为 300 kN，纵向速度由电液比例调速阀控制并有数字显示。三旋轮的横向运动采用二次仿形系统控制。多道次旋压时，可以利用主仿形阀下部的六工位转鼓机构预先调好各道次的间隙。机尾座可以侧向退出，以缩短机身长度，并且可以在电动机、丝杠的带动下作纵向运动。尾座推力为 200 kN。该机在旋轮框架前盖板上设有爪式卸件器以利于卸件。

6.3.5 特种旋压机

特种旋压机是建立在特种旋压工艺基础上，为加工某些特殊零件，如筒形件收口、带轮等而设计制造的专用旋压设备，具有特殊结构，以完成特殊工艺。特种旋压机专业性强、机械化和自动化程度高，适用于单一、少品种和大批量零件生产。与普通旋压机和强力旋压机类似，根据主轴布置形式也可分为立式和卧式两种。

6.3.5.1 立式特种旋压机

A 双轮三梁四柱式特种旋压机

图 6-29 所示为双轮三梁四柱式特种旋压机，主要专用于加工厚度较小的一、二、三槽及劈开式单槽带轮。该机由上横梁、底座与四根圆柱形导柱构成一整体框架机身。主轴传动系统装于底座内，尾顶液压缸装在上横梁上，尾顶液压缸的活塞杆与滑块连接，两个旋轮装在底座上。工作时，滑块在尾顶缸的推动下沿着导柱向下移动。两旋轮分别完成预成形和校正工步，主轴和芯模承受较大的力矩。上压头的机械限位装置可以用内偏心轮代替分瓣模。

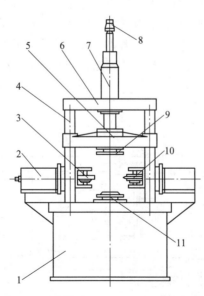

图 6-29 双轮三梁四柱式特种旋压机

1—机身底座；2—旋轮座；3，10—旋轮；4—导柱；5—滑块；6—上横梁；7—尾顶液压缸；
8—限位块；9—上压头；11—主轴

B　四轮三柱式特种旋压机

图 6-30 所示为四轮三柱式特种旋压机，专用于加工带轮，特别是多槽或厚度较大的带轮设备。旋轮座可以作前后左右移动，四个旋轮的工作顺序可以任意组合。当旋压多槽或厚度较大的带轮时，旋轮必须成对工作以抵消径向力。因为上缸力大，无机械限位，故在加工二、三槽轮时，必须采用内瓣模。

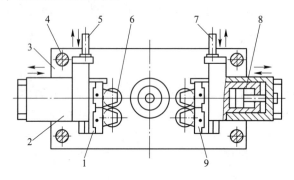

图 6-30　四轮三柱式特种旋压机

1，9—旋轮座；2，5，7，8—液压缸；3—机身底座；4—导柱；6—旋轮

6.3.5.2　卧式特种旋压机

A　双轮框架式特种旋压机

图 6-31 所示为德国 Leifeld 公司制造的 AFM600 型双轮框架式特种旋压机，为汽车轮辋的专用旋压设备，由机床式整体机身、变速箱、旋轮座和尾座等部件构成。机身的中心高为 600 mm，主轴电动机功率为 75 kW，转速为 80~110 r/min，主轴内装有液压顶出器。一对旋轮装在旋轮座内由液压缸推动，纵向作用力为 550 kN，横向压力（单个）为 500 kN。尾座装有顶紧液压缸，尾顶推力为 100 kN。工作时，将工件套入芯模，由尾顶液压缸顶紧，芯模和工件随着主轴旋转，两旋轮靠与坯料间的摩擦力带动旋转作径向仿形运动，同时，随旋轮座作纵向运动。

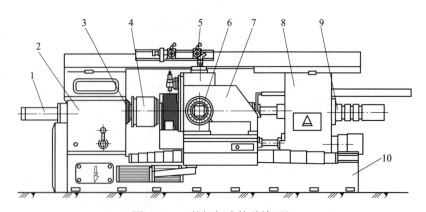

图 6-31　双轮框架式特种旋压机

1—液压顶出器；2—主轴变速箱；3—主轴；4—芯模；5—仿形装置；
6—旋轮液压缸；7—旋轮框架；8—尾座；9—尾顶液压缸；10—机身

B 内外旋轮滚压式特种旋压机

如图 6-32 所示,该机是自带加热系统,主要适用于变形程度较小的大型工件的收口工艺,由主轴轴承、转盘、旋轮座和 C 形加热炉等部件组成。结构简单,调整范围大,各旋轮座均可以前后左右移动。工作时,工件装于转盘上随主轴带动一起旋转。同时,工件需变形区域被 C 形加热炉加热,内外旋轮前进加压于工件之上使之变形。

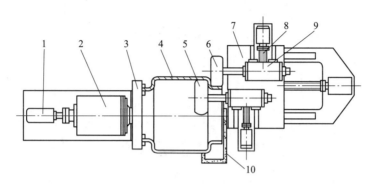

图 6-32 内外旋轮滚压式特种旋压机

1—主轴;2—主轴轴承;3—回转盘;4—工件;5—内轮;6—外轮;
7—支架;8—丝杠;9—旋轮座;10—C 形加热炉

6.3.6 旋轮设计

旋轮是旋压成形的主要工具,也是使旋压工艺取得良好效果的一个重要影响因素。其尺寸设计正确与否,决定了工件表面质量。旋轮在工作时,承受巨大接触压力、剧烈摩擦和一定温度。

旋轮结构、工作型面及尺寸,与旋压机类型和毛坯材质、形状、尺寸及变形程度密切相关。需具备足够的强度、硬度、合理的结构形状和尺寸精度。

图 6-33 为旋轮的结构形式;图 6-34 和图 6-35 为典型旋压工艺的旋轮尺寸。

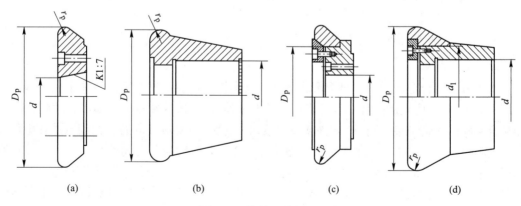

图 6-33 旋轮的结构形式

(a)(b) 整体式旋轮;(c)(d) 组合式旋轮

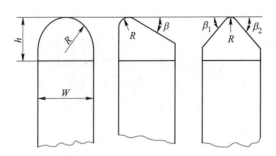

图 6-34　剪切旋压的旋轮尺寸

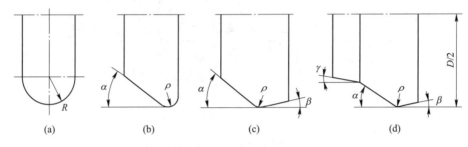

图 6-35　筒形件变薄旋压的旋轮尺寸
（a）普通变薄旋轮；（b）筒体强力旋轮；（c）剪切旋轮；（d）铝制品旋轮

6.4　旋压成形应用的工程案例

6.4.1　薄壁铝合金锥形筒体旋压成形

　　薄壁铝合金锥形筒体是航空、航天和国防领域中使用的一类旋压类零件，由于其旋压过程受多因素相互作用，例如：主轴转速、减薄率、进给率、旋轮圆角半径、旋轮工作角和旋轮安装角等，导致其成形机理复杂化，从而严重制约着该类旋压件的产量，因此有必要深入分析该类薄壁铝合金筒体强力旋压成形机理，掌握该类锥形筒体仿真过程中出现的缺陷原因和解决措施及其主要工艺参数对旋压成形质量的影响，为实际加工时产品质量的提高提供理论依据。

6.4.1.1　有限元模型建立

A　模型建立

　　对于薄壁铝合金锥形筒体强旋仿真而言，很难将实际加工过程完整表现出来，因此在采用 Abaqus 软件仿真建模时，尽可能选取符合实际生产的参数和成形环境，才能达到更加贴合实际的仿真结果。同时，也对建模做如下假设：（1）旋轮和芯模在旋压过程中不发生变形和磨损，定义芯模和旋轮为解析刚体；（2）毛坯料为各向同性材料；（3）旋轮、芯模与毛坯三者之间的摩擦完全符合库仑定律；（4）忽略尾顶部件，将毛坯与芯模接触部分采用 tie 的方式绑定，使毛坯与芯模的自由度完全一致；（5）忽略在旋转过程中产生的惯性力以及各部件的重力影响。

　　旋压成形的过程主要是通过旋压机主轴带动芯模以及毛坯进行高速旋转，旋轮加压于毛坯，使之产生逐点的塑性变形，最终成形为所需的零件形状。为了提高建模的真实性，以及考虑到旋压过程中的复杂性，在建模过程中只建立旋轮、芯模和毛坯三个部件，并且赋予它们和实际加工时一样的尺寸和接触条件。本例第一道次薄壁铝合金锥形筒体强旋三维模型如图 6-36 所示。因旋压过程分为两个道次，所以第二道次的毛坯是第一道次成形后的工件。

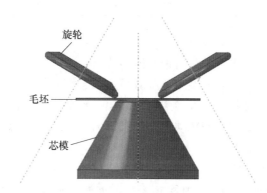

图 6-36　第一道次薄壁铝合金锥形筒体强旋三维模型

B　网格划分

本例旋压模型中只有毛坯、芯模和旋轮三种部件，其中由建模前所做的假设可知，旋轮和芯模被定义为解析刚体，毛坯视为变形体并采用 C3D8R 八结点线性六面体单元进行网格划分，单元总数为 8928 个，节点总数为 5766 个。

C　材料属性

旋轮和芯模被定义解析刚体，不需要定义材料属性。本例坯料为 2A12 铝合金，其弹性模量、泊松比和密度参数，以及真应力-应变数据采用文献 [14] 中所述结果。

D　分析步

由于锥形筒体强力旋压过程是复杂的弹塑性大变形过程，因此在分析步中将几何非线性设置为"开"，分析步时间长度根据模拟部件的不同而长短不一，依据实际情况自行设定。在动态分析过程中，由于变形体会发生较大的几何变形，很容易导致其单元格过度扭曲而造成模拟分析失败，所以通常要取足够小的时间增量步，但时间增量步越小，花费的时间就会越多，尤其对于那种较复杂的变形体，所花费的时间难以接受。对于此种情况，通常采取的两种方法是减小时间增量步或增加质量缩放，动态分析一般使用增加质量缩放，本次模拟中选取的质量缩放系数为 10000，然后在场输出管理器中设置应力应变、位移、作用力和反作用力等输出变量。

E　相互作用及约束

表 6-2 为本例模型的接触对和绑定约束，三个接触对分别是：芯模与毛坯、旋轮 1 与毛坯和旋轮 2 与毛坯，绑定约束的部分是毛坯的中心和芯模顶部部分。在 ABAQUS 中，为了避免穿透，通常将主面设置为刚性面或硬度较大的那一面，因此本例中旋轮和芯模定义为主面，毛坯定义为从面。

表 6-2　接触对和绑定约束

接触设置	主面	从面
接触对	芯模外表面	毛坯下表面（去掉绑定约束部分）
	旋轮 1	毛坯下表面（去掉绑定约束部分）
	旋轮 2	毛坯下表面（去掉绑定约束部分）
绑定约束	芯模中心部分	毛坯中心部分

F　边界条件

ABAQUS 加载载荷的方式一般有两种：位移载荷和速度载荷，位移载荷适用于锥体母线为抛物线等较为复杂的有限元模型，速度载荷适用于筒形件、锥形件母线为直线等简单有限元模型，本例选用速度载荷。模型中给定芯模一转动边界条件，旋轮沿芯模母线方向作进给运动，而旋轮绕自身轴线的转动不加约束。为了让载荷平稳地加载，为芯模的载荷定义一个光滑幅值曲线。

6.4.1.2　旋压成形结果分析

本例采用的工艺参数见表 6-3。基于该参数，对整个旋压过程中毛坯的应力应变进行分析。

表 6-3　旋压仿真工艺参数

参数	第 1 道次	第 2 道次
主轴转速 $n/\text{r} \cdot \text{min}^{-1}$	180	180
旋轮进给率 $f/\text{mm} \cdot \text{r}^{-1}$	1	0.8
坯料壁厚 t/mm	2.2	1.1
旋轮圆角半径 r/mm	5	5
旋轮安装角 $\beta/(°)$	30	17

A　应力分布

图 6-37 所示为第一道次成形过程中的等效应力分布图。等效应力呈对称分布，最大等效应力始终出现在旋轮与毛坯的接触处，而且随着旋压过程的推进在不断更换位置。在成形初期（成形 25%），旋轮前方与后方的等效应力都较大；此外旋轮对与毛坯接触处金属有碾压作用，最大等效应力始终出现在接触处。在成形中期（50%~75%），旋压过程平稳，成形区和未成形区等效应力变化范围很小，最小等效应力始终出现在锥顶和凸缘区域。在成形末期（100%），最大等效应力呈环状分布，因为随着毛坯的变形增大，旋轮与毛坯的接触由最初的点接触变为线接触。

图 6-38 所示为第二道次成形过程中的等效应力分布图。最大等效应力出现在旋轮与毛坯接触处，与第一道次相同。成形 30% 和成形 100% 的等效应力分布较为特殊，在已成形区出现了等效应力较大的情况，因为这两处是筒段与锥段的接触处，其筒面与锥面形成了一个扩张型间隙，间隙方向流动阻力较小，在旋轮的作用下部分变形区金属向已成形区流动，出现等效应力较大的情况。此外变形区等效应力值比其他区值大，是由于旋压工艺的局部加载特性决定的。

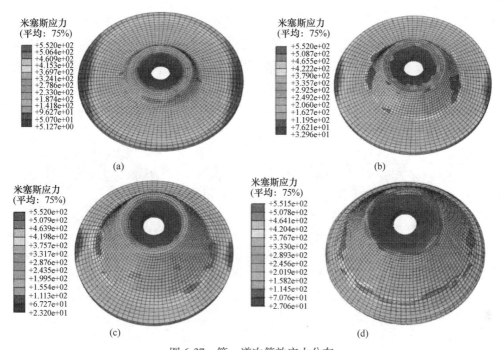

图 6-37　第一道次等效应力分布

（a）成形 25%；（b）成形 50%；（c）成形 75%；（d）成形 100%

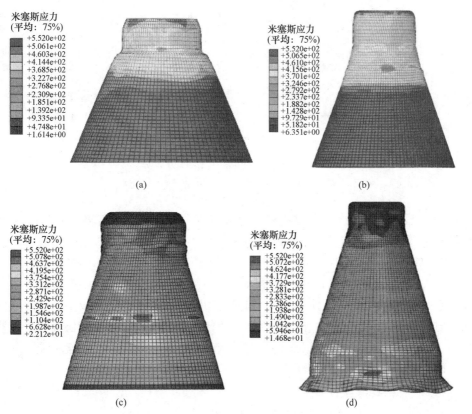

图 6-38　第二道次等效应力分布

（a）成形 10%；（b）成形 30%；（c）成形 60%；（d）成形 100%

B 应变分布

图 6-39 所示为第一道次成形过程中的等效应变分布图，在整个旋压过程中呈环状分布，并随着旋压进程的推进，等效应变值逐渐增大。最大等效应变分布在旋轮与毛坯接触处，这是由于旋轮对毛坯进行拉弯和剪切共同作用的结果，此外毛坯已成形区域等效应变也较大，是因为在剪切旋压过程中，部分变形区金属向已成形区流动，已成形区承受附加的拉伸变形，从而导致其等效应变值较大。

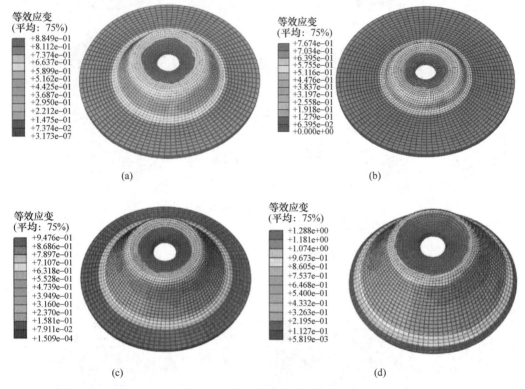

图 6-39　第一道次等效应变分布

（a）成形 25%；（b）成形 50%；（c）成形 75%；（d）成形 100%

图 6-40 所示为第二道次成形过程中的等效应变分布图，最大等效应变出现在旋轮与毛坯接触处，且呈环状分布，与第一道次相同。不同于第一道次等效分布的是在成形 30% 处和成形 100% 处，出现了两条等效应力较大值环，一条是旋轮与毛坯接触处，这是因为旋轮对毛坯进行拉弯和剪切共同作用的结果，另一条是筒段与锥段接触处，这是因为此处由筒面和锥面相连形成了扩张型间隙，金属向此间隙方向的流动阻力较小，从而部分变形区金属流向了此间隙，已成形区承受其附加的拉伸变形，导致等效应变值较大。此外，在成形后期（成形 100%），已成形区等效应变逐渐降低，呈均匀分布趋势，这是由于已成形区加工硬化使其塑性降低，金属变形困难导致的。

6.4.1.3　常见缺陷分析

图 6-41 所示为第一道次旋压过程中产生的凸缘失稳现象。经过分析发现，是由于在锥形件剪旋过程中，毛坯处于正偏离状态，此时毛坯的实际壁厚大于理论壁厚，毛坯有附

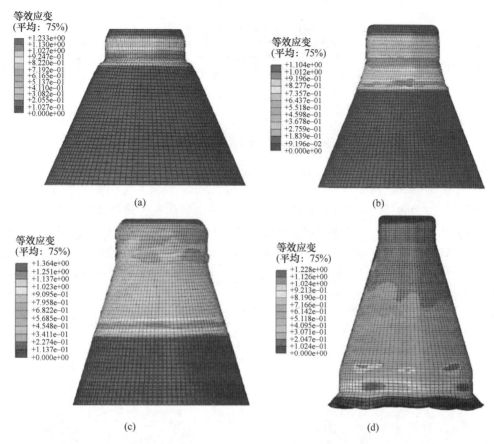

图 6-40　第二道次等效应变分布

(a) 成形 10%；(b) 成形 30%；(c) 成形 60%；(d) 成形 100%

加的拉伸变形，随着成形的推进，毛坯周向应力逐渐增大，导致未成形区在圆周方向产生塑性应变，进而毛坯凸缘产生失稳现象。为防止缺陷的再次发生，可通过选择合理的进给率和严格遵守正弦定律来克服毛坯凸缘失稳。

图 6-41　锥顶处产生凸缘失稳现象

此外，锥形筒体在旋压成形过程中出现反挤的缺陷，如图 6-42 所示。因为在剪切旋压过程中，随着旋轮沿芯模母线的方向前进，毛坯逐渐贴膜并减薄，此时变形区金属形成一个分流面，一部分金属向前流动与旋轮运动方向相同，有利于旋压的继续进行，另一部分金属向后流动与旋轮运动方向相反，随着成形的推进，在锥顶处产生反挤现象。通过对仿真工艺参数的反复分析发现，解决这一缺陷的措施是减小芯模与毛坯之间摩擦系数并且芯模内表面进行自接触设置。

进行第二道次旋压加工时，所用坯料为预成形锥形毛坯，因而在筒段成形过程中毛坯

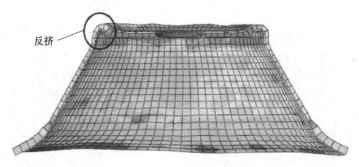

图 6-42　毛坯起皱现象

主要受轴向拉应力和环向压应力，轴向拉应力使坯料沿轴向发生伸长变形，环向压应力使坯料在受到力的作用下发生缩颈现象，但过大的轴向拉应力会使已成形筒面产生裂纹缺陷，过大的环向压应力会使筒面与旋轮的接触部位发生起皱现象，如图 6-43 所示。这主要是由于旋压工艺参数不合理造成的，经过分析发现是旋轮进给率设置较大，使轴向拉应力和环向压应力增加，导致已成形坯料被拉薄，并且旋轮与坯料接触周围产生波浪形起皱。

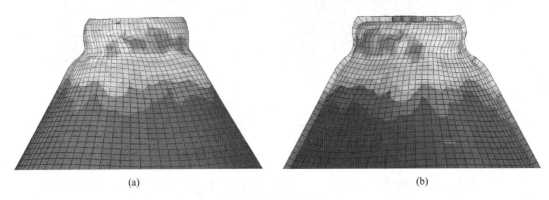

图 6-43　起皱现象
（a）筒段起皱正视图；（b）筒段起皱剖视图

6.4.2　铝合金汽车轮毂旋压成形

在倡导节能环保、绿色出行的背景下，汽车的轻量化设计显得非常重要。铝合金轮毂能够起到轻量化、节约能源、降低成本的作用。铝合金轮毂拥有良好的散热性能和较高的强度，正慢慢替代钢制轮毂。与传统反重力铸造轮毂相比，采用旋压成形工艺进行轮毂的加工成形综合了锻造等加工的特点，具有少、无切削、节约材料等优点，将会被越来越多地应用到汽车行业中，尤其是用来进行铝合金车轮轮毂的加工。

6.4.2.1　旋压成形工艺分析

旋压加工的首要问题就是旋压工艺的分析。只有根据实际需求，确定生产任务后，对毛坯、旋压工艺参数等因素进行综合考虑，才能制订出最佳工艺方案。

A 实验材料

能够用于旋压的材料种类是非常多的。对于铝合金轮毂旋压来说，只有选择合适的材料型号，才能更好地满足加工精度及性能要求。本次实验材料选用的为 7A04 铝合金。7A04 铝合金是超硬铝当中研究发展相对比较成熟、应用范围比较广的合金，广泛用于飞机蒙皮、起落架等的制作。实验用旋压毛坯及模具等如图 6-44 所示。

(a)　　　　　　　　　(b)　　　　　　　　　(c)

图 6-44　旋压毛坯及模具等

（a）铝合金坯料；（b）实验芯模；（c）实验旋轮

B 工艺装备设计

旋轮的主要参数有圆角半径、旋轮直径等，本例选择 R45 的旋轮，如图 6-44（b）所示。芯模是旋压中的另一个重要的工艺装备。外旋压时，芯模的外表面需要和旋压工件内表面直接接触，芯模表面会承受很大的局部作用力，产生很大的摩擦，本例的芯模采用 H13 钢（按尺寸要求加工得到），如图 6-44（c）所示。

C 工艺参数选择

主要的旋压工艺参数有主轴转速、进给量等。由于旋压件要求的尺寸较大，实验中选择的主轴转速为 50 r/min。进给量指的是旋轮在芯模每转一圈的时间内，沿着芯模母线移动的距离。当进给量较大时，对于旋压件的贴膜是有利的；当进给量较小时，则有利于旋压件表面光洁度的提高。因此，实验中选择的进给速度为 100 mm/min。

6.4.2.2　旋压成形实验

A 旋压工艺流程

为了顺利完成铝合金轮毂的旋压成形，并保证其性能，选择了热旋压的方式，这就需要对坯料和芯模进行预加热。当预热温度达到要求，把坯料安装于芯模上，利用尾顶压紧。安装完成后，在主轴的带动下，装有坯料的芯模开始回转，旋轮按照设定的轨迹线，在程序控制下进行旋压。铝合金轮毂成形后，旋轮退回初始位置，旋压加工完成；尾顶退回，借助于安装在主轴中的液压顶出器将旋压好的铝合金车轮轮毂工件从芯模上顶下来。

坯料采用加热炉进行预热，预热温度为（380±30）℃。芯模模具是采用乙炔火焰枪进行的预热，模具预热到约 200 ℃。通过预热处理，可以使得坯料整体的加热比较均匀，有效避免由于芯模或机床对于坯料内表面的吸热而导致热量流失。

为了减少旋压中的摩擦阻力，改善旋压件加工表面质量，更好地控制温度，选择人工用毛刷将二硫化钼润滑剂直接涂刷在旋轮上进行润滑。使用乙炔火焰枪对工件加热来进行温度补偿，采用手持式测温仪进行温度的实时监控，保证温度均衡性。

B   旋压实验过程

旋压实验过程如图 6-45 所示，坯料固定在芯模上，旋轮固定在旋轮架上，主轴带动坯料一起旋转。等到坯料和旋轮接触以后，在摩擦力作用下，旋轮开始作自转运动；在程序的控制下，按照编写的轨迹线运动，进行旋压件的旋压成形。整个过程中坯料一直保持加热状态，直至成形结束。

(a)   (b)   (c)

图 6-45   旋压实验过程
(a) 初始加热；(b) 坯料压倒；(c) 初步成形

C   旋压结果分析

完成第一次的旋压后，发现旋压件的边缘还是出现了开裂的现象，如图 6-46 所示。分析认为是在旋压过程中，该部分旋压材料没有能够完全贴模，虽然仍在旋轮的作用下向前延伸，但是材料内部是处于承受拉应力的状态，而不是承受压应力。

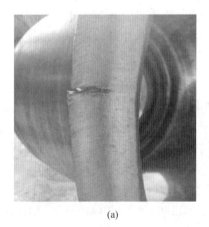

(a)   (b)

图 6-46   旋压成形件
(a) 旋压破裂；(b) 处理后成形件

针对出现的开裂问题，对旋压的旋轮进给率、减薄率等参数进行了适当的调整，以减小旋压变形区的坯料厚度，进而能够达到避免开裂的目的。调整之后，继续旋压成形，最终旋压成形件没有出现此类的开裂等缺陷，机加工后的旋压件如图 6-46（b）所示。测量发现旋压件的加工尺寸在允许范围内，成形效果较好，达到了预期目标，满足了成形质量要求。

6.4.3 大型火箭贮箱封头旋压成形

大型运载火箭、远程导弹等航天高端装备要求大运力、低能耗、远射程、长寿命，这就要求其关键构件具有高性能、轻量化和高功效，铝合金大直径薄壁燃料贮箱封头类大型薄壁异型曲面构件就是其中一类重要的典型代表。然而，这类构件成形复杂，当前我国该类构件主要采用分瓣冲压和拼焊的复合成形制造方法。这种成形方法不仅工艺装备复杂、制造周期长、成本高，而且难以保证最终构件的成形精度和可靠性。相比之下，旋压加工为铝合金大型薄壁异型曲面封头的高性能整体成形提供了一种可能的途径，成为成形该类构件的重要方法。

6.4.3.1 应力应变场分布

通过建立铝合金大型薄壁异型曲面封头壳体旋压成形有限元模型，模拟得到了应力应变场分布与变化规律。模拟过程中的旋轮安装角为 25°，芯模转速为 80 r/min，进给比为 1 mm/r。图 6-47 为铝合金大型异型曲面封头旋压过程中等效应力的分布与变化。旋压初期，等效应力集中区（黑框区域）出现在旋轮与板坯的接触区域；随着旋压过程的进行，应力集中区向四周扩散，并呈环状分布在已旋区和未旋区的交界处 [见图 6-47（c）]；旋压中期，在已旋部分球形段和锥形段的交界处也出现了明显的应力集中 [见图 6-47（d）]，表明该区域容易出现破裂；在成形后期 [见图 6-47（e）和图 6-47（f）]，应力分布趋于均匀。在整个成形过程中，由于变形抗力的增加，等效应力最大值呈逐渐增大趋势。

图 6-48 所示为等效应变的分布与变化规律。成形初期，由于旋轮的碾压作用，旋轮附近区域的板料为大变形区，且呈非常规则的圆环状分布 [见图 6-48（a）～图 6-48（c）]。随着旋压进程的进行，环带状大变形区逐渐增大，且变形区外缘从起初严格的圆环状逐渐向不规则的多边形转变 [见图 6-48（d）～图 6-48（f）]。该变形特征表明，在旋压变形的中后期，由于未旋凸缘部分毛坯剧烈摆动和不贴模程度的增加，坯料环向变形的不均匀程度增加。这种不均匀变形容易导致成形后构件开口端椭圆度的增加和加剧工件的不贴模程度。

6.4.3.2 凸缘起皱的预测与控制

凸缘起皱是旋压加工时最重要的缺陷形式之一，严重影响着材料的流动性和产品的质量。凸缘起皱的实质是旋轮作用区凸缘板料的周向压缩失稳，倘若凸缘区的周向压应力超过了临界周向压应力，凸缘将发生皱褶。本例采用能量法推导了普旋时毛坯凸缘失稳起皱临界周向压应力的计算表达式，见式（6-1）。

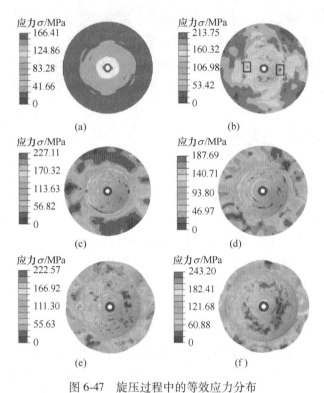

图 6-47　旋压过程中的等效应力分布

（a）0%；（b）20%；（c）40%；（d）50%；（e）60%；（f）70%

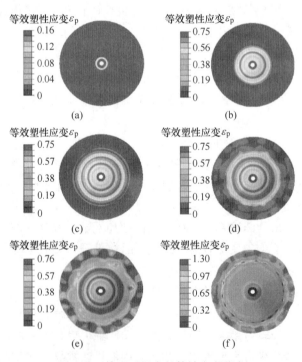

图 6-48　旋压过程中的等效应变分布

（a）0%；（b）20%；（c）40%；（d）50%；（e）60%；（f）70%

$$\sigma_{\theta cr} = \frac{E_0 t^2}{9 r_1^2} \cdot \frac{\left(1 - \mu + \frac{1}{8} N_i^2\right)(1 - m^2) + 2\left[\left(1 - \frac{1}{4} N_i^2\right)(1 - m)\right] - \frac{4}{N_i^2}\left(1 - \frac{1}{4} N_i^2\right)^2 \ln m}{-\ln m - \frac{2 - 2m}{m} + \frac{1 - m^2}{2m^2}}$$

(6-1)

式中，E_0 为广义折减模数；r_1 为芯模半径；t 为板料厚度；μ 为材料泊松比；m 为拉深系数，$m = r_1 / r_0$，r_0 为坯料半径；N_i 为皱波个数。

将式（6-1）作为毛坯凸缘失稳起皱的判据，通过相同条件下（半锥角 60°，进给比 1 mm/r）的无芯模普旋试验验证了模型的可靠性（见图 6-49）。随着坯料相对直径和旋轮圆角半径的增加，凸缘处的周向压应力逐渐增大，但接近于临界状态时，旋轮圆角半径的增大更容易引起凸缘起皱；坯料相对厚度对凸缘处的周向压应力的影响不大，但厚度越大，坯料抵抗失稳起皱的能力越强；当采用圆弧曲线作为旋轮运动轨迹时，凸缘处的周向压应力随着旋轮运动轨迹曲率半径的增加而增大。因此，普旋时应选择较小的坯料相对直径、旋轮圆角半径以及较大的坯料相对厚度，以防止凸缘起皱的产生。

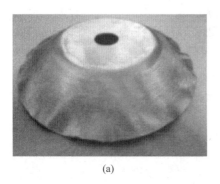
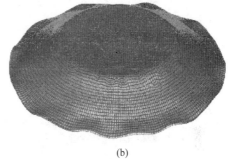

(a)　　　　　　　　　　　　　　(b)

图 6-49　薄壁壳体普旋过程中的凸缘起皱
（a）实验结果；（b）模拟结果

6.4.3.3　板坯尺寸波动的影响

大型薄壁异型曲面构件旋压采用的铝合金板坯一般通过冷轧获得。坯料的壁厚波动对塑性变形区金属的应力应变状态有着重要的影响，应力应变状态又决定着成形过程中金属的流动特征，进而影响构件成形质量。为了定量研究壁厚波动对成形质量的影响，首先构造了 t_0、t_1 和 t_2 三种壁厚在不同范围内随机波动的坯料。其中，t_0 表示壁厚波动为 0 mm，即无波动的理想坯料；t_1 表示壁厚波动为 ±0.1 mm，即壁厚范围为（$t_0 \pm 0.1$）mm；t_2 表示壁厚波动为 ±0.2 mm，即壁厚范围为（$t_0 \pm 0.2$）mm。然后，基于有限元数值模拟方法，分析了相同工艺参数（旋轮安装角 25°，芯模转速 40 r/min，旋轮进给比 1.5 mm/r）条件下，不同壁厚波动幅值的坯料对构件旋压成形过程的影响规律。结果表明，在成形中后期，随着壁厚波动幅值的增加，旋压件凸缘的摆动幅度增加，如图 6-50 所示。当壁厚波动增加到一定程度时还可能导致凸缘后倾现象的产生［见图 6-50（c）和图 6-50（f）］。凸缘后倾容易导致坯料包裹旋轮，严重时会使得成形过程无法继续进行。

同时，通过分析不同壁厚波动幅度的坯料成形后的构件在不同路径上的壁厚分布（见

图 6-51)，研究了壁厚波动对铝合金大型薄壁异型曲面封头旋压件成形壁厚的影响规律。研究表明，坯料壁厚波动程度与成形后构件的壁厚波动程度呈正相关。

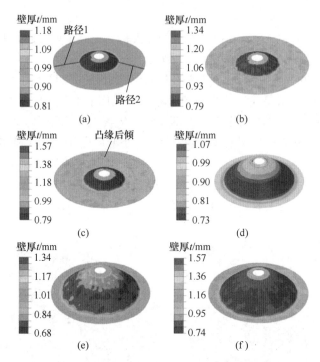

图 6-50　不同壁厚波动的坯料在旋压过程中的壁厚分布

（a）t_0-40%；（b）t_1-40%；（c）t_2-40%；（d）t_0-80%；（e）t_1-80%；（f）t_2-80%

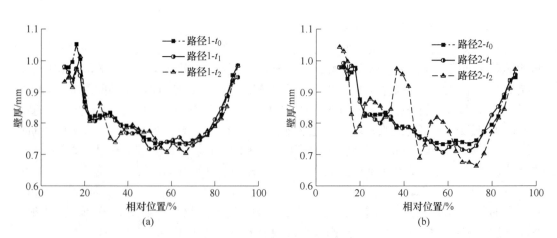

图 6-51　壁厚波动幅值不同的坯料对应的成形构件壁厚

（a）路径 1；（b）路径 2

思 考 题

6-1 简要说明旋压成形工艺的原理及金属流动特点。

6-2 旋压成形的工艺种类及设备有哪些?

6-3 试分析旋压成形工件的受力状态,说明其为什么属于局部加载塑性成形。

6-4 查阅文献资料,举例说明神舟十五号火箭贮箱封头所采用的典型旋压成形工艺。

7 环件辗扩成形

环形零件如轴承套圈和法兰等，是我国高铁装备、大型风电机组、航空航天、高端特种船舶、高档精密数控机床和国防装备等重大装备制造工业领域中典型的承载、连接、传动关键构件，品种多，用量大，用途广，如图 7-1 和图 7-2 所示。长期以来，我国大型环

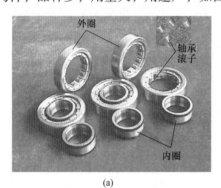

（a）　　　　　　　　　　　　　（b）

图 7-1　环形零件

（a）轴承套圈；（b）连接法兰

（a）　　　　　　　　　　　　　（b）

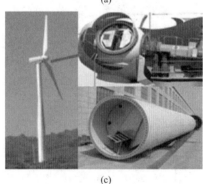

（c）　　　　　　　　　　　　　（d）

图 7-2　环形零件的应用领域

（a）汽车轴承套圈；（b）飞机起落架轮毂；（c）风电塔筒法兰；（d）支撑滚道

形零件（通常外径尺寸为 $\phi200\sim9000$ mm、壁厚尺寸为 $30\sim100$ mm）的生产研发能力还很薄弱，随着"中国制造 2025"战略的实施，重点开展了高速铁路、大型运载火箭、风力发电和高档精密数控机床等重大装备制造领域中关键核心零部件、构件的研发与制造，预示着重大装备对环形零件构件特别是国产轴承套圈和风电法兰等的需求与日俱增，并对环件构件的高可靠性、长寿命等性能质量也提出了更高要求。

7.1 环件辗扩成形原理

7.1.1 环件辗扩成形原理分析

利用辗环机辗扩成形是环件生产的先进制造工艺，是一种连续局部塑性成形先进技术，尤其是对于大型环件生产，辗扩成形工艺是其他生产工艺无法替代的。环件辗扩成形包括径向辗扩和径-轴向辗扩两种，成形原理，如图 7-3 和图 7-4 所示。径向辗扩的主动辊是主要驱动装置，以固定的圆心做主动旋转运动，为辗扩成形提供主要动力。芯辊为提供径向进给量，同时在摩擦力作用下做被动旋转运动，使径向空隙减小，以达到环件壁厚减小的效果。导向辊按指定的轨迹运动和做被动旋转运动，同时为环件提供一定的抱紧力，为环件的圆度提供了重要的保证，使环件能够稳定均匀地长大，避免出现塑性失稳、严重畸形、报废等辗扩现象，并且，当环件辗扩后尺寸达到成品尺寸时，导向辊发出信号，辗扩运动结束。径-轴向辗扩的主动辊、芯辊和导向辊的作用与径向辗扩类似，上、下端面锥辊为环件径-轴向辗扩提供轴向进给量，同时也能消除径向辗扩所引起的端面缺陷，使环件径-轴向端面都平整，提高表面质量。

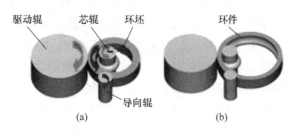

图 7-3　环形零件径向辗扩原理

（a）辗扩开始；（b）辗扩结束

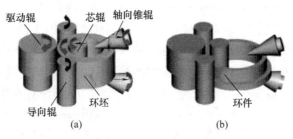

图 7-4　环形零件径-轴向辗扩原理

（a）辗扩开始；（b）辗扩结束

环件辗扩成形的主要特点：

（1）变形非均匀性。径-轴向发生压缩变形，周向扩张，宽度和高度方向出现宽展。

（2）连续渐变成形。随着压下量增加，壁厚逐渐减小，每转压下量小，且连续进行。

（3）多道次辗扩。经过连续、反复多次辗扩，小变形逐渐累积，直到预定尺寸。

（4）非线性。成形过程非常复杂，存在材料、几何、物理及边界条件非线性，环件外径增长率与进给速度间也存在非线性。

（5）非对称性。辗扩成形过程中，驱动辊和芯辊直径不相等，驱动辊是主动旋转，芯辊从动，环件变形区分布是非对称的。

（6）非稳态成形。变形区几何形状不断发生变化，几何边界条件比较复杂且不稳定，变形力学条件变化也不稳定，并且不断变化。

环件辗扩成形过程具有非稳态、非对称、高度非线性和三维连续渐进变形等特征，而热辗扩过程的传热—变形—组织演变耦合行为使得环坯材料在多场、多因素作用下经历了非对称、多道次局部连续加载与卸载的不均匀塑变和微观组织演变的复杂过程，对环件的变形、显微组织以及力学性能影响显著。近年来，随着装备制造业的发展，环件的生产规格不断扩大，品种不断增加，对于环件生产的工艺、装备和整个生产流程都提出了新的挑战。

7.1.2　铸坯环件辗扩成形工艺

热辗扩成形技术不仅是大型运载火箭仓体、风电法兰、核电反应堆及石油化工容器等高端装备向着安全、轻量、重载和长寿命方面发展的迫切需求，也是环件制造向着先进、高效及绿色制造方向发展的必然趋势。然而，目前我国大型环件的研发与制造技术还比较落后，现有的环件制造工艺流程冗长、复杂（见图7-5）。该工艺热辗扩前的开坯、镦粗和冲孔等工序都是高能耗的热加工过程，需要多次反复加热（至少3次），能源消耗巨大，CO_2等污染气体排放严重，镦粗和冲孔工序增加了设备投资，冲孔过程又造成严重的材料浪费，严重制约了国产高性能环件构件等高端装备的绿色制造生产，也不利于我国现阶段倡导的装备制造业节能减排和高效低碳制造目标的实施。为此，迫切需要发展大型环形零件构件的先进塑性成形理论与技术，开发其制造过程新工艺，实现高效、低成本、低碳、节能节材生产，提高环件零件构件的产品质量与性能，必将具有重要的理论意义和实用价值。

针对环形零件等装备制造业领域节能节材和高效低碳生产与技术创新的迫切要求，太原科技大学李永堂教授带领的科研团队开发了一种环形零件短流程铸辗复合精确成形制造技术，工艺流程为冶炼浇铸、环形铸坯、加热、热辗扩，如图5-23所示。

该新工艺利用环形铸坯直接辗扩，省去了现有工艺中的镦粗、冲孔工序，与传统工艺相比，是一种高效、节能、节材、排放低的新的环形零件生产工艺，特别是对大型环件，具有显著的经济效益、社会效益和广阔的推广应用前景。然而利用环形铸坯直接辗扩成形环形零件是一种全新的工艺技术，省去了现有工艺的锻造、镦粗和冲孔等制坯工序，也会相应地面临许多关键技术和科学问题。首先要研究金属冶炼和环形铸坯凝固理论与铸造工艺，为辗扩成形提供良好的铸坯。尤其是铸坯环件辗扩成形工艺中，要同时实现"成形"和"成性"的双重目的，成形后的环形零件在满足尺寸精度要求的同时满足力学性能要求。

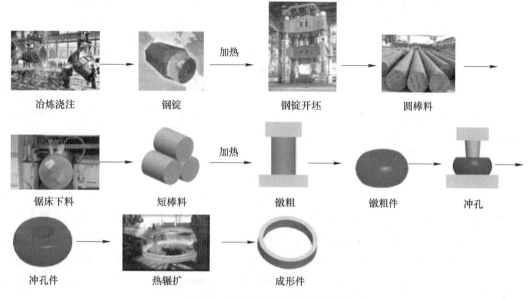

冶炼浇注　　　　钢锭　　　　　钢锭开坯　　　　圆棒料

锯床下料　　　　短棒料　　　　镦粗　　　　镦粗件　　　　冲孔

冲孔件　　　　热辗扩　　　　成形件

图 7-5　传统环形零件生产流程

7.1.3　铸坯环件辗扩成形关键技术

传统的热辗扩工艺是利用棒料加热镦粗、冲孔制成环形毛坯（此时为锻态组织）后的余热进行辗扩，开坯可以消除钢锭表层缺陷，随后的镦粗和拔长工序将有效地改善偏析、闭合疏松，以及细化晶粒组织；冲孔工序则可将钢锭芯部铸造缺陷集中的区域一次性彻底清除，环形毛坯经过这两次高温塑性变形内部质量已经得到很大程度的改善，为随后的热辗扩工艺提供了良好的预备组织，在热辗扩成形过程中，主要考虑环件的尺寸精度和生产效率。利用铸造环坯直接进行热辗扩时，由于铸态组织比较粗大，分布不均匀，且可能存在着缩孔、疏松和裂纹等铸造缺陷，在热辗扩过程中不仅要保证环件的形状尺寸，更重要的是通过塑性变形来改善铸态组织、细化晶粒和消除铸造缺陷。

热辗扩塑性成形后晶粒的大小主要由再结晶晶粒的大小决定，而再结晶晶粒大小取决于再结晶形核速度和再结晶程度。因此，研究热辗扩成形过程中再结晶机制的一个重要目的就是通过控制辗扩工艺参数，使环件得到细小而均匀的再结晶晶粒，有助于提高辗扩成形件的屈服强度、疲劳强度、冲击韧性和塑性等力学性能。

利用铸造环坯直接进行辗扩，在运动学和动力学方面与基于锻态环坯基本没有区别，武汉理工大学对环件辗扩过程运动学和动力学有着深入的研究，并编写《环件轧制理论和技术》一书。这方面研究成果可直接为环件短流程制造技术研究提供理论依据。该书中将环件的辗扩过程分为咬入、稳定辗扩和精整三个阶段，并根据静力学理论对环件的咬入过程、锻透状态和塑性弯曲失稳情况进行了研究，建立了相应的物理力学模型、条件等，提出了环件辗扩时的静力学规律和机制，而基于环形铸坯辗扩与锻坯辗扩在组织与性能控制方面往往会有所不同。

7.1.3.1　环件的旋转运动及其对铸态组织演变的影响

在辗环机中，驱动辊的旋转由电机和减速机带动，转速不可调，当驱动辊选定后，其半径就成为确定值，辗扩过程中驱动辊给出的线速度是定值。假设环件与驱动辊的接触面之间为纯滚动（没有滑动），即环件外圆与驱动辊外圆的线速度相同，可知：

$$2\pi R n = 2\pi R_{\mathrm{D}} n_{\mathrm{D}} \tag{7-1}$$

$$n = \frac{R_{\mathrm{D}}}{R} n_{\mathrm{D}} \tag{7-2}$$

式中，R 为环件辗扩瞬时外圆半径，mm；n_{D} 和 n 分别为驱动辊和环件的转速，r/min；R_{D} 为驱动辊半径，mm。

环件半径为 R 时，旋转一周所需的时间为：

$$t = \frac{60R}{R_{\mathrm{D}} n_{\mathrm{D}}} \tag{7-3}$$

当驱动辊半径和转速不变时，环件旋转一周所需的时间与环件的外半径 R 成正比。环件的外半径 R 随着辗扩的进行不断增大，环件旋转一周的时间会随着半径的增加而不断增长。环件进入咬合区的时间很短，环件旋转一周的时间近似等于环件热变形后的间歇时间。但是环件旋转一周的时间较短，一般仅为几秒，间歇时间的增长只能使再结晶百分数增加，而不能保证发生完全的再结晶。

7.1.3.2　环件直径扩大运动及其对铸态组织演变的影响

辗扩过程中，环件主要发生径向减薄，周向伸长的变化。对于径-轴向辗扩，径向变形区不仅发生径向的减薄和周向伸长，还会发生轴向的展宽。当轴向展宽转到轴向辗扩辊区域时又被消除，以保证环件轴向端面的平整。

在径-轴向辗扩中，环件塑性变形遵循体积不变原理。环坯的外径、内径、壁厚和高度分别为 D_0、d_0、H_0、B_0，在辗扩中的环件瞬时外径、内径、壁厚和高度分别为 D、d、H、B，则由体积不变条件得：

$$\frac{\pi}{4}(D_0^2 - d_0^2)B_0 = \frac{\pi}{4}(D^2 - d^2)B \tag{7-4}$$

壁厚 $H_0 = (D_0 - d_0)/2$，代入式（7-4）得环件直径表达式为：

$$D = \frac{B_0 H_0}{2BH}(D_0 + d_0) + H \tag{7-5}$$

如果辗扩时轴向不发生变化，可以得出：

$$D = \frac{D_0 + d_0}{2}\frac{H_0}{H} + H \tag{7-6}$$

$$D_i = \frac{D_0 + d_0}{2}\frac{H_0}{H_i} + H_i \tag{7-7}$$

$$D_{i+1} = \frac{D_0 + d_0}{2}\frac{H_0}{H_{i+1}} + H_{i+1} \tag{7-8}$$

所以第 i 转环件的长大量为：

$$\Delta D = D_{i+1} - D_i = \frac{(D_0 + d_0)H_0}{2}\left(\frac{1}{H_{i+1}} - \frac{1}{H_i}\right) + (H_{i+1} - H_i) \tag{7-9}$$

$\dfrac{\mathrm{d}H}{\mathrm{d}t}=-v$，将上式对时间求导可得到：$v_\mathrm{D}=\dfrac{\mathrm{d}D}{\mathrm{d}t}$。

环件直径长大速度为：

$$v_\mathrm{D}=\left(\frac{D_0+d_0}{2}\frac{H_0}{H^2}-1\right)v \tag{7-10}$$

$$d=D-2H$$

$$v_\mathrm{d}=v_\mathrm{D}+2v$$

辗扩过程中环件的内径扩大速度总是大于外径扩大速度，差值为芯辊直线进给速度 v 的 2 倍。在环件辗扩中，环件的壁厚并不是一致的，而是渐变式的，瞬时壁厚最小的地方为 $H=H_0-vt$，壁厚最大处为 $H=H_0-vt+\Delta H$。实际上，当时间为 t 值时，只有径向辗扩孔型内的环件壁厚，为 $H=H_0-vt$，因此环件直径的长大速度会小于上式所计算的长大速度。

由式（7-10）可知，环件直径的扩大速度与芯辊的直线进给速度成正比，但是当芯辊进给完成的精整阶段，芯辊进给速度为零。为了保证环件的圆度，在芯辊停止进给后，辗扩过程还应继续对环件进行整圆，这时候虽然芯辊进给速度为零，但是对环件来说，依然有进给量，所以在这个过程中环件依然会有长大。

如果芯辊进给速度为定值，有：

$$H=H_0-vt \tag{7-11}$$

$$v_\mathrm{D}=\left[\frac{D_0+d_0}{2}\frac{H_0}{(H_0-vt)^2}-1\right]v \tag{7-12}$$

环件直径扩大，壁厚减薄，使得在同样进给量的情况下，环件的变形更容易穿透整个环件，环件中层的应变随之增大，更容易达到材料发生再结晶所需的应变量，所以铸坯环件辗扩组织的演变（特别是环件中层的组织）应该发生在辗扩的后期，即随着环件直径的长大，环件壁厚减薄，而每转进给量增加，环件中层的应变量会不断增加，使得组织发生再结晶，使晶粒细化。

7.1.3.3　环件转动咬入条件分析

无论是传统的锻坯辗扩还是新工艺中的铸坯辗扩，连续咬入孔型是环件在辗扩过程中转动并实现直径稳定增大的必要条件。咬入孔型的力学模型，如图 7-6 所示。

由文献中推导，接触弧长 L 为：

$$L=\sqrt{\dfrac{2\Delta h}{\dfrac{1}{R_1}+\dfrac{1}{R_2}+\dfrac{1}{R}-\dfrac{1}{r}}} \tag{7-13}$$

由上式可以看出，对确定的 Δh 值，接触弧长 L 是 R_1、R_2 的增函数，即 L 随着 R_1、R_2 的增大而增大。

环件咬入孔型与每转进给量的关系为：

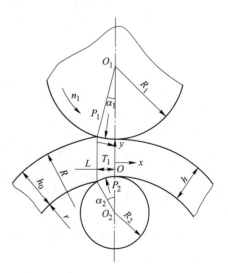

图 7-6　环件咬入孔型力学模型

$$\Delta h \leqslant \Delta h_{\max} = \frac{2\beta^2 R_1^2}{(1 + R_1/R_2)^2}\left(\frac{1}{R_1} + \frac{1}{R_2} + \frac{1}{R} - \frac{1}{r}\right) \tag{7-14}$$

上式是咬入孔型所要满足的条件，即每转进给量小于等于最大每转进给量。

在铸坯热辗扩中为了使环件中层晶粒得到细化，环件辗扩时芯辊可采用定速进给甚至加速进给，使得每转进给量随着环件直径的长大而越来越大，因此在计算时不能只考虑开始辗扩时的咬入条件，而应考虑最大进给速度辗扩过程中不一定能满足 $\Delta h \leqslant \Delta h_{\max}$，还需要对每转进给量为最大值时的咬入条件进行计算。

7.1.3.4　环件辗透条件分析

要使环件实现直径增大，壁厚减薄，环件辗扩中必须满足辗透条件，使环件中层的材料发生塑性变形，随内外层材料同时长大。图 7-7 所示为环件辗扩辗透。

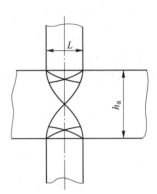

在有限高度块料拔长中，根据滑移线理论可求得环件辗透条件为：

$$\frac{L}{h_a} \geqslant \frac{1}{8.74} \tag{7-15}$$

式中，L 为环件接触弧长；h_a 为环件辗扩变形区的平均壁厚：

$$h_a = \frac{h_0 + h}{2} = h + \frac{\Delta h}{2} \approx h = R - r \tag{7-16}$$

图 7-7　环件辗扩辗透

整理得环件辗透条件与进给量的关系为：

$$\Delta h \geqslant \Delta h_{\min} = 6.55 \times 10^{-3} R_1 \left(\frac{R}{R_1} - \frac{r}{R_1}\right)^2 \left(1 + \frac{R_1}{R_2} + \frac{R_1}{R} - \frac{R_1}{r}\right) \tag{7-17}$$

式中，$\Delta h_{\min}$ 为环件辗透所要求的最小每转进给量，表明要使环件辗透产生壁厚减小、直径扩大的辗扩变形，则环件辗扩成形过程中的每转进给量不得小于辗透所要求的最小每转进给量。随着辗扩过程的进行，环件壁厚减小，塑性区穿透壁厚所要求的每转进给量减小，即只要环件在初始阶段能够辗透，则塑性区在整个辗扩过程中都可以穿透壁厚。在锻坯辗扩时，在式（7-14）和式（7-17）的范围内取进给量，就可以稳定完成环件的辗扩过程。即：

$$\Delta h_{\min锻} \leqslant \Delta h \leqslant \Delta h_{\max锻} \tag{7-18}$$

式中，Δh 为每转进给量；$\Delta h_{\max锻}$ 为符合咬入条件的最大每转进给量；$\Delta h_{\min锻}$ 为符合辗透条件的最小每转进给量。

在铸坯辗扩时，由于铸坯没有经过锻造，虽然先进的冶炼和凝固工艺可以提高铸坯质量，但内部组织和力学性能都远劣于锻造坯料。进给量的选取还应考虑是否能将环件中间的组织充分细化和均匀化，使之力学性能满足使用要求。因此，环件能够辗透只是必要条件，环件辗透并不能保证铸坯材料能从铸态转化为锻态，铸坯辗扩需要有更良好的辗透条件。

环件热辗扩中，材料并不是均匀变形。环件辗扩时变形区域的大变形区集中在与驱动辊和芯辊接触的内外层区域，如果进给量较小，当每转进给量小于 Δh_D，则塑性变形不能充分扩展，在离成形辊较远的中层就成了难变形区，这时，环件的中层不能进行周向伸长，辗扩的时候就会出现环件不长大的现象。当每转进给量大于 Δh_D 时，环件中层也会发生径向减薄，周向伸长的变化，但其变形会小于内外层的变形量，即在中层形成了小变形区。在径-轴向辗扩中，环件的内、外层受芯辊和成形辊的直接辗压，成为大变形区。而环件轴向端面会受到锥辊的辗压，所以在环件的端面上，四周均属于大变形区，只有在环件的中层属于小变形区，如图 7-8 所示。由材料组织演变机理可知，组织的再结晶与变形过程中的应变有着明显的关系，变形量较小的时候，材料很难发生再结晶。所以如何使环件的变形条件满足再结晶条件，使得环件中层的组织得到改善，成为铸坯环件能真正辗透的标准。

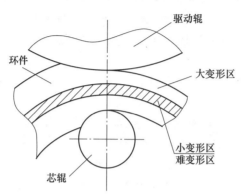

图 7-8 环件辗扩时的变形区

在环件辗扩中，芯辊每转进给量较小，因此每转应变也很小，不足以使材料发生完全的动态再结晶。以外径为 1 m 的环件来说，到环件成形的时候，环件每转一圈也只有两、三秒左右的时间，根据对铸态 42CrMo 钢静态再结晶行为的研究，这么短时间内不可能发生完全的静态再结晶。使得在承受压力时的位错得不到释放，变形过程中累积的应变（或位错密度）不能被完全软化，形成了残余应变，可用下式来表示：

第 i 次辗扩后的残留应变：

$$\varepsilon_r^i = \varepsilon^i(1 - x) \tag{7-19}$$

式中，x 为再结晶体积分数；ε 为第 i 次辗扩时的累积应变。

$$\varepsilon_t^i = \varepsilon_r^{i-1} + \varepsilon^i \tag{7-20}$$

当累积应变达到临界应变后，动态再结晶开始发生。因此环件中层的累积应变是否能达到临界应变甚至是使组织发生 100% 再结晶的应变 $\varepsilon_{100\%}$ 应该是铸坯辗扩的条件。

离心铸造环坯辗扩需要满足：

$$\varepsilon_t \geqslant (\varepsilon_c, \varepsilon_{100\%}) \tag{7-21}$$

式中，ε_t 为环件的瞬时累积应变；ε_c 为材料发生再结晶的临界应变；$\varepsilon_{100\%}$ 为材料发生完全再结晶时的应变。

由于环件辗扩呈现非线性，很难从理论上求得其精确解，所以上式中的 ε_t 可以由塑性成形模拟软件来求解。而 $\varepsilon_{100\%}$ 可以由动态再结晶，静态再结晶百分数公式求出。

在铸造环坯进行辗扩时，最小每转进给量要大于锻造环坯辗扩时的最小每转进给量，而且还得控制其变形温度，并且满足式（7-21）。

所以要完成铸坯的辗扩，对每转进给量的控制比锻坯辗扩更为严格，环件辗扩每转进给量要符合式（7-18）和式（7-21）的要求，即辗扩每转进给量应满足下式：

$$\Delta h_{\min锻} \leqslant \Delta h_{\min铸} \leqslant \Delta h \leqslant \Delta h_{\max铸} \leqslant \Delta h_{\max锻} \tag{7-22}$$

因此每转进给量是铸坯辗扩是否能完成的关键参数之一，也就是说在特定的设备条件下，成形辊的尺寸一定，只能通过调整环件的尺寸来改变最小每转进给量和最大每转进给量。

7.1.3.5　辗扩直线进给运动

在环件径-轴向辗扩成形过程中，直线进给运动包括径向芯辊直线进给运动和轴向端面锥辊直线运动，由辗环机的液压或气动进给机构提供，使环件在成形辊的压力和摩擦力共同作用下产生塑性变形。芯辊进给速度用 v 表示，端面辊进给速度用 v_a 表示。记 Δh、Δh_a、Δt 分别为辗扩过程中每转壁厚减小量、轴向高度减小量和该转辗扩时间，则芯辊进给速度 v 为：

$$v = \frac{\Delta h}{\Delta t} \tag{7-23}$$

假设环件外圆与驱动辊的接触面之间没有滑动，则环件旋转一周的外圆周长等于该段时间内驱动辊工作面通过的距离，即：

$$2\pi R = 2\pi n_1 R_1 \Delta t \tag{7-24}$$

式中，R 为环件瞬时外圆半径；n_1 为驱动辊转速；R_1 为驱动辊半径。

将式（7-24）代入式（7-23）得：

$$v = \frac{n_1 R_1 \Delta h}{R} \tag{7-25}$$

同理得锥辊直线进给速度：

$$v_a = \frac{n_1 R_1 \Delta h_a}{R} \tag{7-26}$$

根据环件辗扩的咬入条件和辗透条件，将式（7-14）和式（7-17）分别代入式（7-25），得环件辗扩过程中芯辊直线进给速度的极限范围为：

$$v \geqslant v_{\min} = 6.55 \times 10^{-3} n_1 \frac{R_1^2}{R} \left(\frac{R}{R_1} - \frac{r}{R_1} \right)^2 \left(1 + \frac{R_1}{R_2} + \frac{R_1}{R} - \frac{R_1}{r} \right) \tag{7-27}$$

$$v \leqslant v_{\max} = \frac{2\beta^2 n_1 R_1^2}{R \left(1 + \frac{R_1}{R_2} \right)^2} \left(1 + \frac{R_1}{R_2} + \frac{R_1}{R} - \frac{R_1}{r} \right) \tag{7-28}$$

7.2　环件辗扩成形工艺参数

环形铸坯热辗扩工艺参数对辗扩过程和成形件质量有很大影响，环件的形状尺寸和微观组织演变主要通过控制工艺参数来实现，工艺参数不合理，即使有了高性能质量的环形铸坯和先进设备也无法生产出合格的环件产品。主要工艺参数有：辗扩比、驱动辊转速、芯辊进给速度、每转进给量、辗扩温度、辗扩力等，具体工艺参数设计时要综合考虑辗扩成形条件和设备条件等因素。

7.2.1 辗扩比

辗扩比定义为环件辗扩前后截面积之比：

$$\lambda = \frac{A_0}{A} = \frac{B_0 H_0}{BH} \qquad (7-29)$$

辗扩比从宏观上反映了环件辗扩变形程度，是设计辗扩毛坯和孔型的主要依据，对于轴向尺寸不发生变化的矩形截面环件，辗扩比可简化为辗扩前后环件壁厚之比。在环件辗扩工艺设计中，为了计算方便通常用辗扩件孔径 d 与环形毛坯孔径 d_0 的比值来表示辗扩比，这个辗扩比记作当量辗扩比 K：

$$K = \frac{d}{d_0} \qquad (7-30)$$

对于轴向变化较小可忽略的矩形截面环件，已知辗扩件尺寸，由下式设计毛坯：

$$\begin{cases} B_0 = B \\ d_0 = \dfrac{d}{K} \\ D_0 = \sqrt{D^2 - d^2 + d_0^2} \end{cases} \qquad (7-31)$$

增大当量辗扩比可减小毛坯孔径，使壁厚增加，环件辗扩成形过程中径向变形量增大，有利于提高辗扩件内部质量，但是会增加辗扩时间，降低生产率。矩形截面环件的当量辗扩比 $K = 1.5 \sim 3$，辗扩件外径大时，K 取大值；辗扩件外径小时，K 取小值。对于铸造毛坯，由于晶粒组织比较粗大，或者存在一些铸造缺陷，选用大的辗扩比能够增加辗扩变形量，从而尽可能地细化晶粒和消除铸造缺陷，提高辗扩件质量。

7.2.2 辗扩力

辗扩力是辗扩工艺设计的重要内容，环件的辗扩力应在辗扩设备额定力能参数范围之内。目前关于辗扩力能参数计算的方法比较多，本章采用的辗扩力计算公式：

$$P = n\sigma_s BL = n\sigma_s B \sqrt{\frac{2\Delta h}{\dfrac{1}{R_1} + \dfrac{1}{R_2} + \dfrac{1}{R} - \dfrac{1}{r}}} \qquad (7-32)$$

式中，σ_s 为辗扩温度下环形铸坯材料的屈服强度；R、r、B 分别为辗扩环件的外半径、内半径和轴向尺寸；n 为系数，其值为 $n = 3 \sim 6$，环件材料为低碳钢时取小值，环件材料为高合金钢时取大值。在辗扩过程中，若辗扩力超出了辗扩设备的额定值，可以通过减小每转进给量、提高辗扩温度来调整。

7.2.3 每转进给量

根据环件辗扩成形条件，环件辗扩的每转进给量不能小于辗透所要求的最小每转进给量，同时又不得大于咬入孔型所允许的最大每转进给量。另外，在辗扩过程中，辗扩设备所能提供的每转进给量也是有限度的，根据式（7-24）得辗扩设备所能提供的每转进给量 Δh_p 为：

$$\Delta h_p = \frac{1}{2}\left(\frac{P}{n\sigma_s b}\right)^2\left(\frac{1}{R_1} + \frac{1}{R_2} + \frac{1}{R} - \frac{1}{r}\right) \tag{7-33}$$

由式（7-14）、式（7-17）和式（7-33）得：

$$\begin{cases} 6.55 \times 10^{-3}R_1\left(\frac{R}{R_1} - \frac{r}{R_1}\right)^2\left(1 + \frac{R_1}{R_2} + \frac{R_1}{R} - \frac{R_1}{r}\right) \leqslant \Delta h \leqslant \frac{2\beta^2 R_1}{(1 + R_1/R_2)^2}\left(1 + \frac{R_1}{R_2} + \frac{R_1}{R} - \frac{R_1}{r}\right) \\ \Delta h \leqslant \frac{1}{2}\left(\frac{P}{n\sigma_s b}\right)^2\left(\frac{1}{R_1} + \frac{1}{R_2} + \frac{1}{R} - \frac{1}{r}\right) \end{cases} \tag{7-34}$$

在辗扩工艺设计时，可先按照辗扩机额定力能来设计，然后按照辗扩条件进行校核，如果每转进给量不能满足辗扩条件，可通过提高辗扩温度增大每转进给量，或者降低辗扩力减小每转进给量。

7.2.4　驱动辊转速

依据辗扩过程中参数间的关系和一些假设条件，Hawkyard 等人提出了芯辊径向进给量 Δh_i 与工艺参数之间的关系：

$$\Delta h_i = \frac{2\Pi v R}{n_1 R_1} \tag{7-35}$$

式中，v 为芯辊的进给速度；n_1 为驱动辊的转速。

根据式（7-18）和式（7-35），得出辗扩工艺参数的合理取值范围，进而确保环件辗扩顺利进行，同时为后续铸坯环件热辗扩有限元模型的建立提供可靠的理论基础。

驱动辊的恒速旋转运动是环件辗扩过程中环件能够顺利咬入芯辊与驱动辊形成的径向孔型动力源之一，所以驱动辊转速的取值是十分重要的，依据式（7-18）和式（7-35）可以求出驱动辊转速的取值范围：

$$n_{1min} \leqslant n_1 \leqslant n_{1max} \tag{7-36}$$

$$n_{1min} = \frac{2\Pi v R}{\Delta h_{max,i} R_1} \tag{7-37}$$

$$n_{1max} = \frac{2\Pi v R}{\Delta h_{min,i} R_1} \tag{7-38}$$

式中，n_{1min} 为驱动辊转速的最小值；n_{1max} 为驱动辊转速的最大值。

可知，n_{1min} 和 n_{1max} 在环件辗扩过程中是瞬时变化值，使得驱动辊转速取值范围的确定存在一定的难度。当驱动辊半径 R_1、芯辊半径 R_2 和芯辊进给速度 v 一定时，式（7-36）可以写成：

$$[n_{1min}]_{max} \leqslant n_1 \leqslant [n_{1max}]_{min} \tag{7-39}$$

式中，$[n_{1min}]_{max}$ 为驱动辊转速最小值中的最大值；$[n_{1max}]_{min}$ 为驱动辊转速最大值中的最小值。

环件辗扩过程中环件外半径 R 是瞬时变化的，驱动辊转速最小值中的最大值 $[n_{1min}]_{max}$ 和驱动辊转速最大值中的最小值 $[n_{1max}]_{min}$，可以表达成：

$$[n_{1min}]_{max} = \frac{2\Pi v R_f}{\Delta h_{max,f} R_1} \tag{7-40}$$

$$\left[n_{1\max} \right]_{\min} = \frac{2\Pi v R_0}{\Delta h_{\min,0} R_1} \qquad (7-41)$$

式中，$\Delta h_{\min,0}$ 为开始辗扩时刻芯辊每转进给量；$\Delta h_{\max,f}$ 为辗扩最后时刻芯辊每转进给量；R_0 和 R_f 为辗扩开始和最后时刻所对应的环件外半径值。

如果忽略辗扩时的宽展现象，根据塑性变形遵循的体积不变原则和环坯的初始尺寸可以得到如下关系：

$$R_f = \frac{(2R_0 - h_0)h_0}{2h_f} + \frac{h_f}{2} \qquad (7-42)$$

式中，h_0 和 h_f 分别为辗扩开始时刻和最后时刻环件沿半径方向的厚度。

7.2.5 芯辊进给速度

在铸坯环件辗扩成形过程中，驱动辊的旋转速度是固定的，芯辊进给速度根据辗扩工艺确定，从式（7-25）可看出芯辊进给速度与每转进给量成正比，和环件外半径成反比。在满足环件辗扩条件的前提下，芯辊进给速度还受到设备力能条件的限制，根据辗扩设备所能提供的每转进给量和环件毛坯与辗扩件的外半径平均值确定辗扩设备所允许的额定进给速度 v_p 为：

$$v_p = \frac{n_1 R_1 \Delta h}{R_m} \qquad (7-43)$$

式中，R_m 为环件毛坯和辗扩件外半径的平均值。

由式（7-27）、式（7-28）和式（7-43）得芯辊进给速度的取值范围为：

$$\begin{cases} 6.55 \times 10^{-3} n_1 \frac{R_1^2}{R} \left(\frac{R}{R_1} - \frac{r}{R_1} \right)^2 \left(1 + \frac{R_1}{R_2} + \frac{R_1}{R} - \frac{R_1}{r} \right) \leqslant v \leqslant \frac{2\beta^2 n_1 R_1^2}{R \left(1 + \frac{R_1}{R_2} \right)^2} \left(1 + \frac{R_1}{R_2} + \frac{R_1}{R} - \frac{R_1}{r} \right) \\ \\ v \leqslant \frac{n_1 R_1 \Delta h_p}{R_m} \end{cases}$$

$$(7-44)$$

7.2.6 辗扩温度

铸坯环件的辗扩温度在很大程度上决定了环件的塑性变形能力和辗扩抗力，同时对环形铸坯热变形过程中的微观组织演变有很大影响。辗扩温度按环件材料的锻造温度范围确定，一般钢材的锻造温度范围较宽，当辗扩时间较长以致辗扩温度降低，影响辗扩变形的顺利进行时，应将环件毛坯返炉加热。铸造环坯在热辗扩成形过程中表现出较高的流变应力，发生动态再结晶的临界条件较高，可适当提高初始辗扩温度。对于钢铁材料环形零件，一般在 1100~1200 ℃；对于铝合金、镁合金环形零件，一般在 400~480 ℃。

7.3 环件辗扩成形设备

环件辗扩成形主要在辗环机上完成，辗环机是一种典型的特种塑性成形设备，可以辗压环件直径范围一般为 40~16000 mm，轴向高度为 10~4000 mm，质量为 0.001~200 t。目前世界上最大的辗环机辗压力达 40000 kN，工件最大直径达 16 m，轴向高度达 3 m。我国在 20 世纪 50 年代开始制造小型辗环机，用于热辗成形轴承内外套圈。20 世纪 90 年代以后，国内辗环机工艺应用范围逐渐扩大，设备和工艺接近世界先进水平。

辗环机的工作原理如图 7-9 所示，它是将冲有孔的环坯 5 套入直径比其稍小的芯辊 3 后，由主电动机传动带动径向辗压辊 2 旋转，由气压或液压驱动芯轴 3 作水平移动，使其接近环形坯料，并局部施压；在旋转过程中逐渐减小其截面面积，并最终成形。轴向辗压辊 4 用于支撑变形的环形件并控制环形件的高度及其端面对轴线的垂直度。径向辗压辊和芯辊的外形决定了成形件的截面形状。

根据辗扩工艺类型和机架的安装形式，可以分为立式辗环机和卧式辗环机。

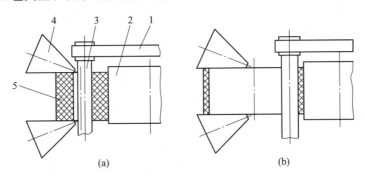

图 7-9 辗环机的工作原理

（a）初始辗扩；（b）辗压完毕

1—芯轴支架；2—径向辗压辊；3—芯辊；4—轴向辗压辊；5—环坯

7.3.1　立式辗环机

一般情况，当环件外径小于 400 mm 时，操作方便，多采用立式辗环机。立式辗环机结构如图 7-10 所示，主要由机身、滑块、辗压轮、芯辊、测量辊、抱辊、托料板、气缸或液压缸、气动系统或液压系统、电动机、减速器等构成。通常，滑块、辗压轮、芯轴、测量辊、抱辊、托料板、气缸或液压缸装在机架上，而电动机、减速器、气动系统或液压系统、操作系统等都装在地基基础上。立式径向辗环机多采用主传动带辗压轮作旋转运动，气动系统控制气缸推动滑块并且带着

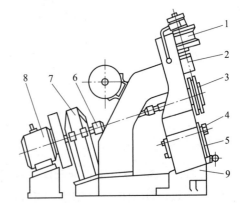

图 7-10　立式辗环机

1—气缸；2—滑块；3—辗压轮；4—芯辊；5—托料板；
6—万向节；7—减速器；8—电动机；9—机身

辗压轮沿导轨作径向辗压进给运动，详见文献 [15] 中所述操作方法。

7.3.2　卧式辗环机

环件外径大于 400 mm 时多采用卧式辗环机。卧式辗环机按辗压辊的形式分为径向辗环机和径-轴向辗环机两种，如图 7-11 和图 7-12 所示。径向辗环机可以是立式的，可以是

卧式的，径-轴向辗环机则多是卧式的。卧式辗环机多采用液压系统控制的液压缸推动滑块带着芯辊作径向进给运动，主电动机传动只是带动辗压轮作旋转运动。

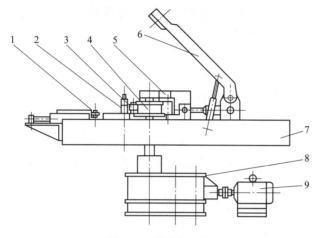

图 7-11 卧式辗环机

1—测量辊；2—芯辊；3—抱辊；4—辗压轮；5—辗压轮上支撑；
6—芯辊上支撑；7—机身；8—减速器；9—电动机

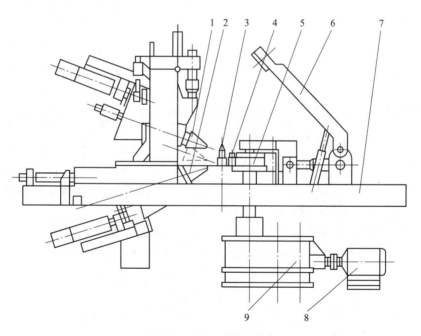

图 7-12 径-轴向辗环机

1—上端面辊；2—下端面辊；3—芯辊；4—抱辊；5—辗压轮；
6—芯辊上支撑；7—机身；8—电动机；9—减速箱

7.3.3 辗环机主要技术参数

辗环机的技术参数，主要包括辗压力和辗压电动机功率，反映了辗环机的工艺能力、应用范围和生产效率，是正确选用辗环机的主要依据。

7.3.3.1　辗压力 F

辗环机的辗压力是指滑块带动辗压辊，以一定速度接触环形坯料，并与芯辊一同对环坯施压产生一定压下量，环坯所受到的总压力。

辗压力的计算公式为：

$$F = A_c p \tag{7-45}$$

式中，A_c 为接触面投影面积；p 为接触面投影面积上单位面积平均压力。

A　径向辗压的接触面投影面积

$$A_c = BL \tag{7-46}$$

式中，B 为辗压辊和芯辊与环坯接触的轴向宽度；L 为变形区接触弧形投影长度。

在径向辗压的正常操作范围内，假定辗压辊和芯辊与环件接触弧形与其投影长度相等，如图 7-13 所示，可以得出：

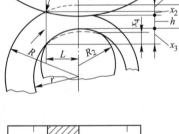

$$L = \sqrt{\dfrac{2\Delta h}{\dfrac{1}{R_1} + \dfrac{1}{R_2} + \dfrac{1}{R} - \dfrac{1}{r}}} \tag{7-47}$$

B　轴向辗压的接触面积投影面积

$$A_c = \pi(R^2 - r^2)(0.4\sqrt{Q} + 0.14Q)\left(1.01 - 0.31\dfrac{r}{R}\right) \tag{7-48}$$

式中，Q 为相对进给量，$Q = \dfrac{\Delta h_1}{2R\tan\gamma}$，$\gamma = \dfrac{1}{2}(180° - \beta)$，其中，$\Delta h_1$ 为单面辊单辊压下量，β 为端面辊锥顶角。

C　接触面投影面积上单位面积平均压力

$$p = n_v n_\sigma \beta \sigma_s$$

图 7-13　径向辗压接触面积
及接触弧形投影长度

式中，n_v 为变形速度影响系数；n_σ 为应力状态系数；β 为罗德系数，辗环近似于平面应变，$\beta = 1.15$；σ_s 为材料热辗时的塑性变形抗力。

变形速度影响系数 n_v 是变形速度 $\dot{\varepsilon}$ 的函数。径向辗环中变形速度为：

$$\dot{\varepsilon} = \dfrac{d\dot{\varepsilon}}{dt} = \dfrac{dh}{h}\dfrac{1}{dt} \approx \dfrac{\Delta h}{h}\dfrac{1}{t} \tag{7-49}$$

式中，h 为工件瞬时径向厚度，$h = R - r$；Δh 为工件瞬时径向压下量；t 为金属材料在变形区停留的时间，忽略前滑、后滑的影响 $t = L/v_1$。

根据径向辗压和轴向辗压的不同，应力状态系数也不同，具体求解过程可参照文献 [15] 的算法。

7.3.3.2　辗压电动机功率 N

辗环电动机功率与其驱动转矩有关，电动机轴的驱动转矩包括：

$$M = M_f + M_\mu + M_o + M_e + M_d \tag{7-50}$$

式中，M_f 为辗压时塑性变形需要的力矩；M_μ 为辊型侧面与环件端面之间的摩擦力矩；M_o

为推力辊力矩；M_e 为机械效率引起的附加力矩；M_d 为惯性矩，稳定辗压时 $M_d = 0$。

A 塑性变形需要的力矩 M_f

辗压轮以力 F 辗压环件时，环件的径向厚度由 H 减到 h，相当于把一个单位体积 $dV = A(H-h) = Adh$ 推离一单位距离 dh 做了功，即 $dW = Fdh$，$F = A_c p$，A_c 为接触面投影面积，$A_c = \dfrac{V}{h}$，V 为塑性变形区的体积。辗压力 F 所做的功为：

$$W = \int dW = -\int_H^h F dh = \int_h^H A_c p\, dh = \int_h^H \frac{V}{h} dh = Vp\ln\frac{H}{h} \tag{7-51}$$

忽略前滑和后滑，环件变形体积就是辗压轮辗压过的体积，如图 7-14 所示：

$$V = h\theta R_1 B \tag{7-52}$$

即：

$$W = h\theta R_1 Bp\ln\frac{H}{h}$$

塑性变形所需力矩 M_f 为：

$$M_f = \frac{W}{\theta} = \frac{1}{\theta} h\theta R_1 Bp\ln\frac{H}{h} = hR_1 Bp\ln\frac{H}{h} \tag{7-53}$$

当压下率很小时，$\ln\dfrac{H}{h} \approx \dfrac{\Delta h}{h}$，即：

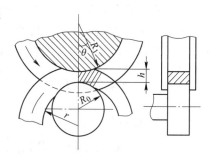

图 7-14 辗压轮辗压过的体积

$$M_f = R_1 Bp\Delta h \tag{7-54}$$

B 辊型侧面与环件端面之间摩擦力矩 M_μ

型槽辗压时，若金属充满型槽，型槽侧面限制宽度展开并与环件产生动摩擦。由于变形区为塑性状态，故单位面积上的摩擦力为 $\sigma_s \mu_1$，总摩擦力为：$\sigma_s \mu_1 \int_s dA$，由此摩擦力矩为：

$$M_\mu = 2\sigma_s \mu_1 \left(1 + \frac{R_1}{R}\right) \int \rho dA \tag{7-55}$$

式中，μ_1 为型槽侧面与环件端面间滑动摩擦因数，钢与钢取 $\mu_1 = 0.15$；ρ 为摩擦面上微小面积 dA 到瞬心的距离。

因型槽侧面限制塑性变形区的金属轴向流动，所以侧压接触面积限在塑性变形区的侧面 $BCDE$ 区域，如图 7-15 所示。假定它相当于半径 r 的半圆，$\rho dA = \rho\pi\rho d\rho = \pi\rho^2 d\rho$，则：

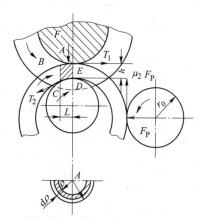

$$\int \rho dA = \int \pi\rho^2 d\rho = \frac{1}{3}\pi r^3 \tag{7-56}$$

接触摩擦面积 $BCDE$ 近似为矩形，$A = Lh$，经代换

图 7-15 接触摩擦面及其换算面积

得：$r = \sqrt{\dfrac{2}{\pi} Lh}$，代入上式：

$$\int \rho \mathrm{d}A = \frac{1}{3} \pi r^3 = \frac{\pi}{3} \left(\frac{2}{\pi} Lh \right)^{\frac{3}{2}}$$

则：

$$M_\mu = 2\sigma_s \mu_1 \left(1 + \frac{R_1}{R} \right) \int \rho \mathrm{d}A = 1.064 \left(1 + \frac{R_1}{R} \right) (Lh)^{\frac{3}{2}} \mu_1 \sigma_s \qquad (7\text{-}57)$$

C 推力辊力矩 M

立式辗环机和多工位辗环机上的推力辊以及卧式辗环机上的抱辊，对环坯的作用力应当小于等于成品件的弯曲力，即塑性铰链力。此力过大会把环形件夹扁，过小会使环形件摆动而不能稳定辗压，故推力辊作用力 F 为：

$$F \leqslant \sigma_0 B(R - r) = \sigma_s \left[\sqrt{\left(\frac{R + r}{R - r} \right)^2 + \frac{R + r}{R - r}} - \frac{R + r}{R - r} \right] B(R - r) \qquad (7\text{-}58)$$

推力辊力矩 M_o 为：

$$M_o = \mu_2 \left(1 + \frac{R}{r_0} \right) \sigma_s \left[\sqrt{\left(\frac{R + r}{R - r} \right)^2 + \frac{R + r}{R - r}} - \frac{R + r}{R - r} \right] B(R - r) \qquad (7\text{-}59)$$

式中，μ_2 为滚动摩擦因数，钢与钢取 $\mu_2 = 5 \times 10^{-4}$；r_0 为推力辊半径。

辗压消耗功 W 与转矩的关系为：

$$W = M\theta = M\omega t$$

式中，ω 为辗压轮的角速度，$\omega = \dfrac{2\pi n}{60} = 0.1047n$；$n$ 为辗压轮转速，r/min。

因此电动机功率 $P(\mathrm{W})$ 为：

$$P = \frac{W}{t} = M\omega = 0.1047nM = 1.047 \times 10^4 Mn \qquad (7\text{-}60)$$

表 7-1、表 7-2 是现有国产径向辗环机和径-轴向辗环机的主要技术参数。

表 7-1 径向辗环机主要参数

参数		立式机			卧式机	
		D51W160	D51W250	D51W350	D52-630	D52-1000
径向轧制力/kN		60	98	155	500	800
轧环外径/mm		160	250	350	220~630	350~1000
轧环高度/mm		35	50	85	160	250
轧制线速度/m·s⁻¹		2~2.5	2.1	2.2	1.3	1.3
电动机功率/kW		18.5	37	75	110	200
外形尺寸	长/mm	2200	2890	4050	5230	7500
	宽/mm	1650	1900	1800	1900	2200
机器质量/kg		2800	6500	10000	28000	4500

表 7-2 径-轴向辗环机主要参数

参数		D53K-800	D53K-2000	D53K-3000	D53K-3000A	D53K-3500	D53K-4000
径向轧制力/kN		1250	2000	2000	2000	2000	2500
轴向轧制力/kN		1000	1250	1250	1600	1600	2000
轧环外径/mm		350~800	400~2000	400~3000	400~3000	500~3500	600~4000
轧环高度/mm		60~300	70~500	80~500	60~700	60~500	80~600
轧制线速度/m·s⁻¹		1.3	1.3	1.3	0.4~1.6	0.4~1.6	1.3
主电动机功率	径向/kW	280	500	500	2×315	2×280	2×315
	轴向/kW	2×160	2×160	2×160	2×315	2×220	2×315
外形尺寸	长/mm	10000	14600	15500	16200	15500	18000
	宽/mm	2500	3500	3600	3200	3600	4200
机器质量/kg		95000	165000	220000	235000	220000	300000

7.4 环件辗扩成形应用的工程案例

7.4.1 大型铸坯轴承环件热辗扩成形

7.4.1.1 有限元模型建立

以某型号高端轴承环件径-轴向热辗扩成形为研究对象，辗扩环件的形状尺寸如图 7-16 所示。为了简化模拟计算条件，假设在热辗扩过程中环件轴向高度不发生变化，端面锥辊只沿锥辊轴线做旋转运动，环件轴向进给速度为零，保证环件的端面质量，使环件只产生壁厚减小、直径扩大的塑性变形。此时可以根据当量辗扩比来设计铸造环形毛坯的尺寸，由于环件外径比较大，取当量辗扩比 $K=2.1$，根据塑性成形体积不变原理和矩形截面环件毛坯设计方法，由式（7-30）确定环形铸坯尺寸，如图 7-17 所示。

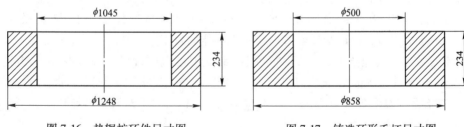

图 7-16 热辗扩环件尺寸图   图 7-17 铸造环形毛坯尺寸图

数值模拟采用的设备原型为 D53K-4000 数控径-轴向辗环机，其中驱动辊直径为 850 mm，芯辊直径为 280 mm，导向辊直径为 140 mm。借助 DEFORM 软件对铸坯轴承环件热辗扩过程进行有限元模拟，如图 7-18 所示。

7.4.1.2 材料模型和网格划分

成形辊设置为刚性体，按 DEFORM 材料库中提供的材料属性定义为热作模具钢 4Cr5MoWSiV。本例轴承环件为铸态 42CrMo 钢，在 Gleeble-1500 热模拟试验机上对铸态

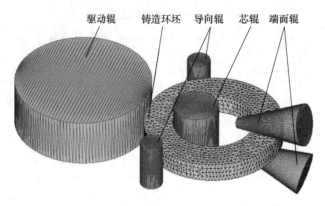

图 7-18　铸坯轴承环件热辗扩有限元模型

42CrMo 钢进行热压缩模拟实验，材料的物理性能参数根据文献［25］中表 3-2 确定，真应力-应变曲线如文献［25］中图 3-5 所示。在相同的温度和应变速率时，铸态 42CrMo 钢发生动态再结晶所要求的临界应变和流变应力要大得多，这是由于铸造组织的晶粒比较粗大，在热变形过程中表现出更高的变形抗力，不易发生动态再结晶。

环形铸坯热辗扩过程中的变形量很大，模拟时网格容易发生畸变，当变形量超过设定值时 DEFORM 软件能够自动进行网格重划分。为了使模拟能够顺利进行，环坯和成形辊都采用四面体单元网格，环坯网格数为 60000 个。对于刚性体成形辊，只与环坯发生热量传导，网格可划分稀疏一些，驱动辊的网格数取 20000 个，芯辊的网格数取 10000 个，导向辊的网格数取 5000 个，端面锥形辊的网格数取 7000 个。

7.4.1.3　边界条件的设置

A　传热边界条件

环坯与周围环境之间接触的自由表面边界上既没有外力作用，又没有变形速度约束，热量通过对流、辐射等形式自由传递，取环境温度为 20 ℃，热辐射系数为 0.8 N/(s·mm·℃)。环坯与成形辊界面上的热交换主要通过传导、对流实现，取成形辊的初始温度为 250 ℃，环坯和成形辊的热传导系数为 11 N/(s·mm·℃)，通过间隙物的热交换系数为 0.02 N/(s·mm·℃)，环坯塑性变形功转化为热能的效率取 0.9。

环形铸坯的初始热辗扩温度按环件材料的锻造温度范围确定。42CrMo 钢的锻造温度范围为 850~1200 ℃，同时结合文献［25］中图 4-4 中铸态 42CrMo 钢发生动态再结晶的条件，研究初始辗扩温度分别为 1100 ℃、1150 ℃、1200 ℃时，对铸造环坯热辗扩成形和微观组织演变的影响规律。

B　接触和摩擦边界条件

在环形铸坯的径-轴向热辗扩成形过程中，存在着四组接触对：分别为环坯外表面和驱动辊的接触、环坯内表面和芯辊的接触、环坯外边面和导向辊的接触、环坯轴向端面和锥形辊的接触。

目前，DEFORM 软件中提供了库仑摩擦和剪切摩擦两种模型，在用有限元法分析热塑性体积成形过程时常选用剪切摩擦模型，摩擦力为：

$$f = mk \tag{7-61}$$

式中，k 为剪切屈服应力；m 为摩擦因子，取值范围为 $0<m\leqslant1$，环坯和成形辊的摩擦因子取 0.7。

C　载荷边界条件

在环形铸坯径-轴向热辗扩成形过程中，施加的载荷主要有驱动辊转速、芯辊进给速度、端面辊转速和轴向进给速度。其中，驱动辊转速由设备条件决定，本书选用 D53K-4000 数控径-轴向辗环机的驱动辊转速 $n=29.2$ r/min，且为定值，端面辊轴向进给速度为零，芯辊进给速度根据辗扩工艺需要确定。本例主要研究进给速度分别为 0.6 mm/s、0.9 mm/s、1.2 mm/s 和芯辊变速进给对环形铸坯辗扩成形的影响规律，其中芯辊变速进给速度曲线，如图 7-19 所示。辗扩初期，进给速度缓慢增大，使环坯顺利咬入孔型，然后以恒定的速度 1 mm/s 稳定辗扩，在后期辗扩过程中，进给速度逐渐减小，每转进给量减小，对环件进行整形辗扩，使环件壁厚均匀、形状圆整。

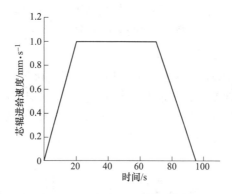

图 7-19　芯辊变速进给速度曲线

D　芯辊进给速度校核

由 7.1.3 节可知，只要环坯在初始时刻能够顺利咬入孔型和辗透，则在整个热辗扩过程中都能够连续咬入和辗透。由于成形辊尺寸和驱动辊转速为定值，芯辊进给速度和每转进给量成正比，根据式（7-44）得初始时刻环件辗透所要求的最小进给速度为：

$$v \geqslant v_{\min} = 6.55 \times 10^{-3} \times 0.487 \times \frac{425^2}{429} \times \left(\frac{429}{425} - \frac{250}{425}\right)^2 \left(1 + \frac{425}{140} + \frac{425}{429} - \frac{425}{250}\right)$$
$$= 0.54 \text{ mm/s}$$

初始时刻环件咬入孔型所允许的最大芯辊进给速度为：

$$v \leqslant v_{\max} = \frac{2 \times 0.34^2 \times 0.487 \times 425^2}{429 \times \left(1 + \frac{425}{140}\right)^2}\left(1 + \frac{425}{140} + \frac{425}{429} - \frac{425}{250}\right)$$
$$= 9.7 \text{ mm/s}$$

径向最大辗扩力为 2500 kN，所能提供的最大每转进给量根据式（7-33）得：

$$\Delta h_{\mathrm{p}} = \frac{1}{2}\left(\frac{P}{n\sigma_{\mathrm{s}}b}\right)^2 \left(\frac{1}{R_1} + \frac{1}{R_2} + \frac{1}{R} - \frac{1}{r}\right)$$
$$= \frac{1}{2} \times \left(\frac{2500 \times 10^3}{4.5 \times 60 \times 234}\right)^2 \left(\frac{1}{425} + \frac{1}{140} + \frac{1}{429} - \frac{1}{250}\right)$$
$$= 6.13 \text{ mm}$$

由式 (7-43)，设备所允许的初始时刻最大芯辊进给速度为：

$$v_\mathrm{p} = \frac{n_1 R_1 \Delta h_\mathrm{p}}{R_\mathrm{m}} = \frac{0.487 \times 425 \times 6.13}{526.5} = 2.4 \text{ mm/s}$$

综上所述，芯辊进给速度取值范围为：$0.54 \text{ mm} \leqslant v \leqslant 2.4 \text{ mm/s}$

环形铸坯径-轴向热辗扩成形过程是一个受到多因素交互影响的复杂塑性成形过程，变形过程中的芯辊进给速度和温度将对金属流动和辗扩力产生重要的影响。以下从三个方面对铸坯轴承环件热辗扩成形进行分析：

(1) 芯辊为变速进给，初始辗扩温度为 1150 ℃ 时，研究热辗扩成形过程中环件的等效应变的变化情况。

(2) 初始辗扩温度为 1150 ℃，芯辊进给速度分别为 0.6 mm/s、0.9 mm/s、1.2 mm/s 时，研究芯辊进给速度对环件的等效应变和径向辗扩力的影响规律。

(3) 芯辊为变速进给，初始辗扩温度分别为 1100 ℃、1150 ℃、1200 ℃ 时，研究初始辗扩温度对环件的等效应变和径向辗扩力的影响规律。

7.4.1.4 热辗扩成形过程模拟分析

图 7-20 所示为铸坯轴承环件热辗扩等效应变分布。辗扩初期，环件只在和驱动辊接触的外层局部区域发生塑性变形，随着热辗扩的进行，变形区域逐渐扩大且呈现环带状分布，和成形辊接触的内外层变形比较充分，而远离成形辊的环件中层等效应变较小。辗扩后期，等效应变继续增大，塑性变形区穿透整个环件的壁厚区域，分布均匀。

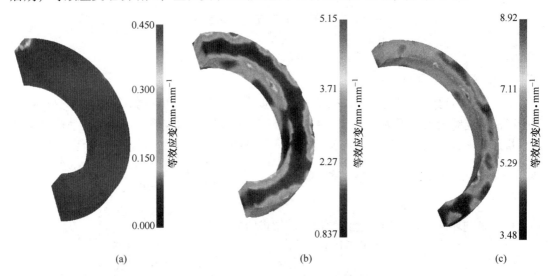

图 7-20 环形铸坯热辗扩成形过程中的等效应变分布
(a) $t = 5$ s；(b) $t = 50$ s；(c) $t = 95$ s

图 7-21 所示为环件外层、中层和内层跟踪点等效应变随时间的变化规律。辗扩初期，外层变形量大于内层变形量，随着辗扩变形过程的进行，内外层的变形量趋于一致。同时，跟踪点的等效应变变化曲线呈现出阶梯状，这是由于环件辗扩成形是一个连续局部塑性成形过程，当环件跟踪点旋转经过孔型时，产生塑性变形，等效应变增大，离开孔型空转一周，应变不发生变化，经过反复的连续成形，使截面跟踪点的应变随时间呈现阶梯状变化。

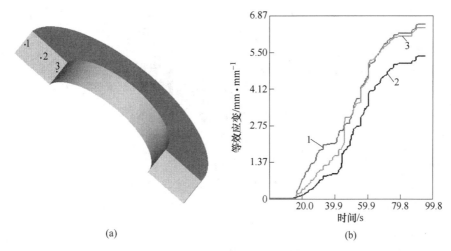

图 7-21 不同部位跟踪点等效应变变化

（a）跟踪点；（b）跟踪点的等效应变

（1~3 为不同部位）

7.4.1.5 芯辊进给速度对辗扩成形的影响

图 7-22 为不同芯辊进给速度下铸坯轴承环件热辗扩等效应变分布。等效应变呈环带状分布，内外层变形量较大，远离成形辊的中层变形量较小。随着进给速度增大，大变形区逐渐扩大，等效应变的最大值和最小值减小，且分布更加均匀。

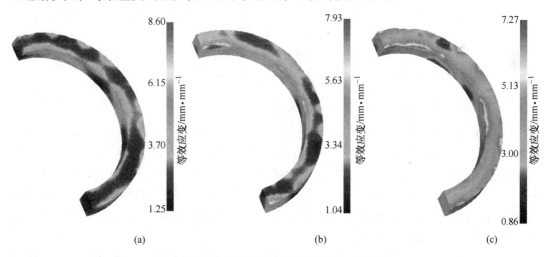

图 7-22 不同芯辊进给速度时的等效应变分布

（a）$v=0.6$ mm/s；（b）$v=0.9$ mm/s；（c）$v=1.2$ mm/s

图 7-23 所示为不同芯辊进给速度下铸坯轴承环件热辗扩的径向辗扩力随行程的变化曲线。进给速度为定值时，在辗扩初期，径向辗扩力迅速增加到平稳值，然后随着辗扩过程的稳定进行，辗扩力在平稳值附近上下振动。随着进给速度增大，径向辗扩力平稳值逐渐增加，这是由于其他辗扩条件不变时，进给速度增大，使每转进给量增大，所需径向辗扩力明显增加，最大径向辗扩力都在设备的额定范围之内。

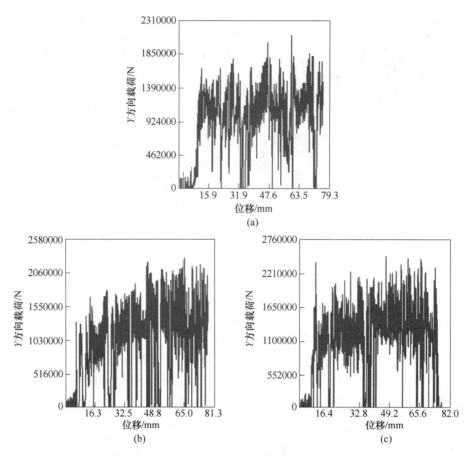

图 7-23　不同芯辊进给速度时的径向辗扩力

（a）$v=0.6$ mm/s；（b）$v=0.9$ mm/s；（c）$v=1.2$ mm/s

7.4.1.6　初始辗扩温度对辗扩成形的影响

图 7-24 所示为不同初始辗扩温度时，铸坯轴承环件热辗扩成形件的等效应变分布。初始辗扩温度为 1100 ℃时，环坯的塑性变形区呈环带状分布，中层小变形区的范围较大，随着初始辗扩温度的增高，环坯的大变形区域从内外层扩展到中层，带状逐渐消失，同时等效应变的最大值降低，最小值增加，整个环件的塑性变形区域分布更加均匀。这是由于初始辗扩温度的升高，使金属原子间的结合力降低，变形抗力减小，金属流动性增强，环件中层也能够充分地发生塑性变形。

图 7-25 所示为不同初始辗扩温度时，铸坯轴承环件热辗扩过程中的径向辗扩力随行程的变化曲线。随着初始温度升高，在稳定辗扩阶段的径向辗扩力减小。这是由于在其他热辗扩工艺条件不变的情况下，提高环坯的初始辗扩温度，使金属原子动能增加，原子间的结合力减弱，临界剪应力降低，所需的径向辗扩力较小。

7.4.2　铝合金铸坯法兰环件热辗扩成形

环件辗扩一般以钢铁类居多，如 42CrMo 钢、GCr15 钢、Q235B 钢等，而近年来对其他轻量化环件材料如铝合金、钛合金和镁合金等，也进行了诸多卓有成效的研究。大型铝

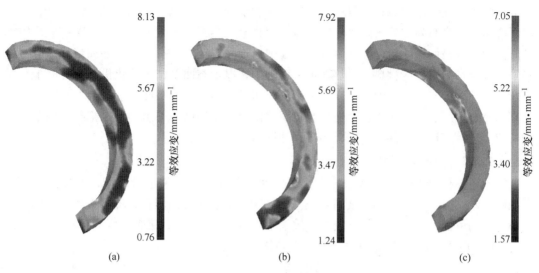

图 7-24 不同初始辗扩温度时的等效应变分布

(a) T=1100 ℃；(b) T=1150 ℃；(c) T=1200 ℃

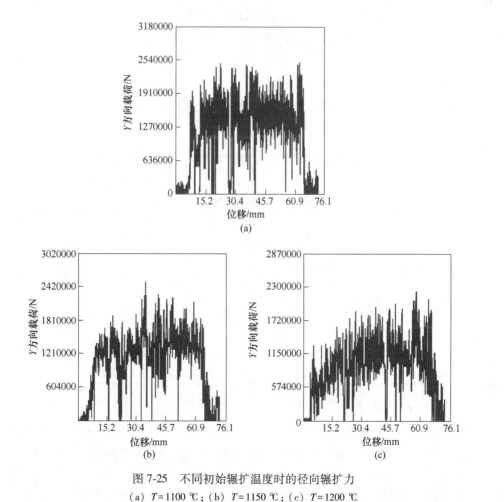

图 7-25 不同初始辗扩温度时的径向辗扩力

(a) T=1100 ℃；(b) T=1150 ℃；(c) T=1200 ℃

合金法兰件相比钢铁类材料，具有质量轻、耐蚀性能好、比强度和比刚度高等突出优点，广泛应用于神舟系列重载火箭筒体连接件。铝合金的热辗扩温度范围窄，在辗扩成形时的各向异性，容易使铸坯铝合金在热辗扩过程中出现晶粒粗大、折叠、宽展和流线紊乱等缺陷。铝合金是高层错能材料，在热辗扩过程中主要以动态回复作为软化机制，并降低再结晶形核驱动力，弱化加工硬化效应。由于环件辗扩是局部连续塑性变形，会发生亚动态再结晶和静态再结晶，同时铝合金也具有较高热传导，使环件最终组织难以把控。因此，本例对铝合金铸坯法兰环件热辗扩成形过程开展研究。

7.4.2.1 有限元模型建立

按照环件径-轴向辗扩原理及特点，将环件与各成形辊部件进行装配，有限元模型建立如图 7-26 所示，表 7-3 为主要参数值。驱动辊、芯辊、导向辊和锥辊采用解析刚体，铸坯环件采用可变形体。环件外径较大，故采用当量辗扩比 2.1，锥辊高度为 700 mm，锥顶角为 30°，在 ABAQUS/CAE 软件中单位需要统一，本节采用毫米。

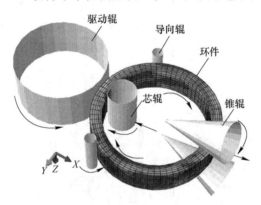

图 7-26　6061 铝合金铸坯法兰环件热辗扩模型

表 7-3　环件辗扩模型尺寸　　　　　　　　　　　　　　　　（mm）

名称	直径	高度
驱动辊	900	460
芯辊	280	460
导向辊	105	460
铸坯外径	850	230
铸坯内径	500	230
成形件外径	1250	230
成形件内径	1050	230

7.4.2.2 材料模型建立

6061 铝合金本构模型采用文献［30］的结果，其是在 Gleeble-3500 热力模拟试验机上，通过不同变形温度和不同应变速率下单道次热压缩实验获得的真应力-应变曲线，并将真应力-应变数据以表格形式输入。通过 JMatPro 软件模拟计算，得到铸态 6061 铝合金随温度变化的热物理性参数，包括密度、杨氏模量、泊松比、热传导系数、比热容。

7.4.2.3　分析步和输出设定

环件热辗扩是一个复杂接触的非线性热力耦合过程，本例选择 ABAQUS/Explicit 求解器。将分析步划分为环件辗扩和精整成形。采用软件自带的时间增量步算法，并在分析步中设置合理的质量缩放来减少计算时间。

在分析步模块中还需要根据 6061 铝合金铸坯法兰环件热辗扩过程需求来设置需要的历史输出和场输出变量。设置一定的时间间隔提取场量数据，其中历史输出包含环件内能、动能等，场输出变量有等效塑性应变、温度、辗扩力和辗扩力矩等。

7.4.2.4　相互作用设定

相互作用设定在 Interaction 模块中是定义环件热辗扩过程中各部件相互接触和约束的重要环节。根据铸坯环件热辗扩过程中的接触原理，设置不同成形辊与铸坯环件的接触对和摩擦传热。其中定义的接触对包括：环件外表面与驱动辊外表面、环件内表面和芯辊外表面、环件外表面和导向辊内表面以及环件上、下表面分别与上、下端面辊接触。同时将驱动辊、芯辊、端面辊与环件间的摩擦设定为库仑摩擦。

在热力耦合中铸坯环件与各成形辊间存在热传递，同时与周边环境有热辐射和热对流，设定热传导系数为 11 N/(s·mm·℃)，热交换系数为 0.02 N/(s·mm·℃)，热辐射系数为 0.05 N/(s·mm·℃)，环境温度为 20 ℃，整个热辗扩模拟中，将环件塑性变形功转化为热能的效率取 0.9。

7.4.2.5　载荷和边界条件设定

在 Load 模块中需要根据环件热辗扩成形特点进行边界条件和预定义场设置，其中边界条件主要施加对象是各成形辊，为方便定义成形辊运动以其参考点来代替。在 6061 铝合金铸坯法兰环件热辗扩过程中，需要对各成形辊进行不同程度的自由度约束。各成形辊（除端面辊外）自由度约束见表 7-4，表中 U1、U2、U3 分别为成形辊在坐标轴 X、Y、Z 方向的位移，UR1、UR2、UR3 分别为成形辊绕坐标轴 X、Y、Z 方向的转动，将表中的"1"设置为限制自由度，"0"设置为释放自由度。而端面辊在自身旋转的同时，并沿着驱动辊中心到环件中心方向做后退运动。

表 7-4　各成形辊自由度

成形辊	U1	U2	U3	UR1	UR2	UR3
驱动辊	0	0	0	0	1	0
芯辊	1	0	0	0	1	0
导向辊	1	0	1	0	1	0

7.4.2.6　网格划分

根据铸坯环件在热辗扩成形中材料流动特点，将网格划分为三维 8 节点 6 面体单元（C3D8RT）。为防止在辗扩过程中网格发生畸变造成计算的不收敛，采用 ALE 自适应网格划分技术，并进一步采用减缩积分和沙漏控制来提高计算精度。综合考虑显示动力学计算时间和模拟结果精度，在此划分网格数为 5103 个。而对于其他刚体成形辊不做网格划分，因为在模拟进行时软件会为解析刚体自动划分网格。

7.4.2.7　热辗扩工艺参数计算

A　驱动辊转速

驱动辊在热辗扩过程中是绕固定轴进行主动旋转，转速是根据设备决定，本例原型设备为 D53K-3500 数控径-轴向辗环机,将驱动辊速度设为 28.6 r/min。

B　芯辊进给速度

根据式 (7-44) 得初始时刻辗透的进给速度和初始时刻咬入孔型最大进给速度为:

$$v \geqslant v_{\min} = 6.55 \times 10^{-3} \times 0.48 \times \frac{450^2}{425} \times \left(\frac{425}{450} - \frac{250}{425}\right)^2 \left(1 + \frac{450}{140} + \frac{450}{425} - \frac{450}{250}\right)$$

$$= 0.66 \text{ mm/s}$$

$$v \leqslant v_{\max} = \frac{2 \times 0.19^2 \times 0.48 \times 450^2}{425 \times \left(1 + \frac{450}{140}\right)^2} \left(1 + \frac{450}{140} + \frac{450}{425} - \frac{450}{250}\right)$$

$$= 10.34 \text{ mm/s}$$

即,进给速度取值范围为: 0.66 mm/s ≤ v ≤ 10.34 mm/s,而设备的径向额定辗扩力为 2500 kN,再根据设备提供的径向最大进给量和初始时最大芯辊进给速度由式 (7-33) 和式 (7-43) 分别计算得:

$$\Delta h_{\mathrm{p}} = \frac{1}{2}\left(\frac{P}{n\sigma_{\mathrm{s}} b}\right)^2 \left(\frac{1}{R_1} + \frac{1}{R_2} + \frac{1}{R} - \frac{1}{r}\right) = 9.08 \text{ mm}$$

$$v_{\mathrm{p}} = \frac{n_1 R_1 \Delta h_{\mathrm{p}}}{R_{\mathrm{m}}} = \frac{0.48 \times 450 \times 9.08}{525} = 3.73 \text{ mm/s}$$

因此,进给速度取值范围为: 0.66 mm/s ≤ v ≤ 3.73 mm/s

C　端面辊转速

本例中端面辊不需要轴向进给,只需控制环件在轴向宽展、端面质量及环件辗扩中稳定,所以端面辊保持自身旋转同时需要随着环件长大沿芯辊前进反方向后退。根据文献 [29] 中式 (2-18) 计算转速为 147 r/min,后退系数取 0.2。

详细的模拟工艺参数见表 7-5。

表 7-5　6061 铝合金铸坯法兰环件热辗扩工艺参数

辗扩参数	数值	辗扩参数	数值
驱动辊半径 R_1/mm	450	驱动辊转速 n_1/rad·s^{-1}	3
芯辊半径 R_2/mm	140	芯辊进给速度 v/mm·s^{-1}	2.5
导向辊半径/mm	52.5	端面辊转速 n_a/rad·s^{-1}	15.4
端面辊顶角 γ/(°)	35	摩擦因子 μ	0.35
铸坯外半径 R_0/mm	425	铸坯初始辗扩温度/℃	480
铸坯环内半径 r_0/mm	250	成形辊温度/℃	350
铸坯环高度 B_0/mm	230	周围环境温度/℃	20
成品环件外半径 r/mm	625	热传导系数/N·s^{-1}·mm^{-1}·℃$^{-1}$	11
成品环件内半径 R/mm	525	热交换系数/N·s^{-1}·mm^{-1}·℃$^{-1}$	0.02
成品环件高度 B/mm	230	热辐射系数/N·s^{-1}·mm^{-1}·℃$^{-1}$	0.05

7.4.2.8 热辗扩模拟结果

A 热辗扩成形规律分析

图 7-27 所示为初始温度 480 ℃、摩擦系数 0.35 和进给速度 2.5 mm/s 时，铝合金铸坯法兰热辗扩等效应变分布。辗扩初期，环坯在驱动辊与芯辊形成的径向孔型中开始在接触区产生等效塑性应变，塑性应变在芯辊接触区域产生并达到最大值，在驱动辊接触区域形变次之。随着辗扩时间的增加，塑性应变由两边向中心渗透。而环坯整体的应变随辗扩的进行逐步增大，渗透趋势是由内、外表面向中层区域发展，从而中层区域逐渐被锻透。经过轴向孔型时使表面应变增加，并在径向孔型的共同作用下使环坯棱角区域应变达到最大值为 3.912，在环坯中层区域应变最小为 0.736，且从中层区域到环件的上、下和内、外表面应变都逐渐增大。

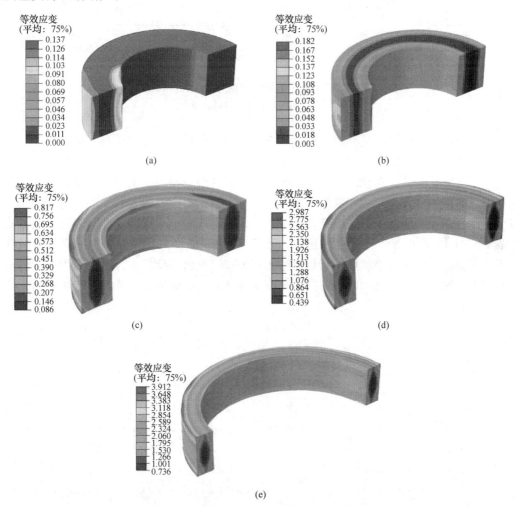

图 7-27 6061 铝合金铸坯法兰热辗扩等效应变分布
(a) $t=0.6$ s；(b) $t=2.4$ s；(c) $t=8$ s；(d) $t=22$ s；(e) $t=33$ s

辗扩完毕后，环件横截面上的等效应变分布曲线，如图 7-28 所示。上、下端面的等效应变是始终大于中间区域的。中间厚度区域的等效应变小于内、外表面，而内表面的等效应变值又低于外表面，这是因为中层区域是由表面区域渗透的，使中层区域变形较小，而在内、外表面区域，不同成形辊运动方式及直径大小会影响其变形程度。

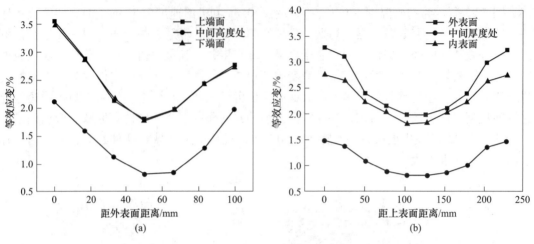

图 7-28　辗扩后成形件截面等效应变分布图
(a) 径向方向；(b) 轴向方向

　　为了更直观反映环件在辗扩过程中等效应变的变化规律，通过在环坯外、中、内层区域设置跟踪结点，监控辗扩过程中场变化情况，如图 7-29 中 A~F 点。从图 7-30 可以看出应变是呈阶梯式上升，这是结点经过辗扩孔型时发生形变使应变值上升，而辗扩过程是连续的结点在未经过孔型时应变值保持平稳不变产生的。而通过等效塑性应变曲线图也可以看出，环坯四周表面区域等效应变高于中心层，并呈现向中心递减的趋势，且外表面高于内表面。即 A、D 点等效应变始终分别高于 C、F 点，成形过程中外表面的平均等效应变大于内表面。而环坯端面区域尤其是边缘区域等效应变值达到最大，这是因为成形过程中端面辊为了保持环坯高度、防止轴向金属流动，从而对端面造成了较大的塑性变形。

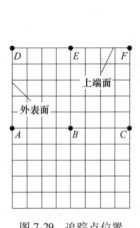

图 7-29　追踪点位置

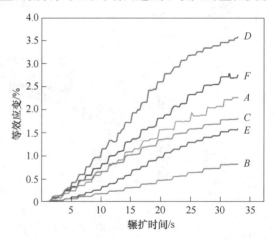

图 7-30　各追踪点等效塑性应变历史曲线

　　铸坯法兰热辗扩过程的温度分布，如图 7-31 所示。在辗扩初期，环件内外表面和上下端面区域的温度因热交换而下降，随着辗扩进行，环件变形产生的热塑性功会使环件温度有所上升，尤其是在中心部位，更加明显地减缓了温度的下降。在辗扩结束时，环件温度分布不均匀，基本呈现由中层区域向四周逐渐降低的趋势，在中层区域有最高温度，四周温度较低，边缘棱角区域最低。内、外表面温度因表面积不同，外表面比内表面有较多散热，但外表面比内表面变形大，塑性变形产生的热量较多，所以两表面温度虽有差异但不大。

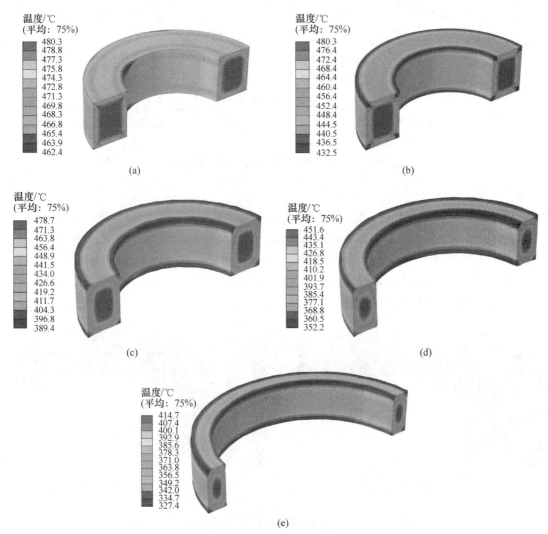

图 7-31 6061 铝合金铸坯法兰辗扩过程的温度分布
(a) $t=0.6$ s；(b) $t=2.4$ s；(c) $t=8$ s；(d) $t=22$ s；(e) $t=33$ s

辗扩结束后，环件横截面上的温度分布如图 7-32 所示。上、下端面区域的温度几乎一致，在中心高度区域温度较高热量不易散失，而内表面温度较外表面要高一些。沿轴向方向看，可以明显看出环件沿轴向具有高度轴对称的热塑性变形结构，上、下端面温度呈对称分布，在中间厚度区域温度最高，外表面温度低于内表面。

B 芯辊进给速度的影响

图 7-33 为初始温度 450 ℃、摩擦系数 0.35 和进给速度分别为 2.2 mm/s、2.5 mm/s、

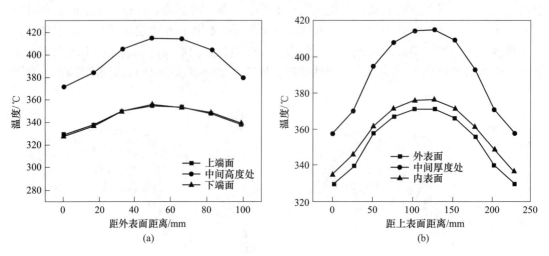

图 7-32　铸坯辗扩结束时截面的温度分布

（a）径向方向；（b）轴向方向

2.7 mm/s 时，铸坯法兰环件热辗扩等效应变分布。环件整体应变分布规律仍沿环件表面四周向中层区域递减，中心应变沿轴向呈双鼓状渐变，两侧鼓状接近环件内外侧表面。在进给速度增大的同时，表面应变降低，中层区域应变升高。这是由于当增大芯辊进给速度的同时，环件每转咬入进给量也会随之增加，从而形成了环件表层区应变降低，中层区域应变增加的现象，环件应变分布均匀性得到增强。

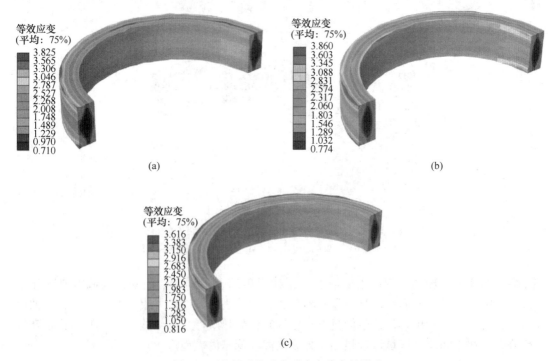

图 7-33　芯辊进给速度对应变分布的影响

（a）v=2.2 mm/s；（b）v=2.5 mm/s；（c）v=2.7 mm/s

　　图 7-34 所示为芯辊不同进给速度下的环件温度分布。随着进给速度增加，环件整体温度一致性较好，温度分布由环件中层区域向四周表层区逐渐降低。同时，环件整体温度略有升高，表层和中层区域温度分别升高约 10 ℃和 5 ℃。

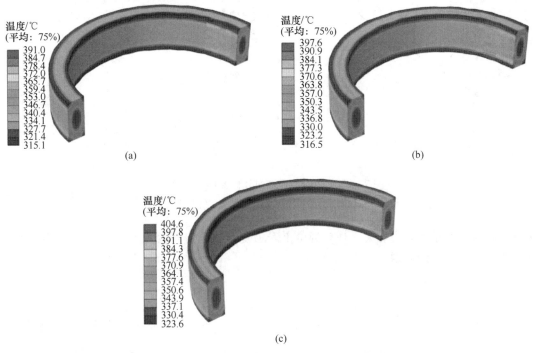

图 7-34　芯辊进给速度对温度分布的影响

(a) $v=2.2$ mm/s；(b) $v=2.5$ mm/s；(c) $v=2.7$ mm/s

　　法兰环件截面平均等效应变及温度变化曲线如图 7-35 所示。应变整体呈外表面最大，内表面次之，中间层最小；随着进给速度增加，靠近内外表面的应变值降低，中间层应变增加，应变分布均匀且增强。从图 7-35 (b) 中可以看出整体趋势是内外表面温度较小，中层区域温度较高，随着进给速度的增大环件整体温度升高。进给速度在 2.2 mm/s 和 2.7 mm/s 时的等效应变最大值和最小值之差，由 1.5%降到了 1.1%。在进给速度增大过程

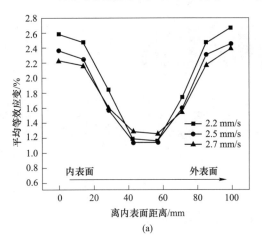

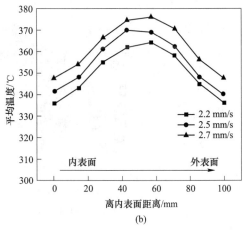

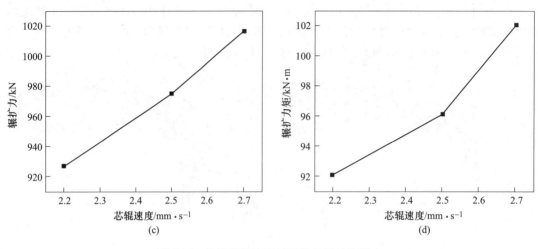

(c) (d)

图 7-35　芯辊进给速度对环件各场量的影响

（a）等效应变；（b）温度；（c）辗扩力；（d）辗扩力矩

中每转咬入进给量所需力能大于环件温度上升易变形减少的力能，所以辗扩力和辗扩力矩随着进给速度的增加而增大。

C　初始辗扩温度的影响

图 7-36 所示为进给速度 2.5 mm/s、摩擦系数 0.35 和初始辗扩温度分别为 420 ℃、450 ℃、480 ℃时，铸坯法兰环件热辗扩的等效应变分布。环件整体应变沿着表层棱角处

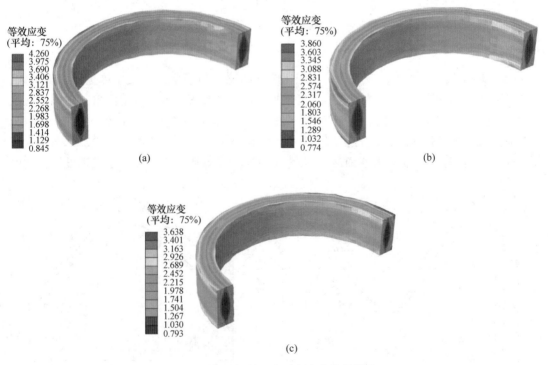

图 7-36　环坯初始温度对应变分布的影响

（a）$T_0 = 420$ ℃；（b）$T_0 = 450$ ℃；（c）$T_0 = 480$ ℃

向中层区域降低，在中心区域仍能看到呈双鼓状的应变分布。随着初始温度升高，外层区应变降低，中层区域变化则不大，因为高温下的金属流变增强、塑性变好，有利于环件辗透，对环件的应变均匀性增强。

图 7-37 所示为不同初始温度下法兰环件热辗扩温度分布。温度沿着环件边缘棱角处向中层区域逐渐升高。随着初始温度的升高，环件整体温度有所提升，表层与中层区域升高约 17 ℃ 和 35 ℃。这是由于在环件辗扩中，随着环件初始温度升高，表层区与外界热交换、热辐射损耗增加，导致热量散失比中层区域快，中层区域仍有较高的温度，温度分布的均匀性也降低了。

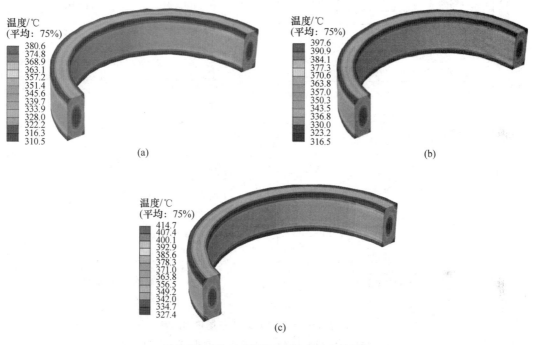

图 7-37　环坯初始温度对温度分布的影响
（a） $T_0 = 420$ ℃；（b） $T_0 = 450$ ℃；（c） $T_0 = 480$ ℃

图 7-38 所示为辗扩结束时环件等效应变、温度以及辗扩力和辗扩力矩变化曲线。内外表面区域有最大应变并向中心递减，曲线整体呈凹字型。平均温度呈凸字型，随着初始辗扩温度增加环件整体温度依次上升约 14 ℃，而应变有所降低。随着初始温度升高，塑性变形更容易进行，有利于应变穿透整个环件使应变减小且更加均匀。此外，初始温度升高使环件在辗扩过程中的变形抗力减小，辗扩力和辗扩力矩也随之减小。

思 考 题

7-1　试分析环件辗扩时变形区的受力特点，其是否属于局部加载的塑性成形方法？

7-2　查阅文献资料，列举我国典型的采用辗扩成形工艺生产的核电关键零部件构件。

7-3　为什么在径向辗环机的基础上，会出现径-轴向辗环机？

7-4　基于铸坯的环件辗扩成形新工艺与传统的环件辗扩成形工艺相比，其优势体现在哪里？

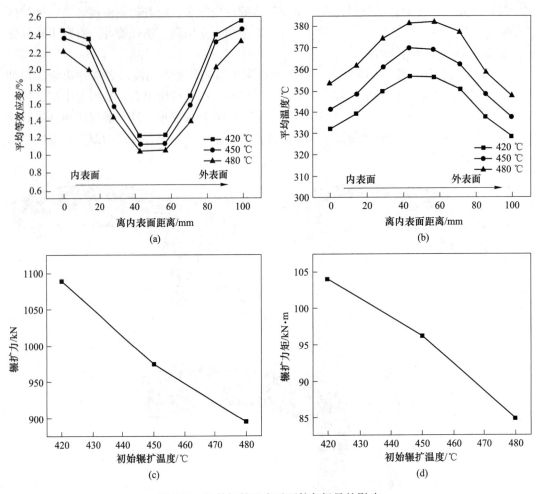

图 7-38　初始辗扩温度对环件各场量的影响

（a）等效应变；（b）温度；（c）辗扩力；（d）辗扩力矩

7-5　简要说明环件短流程铸辗复合成形技术所具有的显著优势，其适应性如何？试列举典型的可采用该技术生产的环形零件产品。

8 摆辗成形

8.1 摆辗成形原理

8.1.1 摆辗成形原理分析

摆动辗压成形，简称摆辗成形，是指上模的轴线与被辗压工件（放在下模）的轴线（称主轴线）倾斜一个小角度，模具一面绕主轴线旋转，一面对坯料进行压缩，属于典型的连续累积的塑性成形方法。

摆辗成形实质是通过局部连续加载成形生产锻件的加工方法，基本原理如图 8-1 所示。

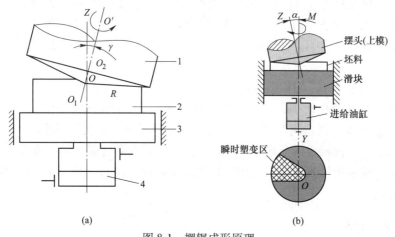

图 8-1　摆辗成形原理
（a）摆辗；（b）摆辗塑变区
1—上模；2—毛坯；3—滑块；4—液压缸

摆动机构带动上面的上模 1 沿毛坯 2 表面连续摆动滚动，液压缸 4 不断推动滑块 3 把毛坯送进加压而达到整体成形，上模轴线 OO' 与机身轴线 OZ 的夹角 γ 称为摆角。可见，摆辗成形是连续局部加载成形方法。在摆辗成形过程中，上模母线相对于工件轴线作螺旋运动。若上模母线是一直线则工件上表面为一平面，若上模母线为一曲线，则工件表面也可相应获得一定的曲面形状，下模和一般锻压成形模具基本相同。为使上模简单，模具设计时希望复杂的一面放在下模内。

图 8-2 为典型的摆辗成形过程。

8.1.2 摆辗成形特点

摆辗成形的主要特点是：模具与工件局部接触，接触面积小，偏心加载，顺次加压，

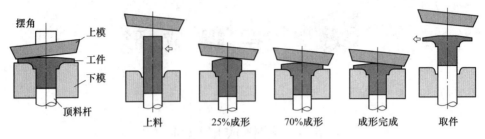

图 8-2　摆辗成形过程

连续成形。因此，摆辗成形具有如下优点：

（1）省力。摆辗是以局部变形代替传统塑性加工工艺的整体变形，所需变形力小，设备吨位小。视工件复杂程度不同，摆辗力为常规锻造力的 1/20～1/5。

（2）成形时不易开裂，产品质量好。由于是多次变形累积，变形比较均匀，侧面不易产生裂纹，摆辗钢件时的极限变形比普通工艺增大 10%～15%。若模具制造精度高，工件垂直方向的尺寸精度可达 0.05～0.2 mm，表面粗糙度 R_a 可达 0.4～0.7 μm。

（3）特别适合薄盘类零件成形。如薄饼、圆盘、汽车半轴的法兰等零件，因为当锻件很薄时，由于摩擦力的影响，普通锻造方法所需的压力可能等于模具材料的强度极限而造成无法加工。而采用摆动辗压成形，模具和坯料之间由滑动摩擦变为滚动摩擦，摩擦系数大大降低，轴向压力比一般锻造方法要小得多。

（4）机器的噪声及振动小，改善工作环境，易实现机械化和自动化。

（5）设备投资少，制造周期短，见效快，占地面积小，基建费用低。

需要指出的是，摆辗成形毛坯的高径比不能太大，否则容易产生"蘑菇头"形，造成折叠缺陷；摆辗机结构较为复杂，工作时，机架反复地受偏心载荷作用，所以其刚度要求较一般液压机高。

8.1.3　摆辗成形分类

根据摆辗成形的对象不同，摆辗工艺主要分为以下几种类型：

（1）摆辗锻造。主要成形各种盘饼类、环类和带法兰的长轴类零件，如法兰、齿轮坯、铣刀坯、碟形弹簧坯、汽车后半轴、扬声器导磁体、各种伞齿轮和端面齿轮等。

（2）摆辗铆接。是摆辗技术领域的一个分支，它与液压铆接、气动铆接相比，具有省力、无噪声、无冲击、铆接质量好等优点。它既可以用于固定铆接，也可以实现活动铆接。摆辗铆接广泛应用于五金、建筑、机械、电器等生产。

（3）粉末摆辗。以粉末烧结体做预制坯，经摆辗成形并提高制品的致密度以制造各种制品的新技术。粉末摆辗的基本特点是在辗压过程中，制品不仅产生几何形状的改变，而且同时也产生较大的体积变化。

（4）摆辗精冲。对板材轮流局部施力以达到小行程累积式连续冲裁的一种特殊的精密冲裁工艺。

此外，摆辗还可用于翻边、缩口和挤压等工艺，如图 8-3 所示。

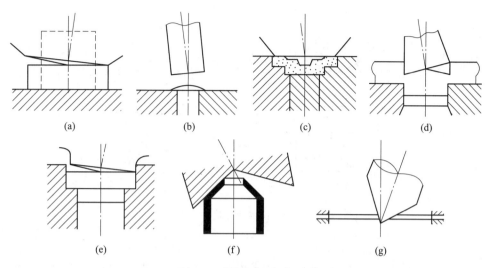

图 8-3 典型摆辗成形工艺

（a）摆辗锻造；（b）摆辗铆接；（c）粉末摆辗；（d）摆辗精冲；（e）摆辗挤压；（f）摆辗缩口；（g）摆辗翻边

8.2 摆辗成形工艺参数

8.2.1 接触面积率

工件与模具间的接触面积率是摆动辗压工艺中的一个极其重要的工艺参数，摆辗过程中的许多问题都与它有着密切的关系，其含义是指摆头与工件的接触面积与总变形面积的比值，通常以 λ 表示。到目前为止，已有许多学者对它进行了理论推证和试验研究。由于求解结果比较复杂，一般均给出简化公式。应用较多的有波兰的马尔辛尼克和日本的久保胜司给出的简化公式。

马尔辛尼克给出的简化公式为：

$$\lambda = 0.45 \sqrt{\frac{s}{2R\tan\gamma}} \tag{8-1}$$

式中，s 为每转进给量，mm/r；R 为工件变形半径，mm；γ 为摆头倾角，（°）。

久保胜司给出的简化公式为：

$$\lambda = 0.63Q^{0.63} \tag{8-2}$$

式中，Q 为相对进给量，$Q = s/(2R\tan\gamma)$。

8.2.2 摆辗力

摆动辗压力可按下式确定：

$$F = pA_{触} \tag{8-3}$$

式中，$A_{触}$ 为接触面积，如图 8-4 所示，$A_{触} = \lambda A_{毛坯}$，$A_{毛坯}$ 为在辗压时的上表面积，λ 为接触率；p 为平均单位压力，$p = K\sigma_s$，σ_s 为材料在一定温度下的屈服应力，即真实应力，K 为试验得到的系数。

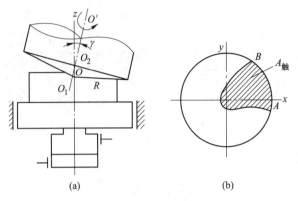

图 8-4 摆辗成形接触面积

(a) 全图；(b) 变形区面积

冷摆辗时，波兰马尔辛尼克教授建议取 $K=1.5\sim1.9$，自由辗压时 $K=1.5\sim1.7$，局部摆辗时 $K=1.5\sim1.9$。我国某些学者试验指出，在闭式辗压时其值要大于 2。关于面积接触率的计算公式较多，常采用波兰马尔辛尼克教授提出的式（8-1）。

我国假定锥面与螺旋面相交求出的面积接触率为：

$$\lambda = 0.3\sqrt{\frac{s}{2R\tan\gamma}} + 0.11\sqrt{\frac{s}{2R\tan\gamma}} \tag{8-4}$$

8.2.3 摆头倾角

摆头倾角的大小直接影响到接触面积系数的大小，影响到机器的轴向压力和功率大小，进而影响到机器效率和工件质量。根据摆辗方法不同，γ 角的选用不同。γ 角小时金属轴向流动较大，γ 角大时则金属径向流动较大。冷辗时，由于变形抗力较大，因而需要总的变形力也较大，为减少摆辗力和偏心力矩，使电动机转矩不至于很大，冷辗时一般均选取较小的进给量 s 和较小的摆角 γ，通常取 $\gamma=1°\sim2°$。热辗时，由于变形抗力为冷辗时的十分之几，所以摆辗力也仅为冷辗时的十分之几。但随着温度的降低，变形抗力增大，将使工件不易充满模腔，同时也降低了模具寿命。因此热辗时希望尽量缩短时间。当增大 γ 角，在 s 一定的条件下，可使辗压次数减少，对缩短时间有利，热辗时一般取 $\gamma=3°\sim5°$。铆接时为了加快金属径向流动 γ 角常取 $4°\sim5°$。

8.2.4 摆头转速

摆头转速 n 不仅影响到摆动辗压机的生产效率和摆头电动机的功率，而且影响到摆动辗压机的轮廓尺寸和摆动辗压件的质量。在摆头转速低的情况下，可以延长辗压时间。一般情况下，为了提高生产率可使摆头的转速高些，但对于大吨位的摆动辗压机，就要增大电动机功率，增大机架刚度，否则在增大摆头转速的情况下，会使机架受力恶化，振动加大，机器容易发生故障，也会使成形件的表面粗糙度增大。热辗一般取 $n=30\sim300$ r/min 为宜。

目前有增大转速的趋势，高转速能缩短摆辗成形时间，使坯料在模具型腔中滞留时间缩短，延长模具寿命，在国外有 $n=600$ r/min 的摆辗机，大大提高了生产率。

8.2.5 工件每转进给量

每转进给量的大小直接关系到设备吨位及摆头电动机功率的大小，关系到锻件质量的好坏和生产率的高低。在圆柱件摆辗变形研究中发现，当摆辗力与工件每转进给量 s 均较小时，就会产生"蘑菇效应"，同时伴有锻不透现象发生，会影响锻件质量，硬度分布也不均匀。因此，为了保证锻件的质量，就必须保证有足够的摆辗力，也就是要有足够的每转进给量 s，使塑性变形区发展到工件整个高度，消除"蘑菇效应"现象。一般选择 s 时应使计算面积接触率 λ 值所形成的弧长 α 不低于工件高度 H，使其达到均匀变形，工件每转进给量 s 的最小值按下式计算：

$$s_{\min} = \frac{H^2}{4R}\tan\gamma \tag{8-5}$$

式中，H 为辗压件高度，mm；R 为辗压件半径，mm；γ 为摆头倾角，(°)。

在设备吨位允许的情况下，应尽量增大 s 值，一般选取 $\lambda = 0.20 \sim 0.23$，常用的摆辗机取工件每转进给量 $s = 0.2 \sim 2$ mm/r。

8.2.6 摆头驱动电机功率

摆头驱动电动机功率是摆辗设备的主要参数之一。摆辗力使摆辗件变形所做功与电动机驱动摆头回转所做功之和构成了工件的变形功，推荐公式为：

$$P = 127.5 \times 10^{-8}\frac{Fn}{\eta}\sqrt{D s \cos^{-1}\left(1 - \frac{2s}{D\tan\gamma}\right)} \tag{8-6}$$

式中，F 为实际吨位，kN；n 为摆头实际转速，r/min；D 为工件最后直径，mm；γ 为摆头倾角，(°)；s 为每转进给量，mm/r；η 为传动部分总效率。

8.3 摆辗成形设备

根据摆辗成形工艺的原理，摆辗机的工作原理为：具有锥形的上模固定在摆头上，而摆头轴线与机器主轴中心相交成 γ 角。当主轴旋转时，摆头同上模作摆动运动。毛坯置于固定在滑块上的下模中，滑块在送进液压缸的推动下一起向上运动，当毛坯接触到摆动的上模时，毛坯就在上下模之间产生塑性变形。

摆辗机的结构特点是有两个运动副，一个为推动滑块作直线往复运动的液压传动系统，一个为使上模作摆动运动的机械传动系统，它们的合成运动是一个螺旋运动。

以下对摆辗机的具体类型和结构进行简要说明。

8.3.1 摆辗设备类型

8.3.1.1 根据机身轴线分类

根据机身轴线位置不同，将机身轴线设计成垂直于水平面和平行于水平面两种形式，摆辗机分为立式摆辗机和卧式摆辗机。按照机身结构不同，又有框架式、四柱式、焊接式结构。

立式摆辗机是国内外最常见的一种摆辗机，公称压力 36～6300 kN，它操作方便，受力情况较好，占地面积小，适用范围广，易于实现机械化和自动化。图8-5为常见的立式摆辗机。

卧式摆辗机一般来说滑块行程较立式摆辗机长，公称压力在 1000～4000 kN，主要用于摆辗汽车、拖拉机半轴、车床主轴等长轴类锻件。

(a)　　　　　　　　　　　　　　(b)

图 8-5　立式摆辗机

(a) 立式摆辗工作时；(b) 立式摆辗工作前

8.3.1.2　根据摆头结构形式分类

根据摆头结构形式不同，分为滚动轴承式和滑动轴承式（包含静压轴承式）。

(1) 滚动轴承式采用推力球轴承和向心球轴承分别承受偏心载荷所引起的轴向力和径向力，结构比较简单。但辗压时的整个摆辗变形力仅由几个相邻的轴承滚珠承受，滚珠产生弹性变形，接触应力骤增，摩擦力大大增加。

(2) 滑动轴承式采用半球形滑动球头和球头座承受偏心载荷所引起的轴向力和径向力，机构简单、紧凑，承载力大，使用寿命长。但加工制造复杂，热辗时会出现卡死现象，所以冷辗多采用此结构。

(3) 静压轴承式摆头主要由偏心套、带柄的半球体及球座等组成。这种摆头结构的摩擦阻力小，对于偏心载荷有很强的适应性，同时还具有良好的吸振性能，减少摆动辗压时振动对机架的影响。另外，在热辗压或温辗压时要特别注意对球头的冷却，否则容易因热膨胀而卡死。

8.3.1.3　根据锥体模的运动形式分类

(1) 锥体模自转并直线运动进给，工件作旋转运动为Ⅰ型，如图8-6所示。锥体模在工件端面上滚动。Ⅰ型摆辗机摆头只作转动，不摆动，其轨迹为一条线。属于这类机器的有德国的轴向模轧机（AGW型）、美国的 Orbital Mill、俄罗斯的端面锥齿轮热辗压机等。Ⅰ型摆辗机结构简单，采用普通轴承，广泛应用于热摆辗成形。

(2) 锥体模摆动+自转、章动+自转或公转+自转，工件直线运动进给为Ⅱ型，如图

8-7 所示。这种摆辗机是 Ⅰ 型到 Ⅱ 型的过渡型，作为摆辗铆接机是成功的。但结构复杂，轴承寿命短，用于热辗成形则需要频繁维修，在冷、热成形中已不再使用。

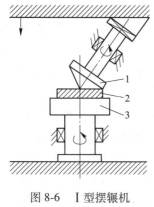 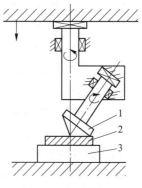

图 8-6 Ⅰ 型摆辗机   图 8-7 Ⅱ 型摆辗机

1—摆头；2—工件；3—模具   1—摆头；2—工件；3—模具

8.3.1.4 根据用途分类

根据用途不同，分为锻造摆动辗压机和铆接摆动辗压机（也称摆动铆接机）。

（1）锻造摆动辗压机主要用于冷辗、温辗和热辗各类锻件。

（2）摆动铆接机具有许多优点，铆接力小（为传统铆接力的 8%~9%），可以使得热铆变冷铆，节能；无振动，噪声小；铆接质量高，时间短，还可以通过改变摆头倾角 γ 的大小而改变塑性变形区的深度，达到调节铆接松紧程度，实现不同要求的铆接（如链条、钳子需要铰链铆接，桁架需要固定铆接），所以摆动铆接得到了广泛应用。图 8-8 为摆辗铆接示意图及铆接过程。

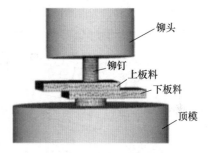

图 8-8 摆辗铆接示意图及其过程

8.3.2 摆辗设备结构

摆辗机通常是由摆头、滑块、机身、液压缸和机械传动系统等五部分组成。

8.3.2.1 机身

摆辗机的机身多采用框架式结构。这种机身又可分为整体式和组合式两种。整体式机身加工装配工作量较多，但需要大型加工设备，运输也比较困难。组合式机身由上、下横梁，左右立柱和四根拉紧螺栓等组成，上、下横梁和立柱通过拉紧螺栓组成一个整体。为防止各部分之间的相对错移和精确定位，采用圆形或方形的定位销在水平面的两个方向定位。圆形定位销是在装配后配钻的，而方形定位销是在装配前加工好的销孔，待装配后打入定位销。组合式机身的加工运输都比较方便，国产卧式摆动辗压机大多数采用这种结构。

8.3.2.2 摆头

摆头是摆动辗压机所特有的，是实现摆动辗压工艺的关键部件，它决定摆动辗压机的使用性能。摆头的结构不同，其运动轨迹也有所不同。

A 摆头结构

根据摆头上轴承形式不同，分为滚动轴承式和滑动轴承式。

（1）滚动轴承式摆头如图 8-9 所示。它的结构特点是在摆头上安装一个上端为水平面，下端与水平面呈 γ 角的斜盘，以实现摆动运动。当传动部分带动摆轴 1 旋转时，斜盘 4 随着旋转，而安装在斜盘偏心孔内的模座 5 便带动上模 6 产生摆动运动。该结构的优点是结构简单，容易加工制造，维修方便，功率消耗较小。但需要选择合适的轴承，一般多采用推力向心球面滚子轴承。

（2）滑动轴承式摆头，如图 8-10 所示，其特点是在摆头上装有一个或内外两个偏心套和一个滑动球头 3，偏心套上端与机器主轴相连，内有一偏心孔，其轴线与偏心套的轴线相交成 γ 角，滑动球头的尾柄部分嵌入到偏心孔中，于是滑动球头的轴线与机器主轴线也形成 γ 角，滑动球头 3 另一端与球面衬套 2 相配合。当主轴旋转时，偏心套跟着旋转，于是滑动球头带动上模产生摆动。当装有两个偏心套并以不同的转向和转速组合时，就会实现摆头多轨迹运动。该结构优点是传递载荷较大，结构简单、紧凑，寿命长。

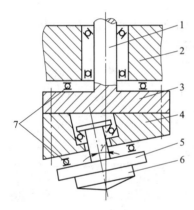

图 8-9　滚动轴承式摆头

1—摆轴；2—上横梁；3—摆轴盘；4—斜盘；

5—模座；6—上模；7—推力轴承

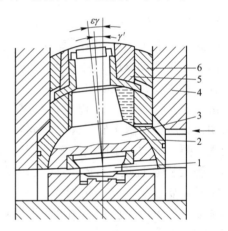

图 8-10　滑动轴承式摆头

1—上模；2—球面衬套；3—滑动球头；

4—机架；5—内偏心套；6—外偏心套

B 摆头的运动轨迹

摆头的运动轨迹不仅对金属流动和充填影响很大，而且对电动机功率及设备刚度等均有影响，特别是对形状不规则锻件的成形影响更大。摆头运动轨迹有四种，即圆轨迹、螺旋线轨迹、玫瑰线轨迹和直线轨迹，如图 8-11 所示。

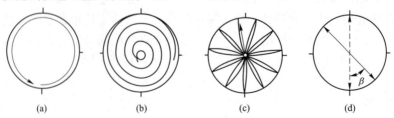

(a) (b) (c) (d)

图 8-11　摆头四种运动轨迹

（a）圆轨迹；（b）螺旋线轨迹；（c）玫瑰线轨迹；（d）直线轨迹

摆动辗压机可以设计成只有一种运动轨迹，也可以同时具有几种运动轨迹。单一运动轨迹的机器结构简单，制造维修方便，供大批量生产的摆动辗压机多采用单一运动轨迹。我国制造的摆动辗压机大多数是单一运动轨迹，而且多是圆轨迹。只有摆辗铆接机才采用玫瑰线轨迹。波兰 PXW100AAb 型摆动辗压机可在一机上实现四种运动轨迹，其工作原理，如图 8-12 所示，球头尾柄装在内偏心套的偏心孔内，靠内外偏心套同向或反向、同速或不同速旋转时产生四种不同运动轨迹：

（1）当内偏心套与外偏心套同向同速旋转时，摆头运动轨迹为圆轨迹，适合辗压各种圆形工件。

（2）当内、外偏心套反向旋转，且内偏心套角速度等于两倍外偏心套角速度时，摆头运动轨迹为直线轨迹，适合于加工椭圆或长轴类工件。

（3）当内、外偏心套反向旋转，而内偏心套的角速度比外偏心套的角速度大 n 倍时（1.2 倍例外），摆头运动轨迹为玫瑰线轨迹。

（4）当内、外偏心套同向转动，且外偏心套转速大于内偏心套时，摆头运动轨迹为螺旋线轨迹，适合加工具有不同直径台阶的工件。

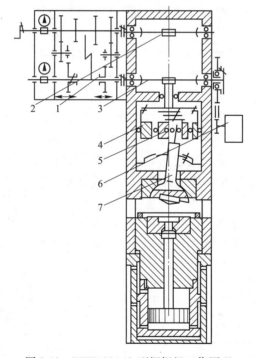

图 8-12　PXW100AAb 型摆辗机工作原理
1—变速箱；2—第二级蜗轮；3—第一级蜗轮；4—外偏心套；5—内偏心套；6—电动机；7—摆头

8.3.2.3　滑块

滑块是一个传递力的部件，它将液压缸的推力传递给工件，使之产生塑性变形。滑块上端通过梯形槽和螺钉与下模固定在一起，滑块下端和液压缸中的活塞杆连接，滑块四周与导轨配合。工作时滑块在液压缸活塞杆的推动下沿导轨作上下往复运动。滑块分为箱形滑块和圆形滑块。

箱形滑块通常采用灰铸铁或球墨铸铁浇铸而成，也可采用焊接结构。为了保证导向精度，在箱形滑块的四个角上设有导向面，以便和机身的导轨互相滑动配合。导轨和滑块的导向面应保持一定的间隙，一般为 0.1 mm 左右，视机器精度与工作力大小而定，而且这个间隙要能够进行调整，它是靠一组推拉螺钉来实现的。

圆形滑块导轨在圆周方向上刚性一致，变形和受力都相同；圆形滑块与导轨的接触面积要比箱形滑块大，因而磨损小；圆形滑块与导轨制造时容易保证精度，安装调试方便；圆形滑块导轨只有一个圆筒，容易紧固。因此，圆形滑块导轨很适合摆动辗压机，但缺点是间隙不能调整，磨损后不易修复，只能采用在圆形导轨上面镶套的方法来解决，比较麻烦。

8.3.2.4 液压缸

根据摆动辗压机的结构要求，可以分为柱塞式液压缸和活塞式液压缸两种。柱塞式液压缸又分简单液压缸和复合液压缸两种。复合液压缸用以实现液压顶料。

8.3.2.5 传动系统

摆动辗压机螺旋运动的传动方式有以下几种：

（1）摆头作匀速旋转，即上模均匀摆动，下模带动毛坯作等速或变速直线送进运动。这是一种分别传动形式，如图 8-13 所示。这种传动形式结构简单，维修方便，容易实现。国内外摆动辗压机大多数采用这种形式，但这种传动形式机身受交变偏心载荷作用，受力复杂。

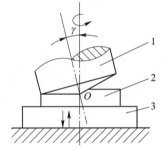

图 8-13　摆头作匀速旋转
1—上模；2—毛坯；3—下模

（2）下模固定不动，上模不仅作均匀摆动，同时又作上下往复送进运动，如图 8-14 所示。这种传动形式较第一种传动形式复杂，需要增加花键轴和花键套等零件。但它结构比较紧凑，适合小型摆动辗压机。国内外小型摆动铆接机大部分采用这种传动形式。

（3）通过机械传动或液压马达使下模作旋转运动，而上模中心线与主轴偏一个 γ 角自转，并作上下往复运动，即上模进给下模转动，如图 8-15 所示。

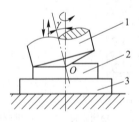

图 8-14　上模作复合运动
1—上模；2—毛坯；3—下模

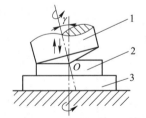

图 8-15　上模进给下模转动
1—上模；2—毛坯；3—下模

（4）上模轴线与机器主轴呈一个角度固定不动，靠工件摩擦或机械驱动自转，而下模作螺旋运动，又称为下传动方式，如图 8-16 所示。可以消除由于摆动产生的交变偏心载荷，机身受力均匀稳定，辗压件精度高，不需要防转装置，可以辗压非对称锻件。

综上，摆辗必须有两个运动副，即旋转运动副和直线运动副，可以用同一个能源来实

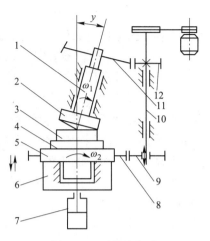

图 8-16 下传动方式

1—摆轴；2—上模；3—工件；4—下模；5—工作台；6—滑块；
7—送进液压缸；8，9，11，12—传动齿轮；10—旋转轴

现，也可以分别用两个不同的能源来实现。国内外摆动辗压机大多数采用分别传动的形式来实现，即用液压或气压传动实现送进运动，用机械传动实现摆动。

8.3.3 摆辗模具设计

不同的摆辗成形工艺，模具设计的原理是基本相同的，只是在温辗和热辗时要考虑线膨胀系数。摆辗模具设计的步骤包括以下方面。

8.3.3.1 锻件图制定

（1）确定机械加工余量和锻造公差。由于摆辗加工精度较高，加工余量和锻造公差可按曲柄压力机来选取。冷辗时可做到无余量辗压，锻造公差可取 0.03 mm。

（2）分模面的选择。摆辗模具有开式模和闭式模两类。由于摆辗件多为回转体，因此，多数为闭式模。闭式模不需要切边工序；虽有纵向毛刺，但易去除；金属充满模腔容易；模具加工简单。但闭式模对坯料工序要求严格。闭式模分模面选在锻件最大轮廓尺寸的前端面，以便在锻件开模时不致固着在摆动凸模上。

（3）锻模斜度。摆辗机均有致顶装置，而且顶料力较大，加之摆辗件高度较小，所以摆辗锻件斜度可取小一些，一般取 3°~5°。外壁斜度取小值，内壁斜度取大值。

（4）锻件圆角半径。摆辗件圆角半径可参照机械压力机上模段选取。

8.3.3.2 模具结构设计

根据摆辗机的不同，模具结构可分为立式模具及卧式模具两种：

（1）立式模具：用在立式摆辗机上，它由摆动凸模和固定凹模组成。考虑到加工容易，锻件形状复杂的部分，特别是非回转体的部分，均在固定凹模中成形，而形状简单的部分放在摆动凸模内成形。

（2）卧式模具：用在卧式摆辗机上，适合辗压法兰、长轴类零件，工件取放比较方便。卧式模具由摆动凸模、活动凹模和固定凹模三部分组成。

8.3.3.3　摆辗模膛设计

固定凹模模膛尺寸和形状均按锻件图上相应的尺寸和形状进行设计，而摆动凸模的中心线与机器主轴线相交一个摆角 γ，所以摆动凸模模膛尺寸和形状都要根据锻件图进行设计计算，这也是摆辗模具设计不同于一般锻模设计之处，具体特点如下：

（1）首先要选好摆动模具的顶点，使其位于机器的回转中心上。即摆动模圆锥面的顶点 O 到模具安装面的距离 H 等于摆动中心到摆头模座地面的距离 H_1，即 $H=H_1$，如图 8-17 所示。这样位于基锥面上的尺寸和锻件实际尺寸相一致，而其他面的尺寸，如 $H<H_1$ 时，所辗出的锻件直径尺寸就必然大于锻件图上相应的直径尺寸；当 $H>H_1$ 时，得到的锻件直径尺寸就一定小于锻件图上相应部位的尺寸。进行模具尺寸设计时，要根据不同位置对模具尺寸加以修正，以便得到合格的锻件尺寸。

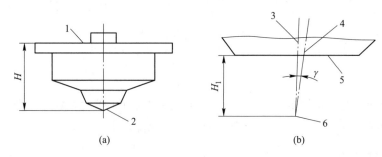

图 8-17　摆动模具的安装位置

（a）凸模；（b）模座

1—安装面；2—锥面顶点；3—凸模轴线；4—摆头中心线；5—模座地面；6—摆动中心

（2）锻件图中锻件的轴线就是摆动模的轴线。凡与轴线相垂直的各圆台阶平面，在摆动模中都必须设计成台阶式的圆锥面。其圆锥角均为 $180°-2\gamma$，如图 8-18 所示，γ 为摆角。锻件图中直径最小的回转平面的中心 O，在摆动模中要将其设计为圆锥面的顶点 O'。

圆锥母线长度等于各圆台阶平面的半径，圆锥底面的直径为：

$$D_{mn} = D_{dn}\cos\gamma \pm 2H_{dn}\sin\gamma \tag{8-7}$$

式中，D_{mn} 为摆动模圆锥底面的直径；D_{dn} 为锻件图中各圆台平面直径；H_{dn} 为锻件图中两相邻圆台平面间的高度；γ 为摆角。

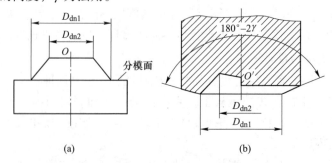

图 8-18　锻件图与摆动模对应关系

（a）锻件图；（b）凸模

当锻件的平面在回转中心之上时，取"－"号，在回转中心之下时取"＋"号。当 $H_{dn}=0$ 时，$D_{mn}=D_{dn}\cos\gamma$。

（3）高度尺寸 H_u 是摆动凸模型腔相应的深度尺寸 H_{mn}，如图 8-19 所示，即 $H_{dn}=H_{mn}$。

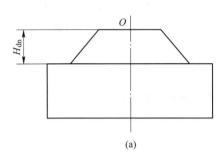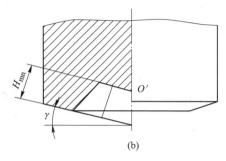

图 8-19　摆动凸模型腔深度

（a）锻件图；（b）凸模

（4）摆动凸模斜度与锻件斜度的关系，如图 8-20 所示，斜角在基面 O 之上，即：

$$\beta_{omn}=\beta_{idn}-\gamma \tag{8-8}$$

$$\beta_{imn}=\beta_{odn}+\gamma \tag{8-9}$$

式中，β_{omn}、β_{imn} 为摆动凸模外侧、内侧斜度；β_{odn}、β_{idn} 为锻件外侧、内侧斜度；γ 为摆角。

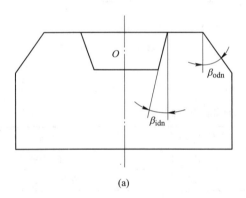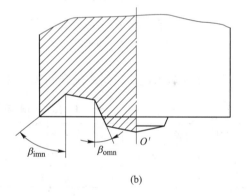

图 8-20　摆动凸模斜度与锻件斜度的关系

（a）锻件图；（b）凸模

（5）摆动凸模圆角半径和锻件图中圆角半径相等，即 $R_m=R$，但它的圆心要增加一个偏移量 e，如图 8-21 所示，e 按式（8-10）计算：

$$e=H_{dn}\sin\gamma \tag{8-10}$$

（6）摆动凸模与固定凹模间的间隙确定。摆动辗压多采用无飞边闭式辗压成形，摆动模应进入固定模中一小部分。这样既不会产生过大的纵向飞边，同时也便于安装。因此，固定模与摆动模之间要有适当间隙。如间隙过大，则纵向飞边加厚，不易去除；间隙过小，热辗时摆动模易卡死。同时要考虑摆动凸模外部形状的不同，在固定凹模上应留有相应的锥角。如摆动凸模外形为圆柱形时，固定凹模与摆动凸模相对应部分应成斜度为 γ 的锥孔，如图 8-22 所示。当摆动模外形为 $180°-2\gamma$ 时，固定凹模与摆动模相配合部分做成 $\gamma/2$ 的锥孔，如图 8-23 所示。

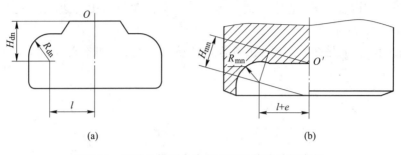

图 8-21　摆动凸模圆角半径及圆心偏移量的确定
(a) 锻件图；(b) 凸模

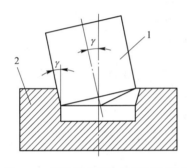

图 8-22　圆柱形凸模与凹模间的锥角
1—摆动凸模；2—凹模

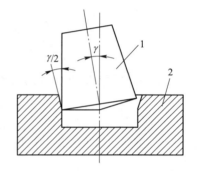

图 8-23　倒锥形凸模与凹模间的锥角
1—摆动凸模；2—凹模

摆动凸模与固定凹模间的配合间隙见表 8-1。

表 8-1　摆动凸模与固定凹模间的配合间隙

锻件公称直径/mm	间隙/mm	锻件公称直径/mm	间隙/mm
$\phi80 \sim 120$	$0.20 \sim 0.40$	$\phi180 \sim 280$	$0.65 \sim 0.95$
$\phi120 \sim 180$	$0.40 \sim 0.65$	$\phi280 \sim 390$	$0.95 \sim 1.20$

8.4　摆辗成形应用的工程案例

8.4.1　汽车半轴摆辗成形

汽车半轴是在汽车运行中既要承受重量又要传递扭矩的重要零件，它属于局部镦粗的长杆类典型件。摆辗工艺具有省力、成形精度高等优点。国内用第Ⅲ类摆辗机即卧式摆辗机成形，其工艺流程为：局部加热—压力机胎膜锻局部镦粗预制坯—再加热摆辗终成形。由于采用两次加热，锻件表面氧化严重，表面质量差，还易造成材料过烧，生产效率低，成本高。为此，本例提出了一次加热挤辗成形工艺，坯料经局部加热后，在热摆辗机上直接成形。由于加热好的坯料在一台设备上连续进行全程变形，坯料表面的氧化得以改善，保证了终辗锻件表面质量。

8.4.1.1 工艺方案及工艺参数

热摆辗汽车半轴的生产工艺为：下料（圆料）→局部加热→热摆辗成形。下料时选用与半轴杆部直径相等的原材料，利用锯床下料，为了去除氧化皮和表面锈蚀、突起，再放进滚筒里打光，最后在矫直机上矫直。所采用设备为新设计的 2500 kN 热摆辗机，该机采用了特殊的模具夹紧及滑块机构，可以先将坯料摆辗成蒜头，再摆辗终成形。摆头摆角为 3°，摆辗坯料直径可达220 mm。图 8-24 所示为摆辗示意图。

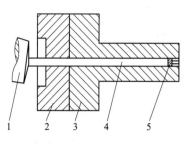

图 8-24 汽车半轴摆辗成形
1—上模；2—下模；3—前滑块；
4—工件；5—后滑块

汽车半轴的摆辗力为：

$$P = \lambda \pi R^2 n_\sigma \sigma$$

式中，λ 为面积接触率，$\lambda = 0.4\sqrt{Q} + 0.14Q$，其中 $Q = \dfrac{s}{2r\tan\gamma}$，$s$ 为进给量，γ 取 3°；R 为工件半径；n_σ 为应力状态系数，与工件尺寸形状、接触摩擦系数等因素有关：

$$n_\sigma = 1 + 0.414\mathrm{e}^{-0.35Q} + \frac{mR}{h}(0.24Q + 0.414)$$

式中，m 为摩擦因子，是接触摩擦系数 f 和相对接触弧长 $L\sqrt{h} = R\arccos(1-2Q)$ 的函数，热摆辗 40Cr 时，$f \approx 0.4 \sim 0.45$；屈服强度 $\sigma_s = 1200$ MPa。

将数据代入上式计算，摆辗力为 1699 kN，仅为平锻机上镦粗力的 11%，摆辗工艺可以用小吨位设备加工同样的零件。

8.4.1.2 汽车半轴摆辗有限元模型

摆辗是一种连续局部加载变形过程，摆头与坯料之间的相对运动状态实际是螺旋式送进过程，因为其变形情况复杂，模具既有摆动又有平动，接触区内既有滚动又有滑动，使有限元数学模型求解具有较大的难度。

为了获得变形过程中工件内部的力学信息，采用有限元法对工艺全过程进行仿真分析。所用软件为体积成形模拟软件包 DEFORM-3D。模拟所用模型如图 8-25 所示，该工艺的变形特点是，在摆辗过程中主要依靠头部的镦粗变形来获得法兰部分，其余杆部基本不发生塑性变形，因此，为了缩短计算时间，提高模拟效率，所采用模型主要对法兰部分的变形进行模拟。

图 8-25 摆辗模型

采用直径为 50 mm 的合金钢 40Cr，假设其为刚塑性不可压缩材料，忽略变形过程中的温度变化，用四面体单元进行网格划分。模具保持刚性状态，模具的运动简化为锥形上模绕机器主轴公转，下滑块推动坯料匀速向上进给，当成形法兰部分（加热部分）的坯料全部挤入凹模后，坯料便在凹模的带动下继续向上进给直至半轴法兰盘的最终成形。摆辗运动速度为 25.13 rad/s，工件向上进给的速度为 15 mm/s。模拟中采用常剪切摩擦模型，由于热变形过程润滑条件差，下模与工件的摩擦系数取 0.3，上模与工件的摩擦系数取 0.1。其他初始条件与实际工艺参数一致。本例还对预制坯料摆辗进行了模拟，以比较两者的差别。

8.4.1.3　有限元模拟的部分结果

从图 8-26 可以看出工件根部因用滑块向上顶，所以根部会有少量的应力存在，同时杆部也会有很小的应力。由于偏载的作用，工件内部应力分布不均匀，靠近接触区的部分等效应力较大，在法兰与杆部之间的角部区域应力变化较为剧烈，金属有沿摆头摆动方向转动的趋势，因此，该部分金属有微量的扭转，但不影响最终的成形。

等效应变是各部位连续变形后累加得到的，所以等效应变的分布在工件不同高度的截面上比较均匀，如图 8-27 所示，但在工件上表面附近，芯部和法兰部分的应变均比较大。同时也可以看出，与法兰相连的杆部也发生了一定的塑性变形，这是因为杆部与下模内壁之间存在着间隙，于是在摆辗过程中杆部上端也发生了少量的镦粗。

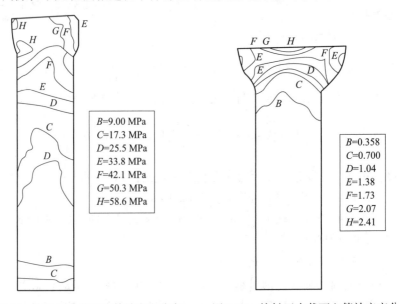

图 8-26　接触区中截面上等效应力分布　　　图 8-27　接触区中截面上等效应变分布

8.4.2　地铁车轮摆辗成形

地铁车轮的摆辗成形过程涉及温度场与力学量场的耦合作用，工件变形机理十分复杂。采用传统的生产经验法进行车轮成形工艺的设计，无法对工件内部的应力应变状态、温度分布等进行预测，也无法对车轮成形性和质量进行控制。采用有限元模拟技术，能够帮助预测产品性能，减少生产成本，缩短产品设计生产周期。

8.4.2.1　地铁车轮摆辗成形工艺分析

以马鞍山钢铁股份公司的 SH840 型地铁车轮为研究对象，零件具体结构尺寸，如图 8-28 所示。

SH840 型地铁车轮辐板为 S 型结构，辐板厚度约为 30 mm；轮毂孔径为 190 mm，高度 170 mm；轮辋外径 840 mm，高度 135 mm；其整体尺寸较大，辐板处较薄，属于大型的环类零件。辐板与轮毂、轮辋连接处的过渡圆角半径分别为 10 mm 和 2 mm，尺寸较小，为难变形区。车轮材质为 CL60，CL60 钢为中高碳钢，强度、硬度较高，具有良好的抗接触疲劳性能和耐磨性，其常温下的塑性差，变形抗力较大。由于整体车轮尺寸以及变形量

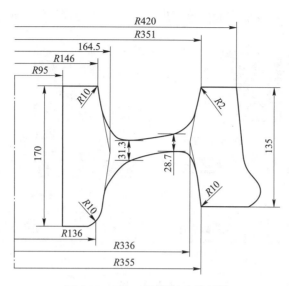

图 8-28　SH840 型地铁车轮零件

大，从辗压时间、成形极限及辗压件的机械性能等综合考虑，CL60 钢地铁车轮加工宜采用热成形工艺。

根据原有车轮成形工艺，地铁车轮塑性成形工艺采用的原始坯料为热钢坯（转炉冶炼→钢包精炼→连铸钢坯→切锭→环形加热炉加热→高压水除鳞→热钢坯），钢坯直径为 380 mm，高 572 mm。但热钢坯内部组织疏松，晶粒粗大且不均匀，需经过塑性加工将原始粗大的铸态晶粒组织逐渐转变为锻态细晶组织，使内部结构致密，组织改善，力学性能提高。

由摆辗成形原理可知，工件与摆头始终为局部接触，靠近摆头处的金属轴向压力较大，靠近下模处轴向压力较小，因此靠近摆头的金属易满足塑性条件。同时由于摆头与工件为滑动摩擦加滚动摩擦，其相互之间的摩擦小于下模与工件之间的摩擦，故靠近摆头的金属更容易发生流动。当工件高径比大于 1 时，摆辗成形过程中易产生"轮滑效应"，再继续变形就会出现失稳折叠，故摆辗工艺适于加工较薄的工件。

采用摆辗工艺加工地铁车轮时，由于加热得到的热钢坯高径比为 1.5∶1，直接采用摆辗成形易出现变形不均匀、轮滑效应以及失稳折叠等缺陷，因此钢坯需先通过水压机镦粗预成形，再摆辗成形，即 SH840 型地铁车轮成形采用模锻—摆辗联合工艺。

摆辗用于车轮的主成形是指在地铁车轮模锻—摆辗工艺中，模锻只用来预制坯料，摆辗机作为主成形设备。模锻阶段承担较小的变形量，不需要使用大吨位的压机；由于摆辗具有较大的成形能力，可以对车轮所有尺寸进行约束，上下模对中良好，不易产生偏心，车轮产品的质量很好。

根据模锻与摆辗成形变形量分配的不同，具体设计出两种摆辗用于主变形的车轮生产工艺方案，如图 8-29 所示：

方案 1：热钢坯→水压机定径镦粗→冲孔→摆辗成形。

方案 2：热钢坯→水压机定径镦粗、预成形→冲孔→摆辗成形。

根据两种成形工艺设计出两种车轮坯料，通过模拟两种坯料摆辗过程，分析金属流动规律、型腔填充情况，以及应力应变分布规律，最终确定较优的车轮型坯。

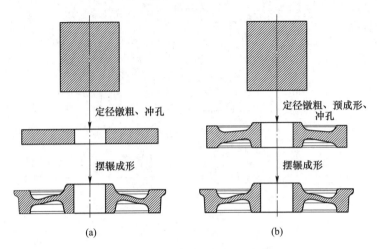

图 8-29 车轮模锻—摆辗工艺流程
(a) 方案 1；(b) 方案 2

8.4.2.2 锻件图及坯料设计

车轮锻件图的设计对于车轮摆辗成形时的填充效果、力学性能以及摆辗模具寿命都有重要的影响，合理的锻件图设计能有效提高车轮成形质量和模具寿命。SH840 型地铁车轮锻件图设计如下：

(1) 分模面：选择车轮内侧面为分模面。

(2) 敷料：为简化车轮形状，便于工件从模具中脱模，在车轮轮缘处添加敷料。

(3) 机加工余量：根据《铁路车辆用辗钢整体车轮技术条件》（TB/T 2817—1997）要求，轮毂孔内表面粗糙度 R_a 为 25，轮辋、轮缘和辐板处粗糙度 R_a 为 6.3。根据车轮形状、尺寸确定车轮摆辗成形件机加工余量为 2 mm。

(4) 拔模斜度：对于摆辗成形，零件高径比越小，金属越易压入型腔和脱模，拔模斜度可选较小值。摆辗机中一般设有顶料杆，拔模斜度值为 2°~6°。SH840 型地铁车轮高径比约为 0.2，选择拔模斜度为 2°。

(5) 圆角半径：摆辗件的尖锐棱角处成型困难，容易造成应力集中，故将车轮的尖锐棱角设计为圆角。圆角半径越小，填充越困难，因此圆角半径在保证机加工余量的前提下可尽量大一些，故设计圆角半径为 2 mm。

(6) CL60 钢的冷缩率为 2%。

由此得到 SH840 型地铁车轮的热摆辗锻件图（见图 8-30），锻件体积为 4.713×10^7 mm³。

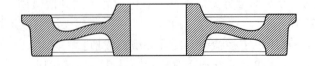

图 8-30 车轮锻件

摆辗工艺根据成形时多余金属流出方向的不同可分为闭式摆辗工艺和开式摆辗工艺。闭式摆辗的锻件只产生少量的纵向飞刺，可通过切削加工去除；且采用闭式摆辗比开式摆辗所需的变形功低，锻件更容易填充模具型腔，因此地铁车轮的摆辗成形采用闭式摆辗。闭式摆辗对坯料体积要求很严格，坯料体积过大，容易造成过载，影响模具寿命和成形件质量；坯料体积过小，容易造成填充不满的情况。同时在车轮摆辗时，还要考虑由于摆头与工件始终为局部接触，容易造成坯料在模腔中偏歪、另一侧车轮锻件体积不足的问题。车轮热摆辗成形，属于闭式锻造，坯料体积等于摆辗成形件与纵向飞刺体积之和，车轮热摆辗件的体积为 $4.713 \times 10^7 \, \mathrm{mm}^3$，为了避免出现因坯料偏歪造成的车轮摆辗件一侧缺肉的现象，可将坯料体积设计稍大些，设计为 $4.8 \times 10^7 \, \mathrm{mm}^3$，多余的金属以纵向飞刺的形式排出。

环形辐板减薄型坯是由钢坯镦粗后，经水压机模锻成形得到，如图 8-31 所示。此时车轮型坯在辐板、轮毂、轮辋处已有一定的变形量：轮毂孔径为 190 mm，外径接近模具型腔尺寸，锻件辐板厚度约为 30 mm，设计辐板减薄型坯辐板厚度为 50 mm，辐板走势与锻件辐板型式基本一致。

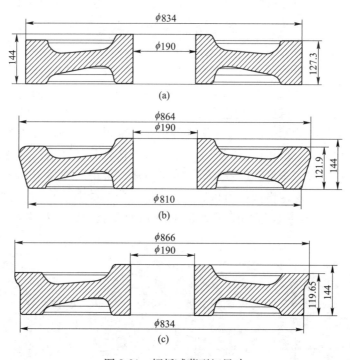

图 8-31 辐板减薄型坯尺寸
（a）工字型辐板减薄型坯 a；（b）辐板减薄型坯 b；（c）辐板减薄型坯 c

根据锻件的形状和尺寸，对辐板减薄型坯轮毂、轮辋处的金属进行分配，得到工字型的辐板减薄型坯 a。鉴于辐板与轮毂、轮辋连接处的过渡圆角以及轮缘的尺寸较小，为难变形区，为避免摆辗时轮缘处型腔填充不满，设计辐板减薄型坯 b 和辐板减薄型坯 c，具体尺寸，如图 8-31 所示。三种型坯在辐板和轮毂处的尺寸一致，差别主要体现在轮辋上：型坯 a 截面呈工字型，轮辋高度为 127.3 mm；型坯 b 踏面处为斜面，轮辋高度为

121.9 mm；型坯 c 在轮缘处已有一定的成形量，轮辋高度为 119.65 mm。

8.4.2.3 模型构建及工艺参数确定

A 模具设计

摆辗模具由安装在摆头上的上模具、安装在机身上的下模具组成，摆头中心线与下模具中心线相对倾斜 γ 角。下模具设计过程与一般热模锻压机的模具设计基本一致，上模具设计为带锥顶角 $180°-2\gamma$ 的圆锥体。图 8-32 所示为建立的车轮摆辗模具。

图 8-32 车轮摆辗模具三维图

B 材料模型和网格划分

SH840 型地铁车轮材质为 CL60 钢，塑性变形起主导作用，弹性变形量可忽略不计，故工件设为刚塑性体。网格数量决定了网格单元尺寸，尺寸的大小应该准确反映零件的各个特征，因此通常最小单元格尺寸小于锻件的最小特征尺寸。车轮锻件的最小特征尺寸为 2 mm，外径达 850 mm，采用上述方法对工件进行网格划分，网格数量达到 400000 以上，模拟过程的计算量太大。车轮锻件除 2 mm 的圆角外，最小尺寸为 10 mm，因此综合考虑计算精度和计算量，确定网格数量 70000 个，网格划分的最小单元格尺寸均在 7 mm 左右。在计算过程中单元和节点数目将随网格自动重划分变化，辐板减薄型坯网格划分，如图 8-33 所示。

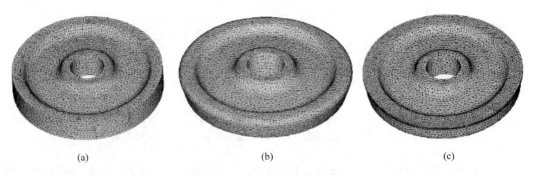

(a)　　　　　　　　　　　(b)　　　　　　　　　　　(c)

图 8-33 车轮型坯网格划分

(a) 型坯 a；(b) 型坯 b；(c) 型坯 c

C 摆辗温度

考虑到地铁车轮尺寸及变形量较大，从辗压时间、成形极限及辗压件的性能等综合考虑宜采用热成形。工件始锻温度越高坯料塑性越好，越易辗压成形，但温度过高会造成金属过热，内部晶粒过于长大变脆，从而在热摆辗件上发生裂纹。受到过热和过烧的限制，摆辗初始温度一般低于熔点 100~200 ℃。终辗温度也应该合理控制，根据铁碳合金状态图确定工件的锻造温度范围是 800~1200 ℃，预模拟设计工件初始摆辗温度为 1150 ℃。在车轮成形过程中，模具与工件接触时间较长，模具受热影响较大，热疲劳严重。为了避免由于工件与模具温差过大，影响车轮质量，降低模具寿命，需对模具进行预热，预热温度为 250 ℃。

D　边界条件

摆辗热成形过程中，存在摆头与工件、工件与下模具两个接触对，接触边界会发生剧烈的摩擦与热交换。由于热摆辗温度场有限元模型涉及到非稳态传热的基本定律，基于研究的可行性及方便考虑，简化模型并做一定的假设：(1) 将模具设为恒温刚性体；(2) 将模型简化为一个封闭模型，与外界没有热交换；(3) 传热方式主要考虑热传导；(4) 工件与模具间的接触传热系数取 5 N/(s·mm·℃)。

车轮摆辗过程属于热塑性成形，工件与模具接触面为滑动摩擦并伴有一定的黏合现象，采用常摩擦模型描述工件与模具的摩擦边界条件更为合适。车轮热摆辗要求润滑剂具有高温润滑、冷却及脱模等性能，因此采用综合性能良好的水基石墨润滑剂，依据锻压手册取摩擦因子 $m = 0.3$。

摆头运动轨迹是指摆辗运动时摆头上端的空间球面轨迹，一般有圆形、玫瑰线、螺旋线、直线四种。根据图 8-11 可知，圆形轨迹时，摆头轴线与下模轴线的夹角保持不变，在均匀进给速度下，摆辗过程稳定且均匀变形，适合加工简单的回转体零件。SH840 型地铁车轮属于轴对称的回转体零件，因此采用圆形的摆头运动轨迹。

E　摆角 γ

摆角 γ 直接影响接触面积率 λ、摆辗轴向力、轴向和径向流动量的分配。γ 角越大，摆辗力越小，变形均匀性越差；当 $\gamma > 6°$ 时，摆角对于摆辗力的大小影响不再显著，因此综合考虑工件变形均匀性以及摆辗力，摆角选取一般小于 7°。热摆辗 γ 选取通常在 3°~5°之间，预模拟摆角 γ 取 5°。

F　摆头转速 n

摆辗成形时，摆头通过绕机身轴线的公转和绕自身轴线的自转，以及下模轴向上的直线进给运动，实现对工件螺旋式压下的摆辗运动，为了辗平工件，在进给运动结束后，摆头再摆动两周，使整体变形更均匀。

摆头转速 n 对于摆辗机的生产率、摆头电机功率和工件品质有影响，对于工件的成形性和摆辗设备吨位影响不大。转速高可以提高生产率，尤其对于热摆辗而言，能够缩短工件在模腔中的滞留时间，延长模具寿命；但同时会使机架受力恶化，振动加大，机器容易发生故障。摆头转速通常为 30~300 r/min，设备吨位大时，转速应取低一些，根据摆辗成形的实际生产经验，预模拟摆头自转转速取 $n_1 = 100$ r/min = 10.47 rad/s，摆头公转转速 $n_2 = n_1 \cos\gamma = 10.46$ rad/s，自转与公转角速度方向相反。

G　进给速度 v

进给速度 v 的大小对摆辗成形效率和工件变形均匀性影响较大，v 较小时，接触面积率小，易出现锻不透的现象，为保证塑性锻透，必须有足够的每转进给量，亦即足够的摆辗力。为使塑性变形区发展到整个工件高度，一般选择 s 时应使计算的接触面积所形成的工件外边缘弧长大于工件高度。最小每转进给量 s_{min} 值按下式计算：

$$s_{min} = \frac{H^2}{4R}\tan\gamma \tag{8-11}$$

式中，H 为工件高度；R 为工件外径。在摆角和工件外径一致的情况下，工件越厚，所需的最小每转进给量越大。以辐板减薄型坯计算，最小进给速度为 1.8 mm/s，考虑到成形效率，预模拟进给速度取 4 mm/s。

8.4.2.4 摆辗温度对车轮摆辗成形的影响分析

A 车轮金属流动规律

图 8-34 为不同初始摆辗温度下的车轮金属流动速度矢量分布图，初始摆辗温度分别为 1000 ℃、1050 ℃、1100 ℃和 1150 ℃。不同始锻温度下，随车轮变形程度的增加，金属流动速度的变化规律一致。辐板处金属受压，轴向下流动，并同时挤压两侧金属分别发生向轮毂和轮辋的径向流动，使轮毂 7、8 处和轮辋 1、2 处的角隅得以填充；当 1、2、7、8 处角隅填满后，在模具的约束作用下，金属流向 3、4、5、6 处，该处角隅才得以填充。车轮辐板部位直接承受摆头载荷，具有较大的轴向下的金属流动速度，流动速度由辐板向两侧金属逐渐减小。温度升高，可有效降低车轮的屈服强度以及变形抗力，有利于金属流动，从而使车轮整体金属流动速度提高。

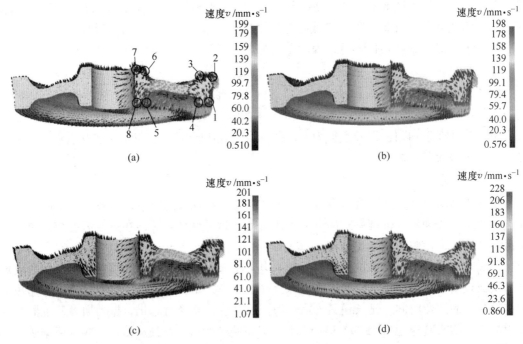

图 8-34 不同初始摆辗温度下的金属流动速度矢量图
(a) $T=1000$ ℃；(b) $T=1050$ ℃；(c) $T=1100$ ℃；(d) $T=1150$ ℃

B 车轮温度分布

图 8-35 所示为不同初始摆辗温度下，摆辗终了时车轮内侧面以及子午面温度分布。不同温度下，车轮温度分布规律一致，即由内部向表面逐渐降低。当初始摆辗温度分别为

1000 ℃、1050 ℃、1100 ℃ 和 1150 ℃ 时，车轮的最高温度分别升高了 60 ℃、60 ℃、40 ℃、30 ℃。可见随着始锻温度升高，车轮最高温度升高得越少。其原因是工件与模具的接触传热造成温度的降低，工件与模具之间的摩擦功以及塑性变形功产生的热量使工件温度升高。初始摆辗温度越高，变形抗力及单位体积变形功越小，转化为热的那一部分能量也越少，同时高温下热量散失较快。车轮的温度梯度主要存在于径向，其中 1000 ℃ 时，车轮的径向温度梯度最小；1050 ℃、1100 ℃ 和 1150 ℃ 时，车轮的径向温度梯度较大，冷却后易出现残余热应力，影响成形件质量。四种温度下，车轮的温度分布均在合理的终辗温度范围内，其中初始摆辗温度为 1000 ℃ 时，车轮整体温度偏低。但初始摆辗温度较高时，成形过程中工件整体温度较高，金属更容易流动填充型腔。因此，从初始摆辗温度对于工件温度分布的角度考虑，1150 ℃ 更合理。

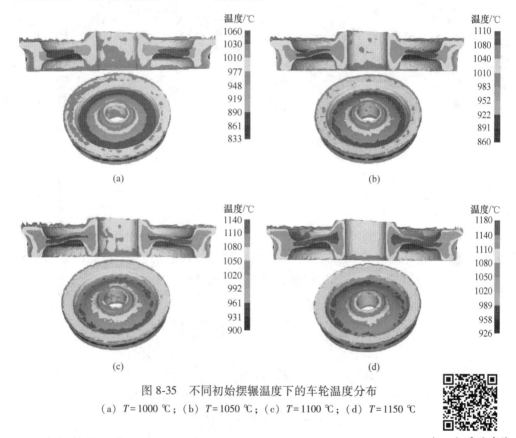

图 8-35 不同初始摆辗温度下的车轮温度分布

(a) $T = 1000$ ℃；(b) $T = 1050$ ℃；(c) $T = 1100$ ℃；(d) $T = 1150$ ℃

扫一扫看更清楚

C 车轮等效应变分布

图 8-36 为不同初始摆辗温度下，摆辗终了时车轮的等效应变分布。车轮径向应变梯度较大，沿辐板向两侧变形量逐渐减小，说明辐板处较薄，且直接承受摆头载荷，其金属流动速度较快，变形充分。初始摆辗温度较低时，车轮径向应变梯度大，变形不均匀，易在内部引起附加应力，影响车轮质量。

8.4.2.5 摆头进给速度对车轮摆辗成形的影响分析

A 车轮金属流动规律

摆头进给速度直接影响成形效率和车轮质量，因此研究摆头进给速度对于车轮摆辗成

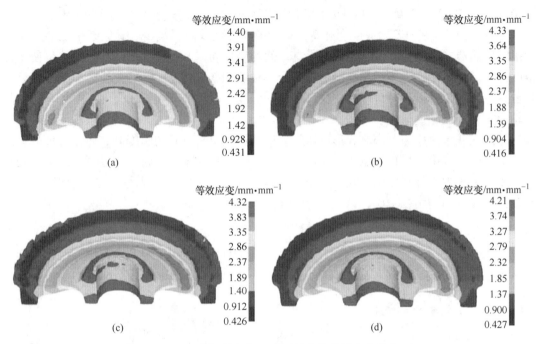

图 8-36　不同初始摆辗温度下的车轮等效应变分布

(a) $T=1000$ ℃；(b) $T=1050$ ℃；(c) $T=1100$ ℃；(d) $T=1150$ ℃

形的影响，进给速度分别取 2 mm/s、4 mm/s、6 mm/s 和 8 mm/s，摆头转速为 100 r/min，摆辗温度为 1150 ℃，摆头倾角为 5°。

　　为了更好地探究不同的进给速度对金属流动速度的影响，在工件轮毂、轮辋、辐板 3 个位置，接近车轮外侧面、内侧面以及中心处分别取 3 个点，共 9 个特征点（见图 8-37），进行点追踪，得到如图 8-38 所示的摆辗过程中金属流动速度变化曲线。

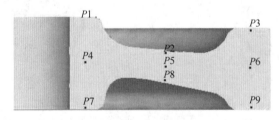

图 8-37　9 个特征点示意图

　　由于摆头对车轮局部施加载荷，变形初期（辐板弯曲阶段），接触区为辐板与轮辋连接处的圆弧，轮辋处 $P3$、$P6$、$P9$ 的金属流动速度较快；继续变形，接触区主要是辐板部位，辐板处 $P2$、$P5$、$P8$ 的金属流动速度较快，轮毂以及轮辋处的金属流动速度较慢；由于车轮与摆头的接触面积总是小于车轮与下模具的接触面积，车轮轴向所受单位压力自上而下逐渐减小，使辐板处金属流动速度 $P2>P5>P8$。随着进给速度增加，所用变形时间越短，车轮因热传导散失热量较少，整体温度分布较高，车轮整体金属流动速率提升较快，能够快速填充模具型腔，从而提高成形效率。

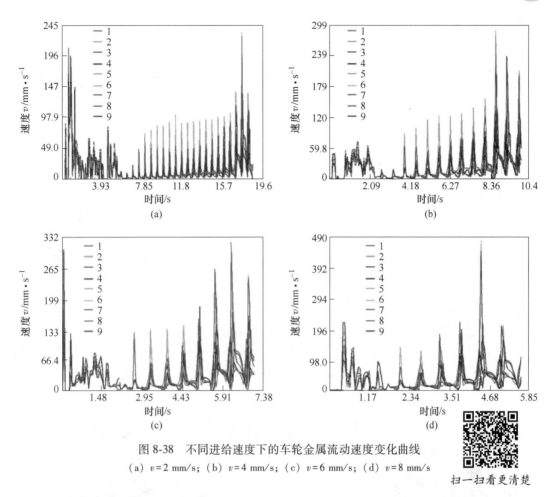

图 8-38 不同进给速度下的车轮金属流动速度变化曲线

（a）$v=2$ mm/s；（b）$v=4$ mm/s；（c）$v=6$ mm/s；（d）$v=8$ mm/s

扫一扫看更清楚

B 车轮温度分布

由子午面取 9 个特征点，获得如图 8-39 所示的温度变化曲线。变形初期，$P2$、$P8$ 由于接近表面，与模具间的传热作用明显，温度随时间逐渐降低；变形后期，金属流动剧烈，变形功转化的热量及摩擦产生的热量较多，温度由逐渐降低变为逐渐升高。轮毂、轮辋处接近车轮表面的 $P1$、$P3$、$P7$、$P9$ 变形程度小，传热作用明显，温度一直呈现降低的

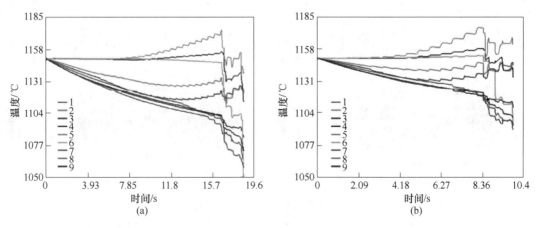

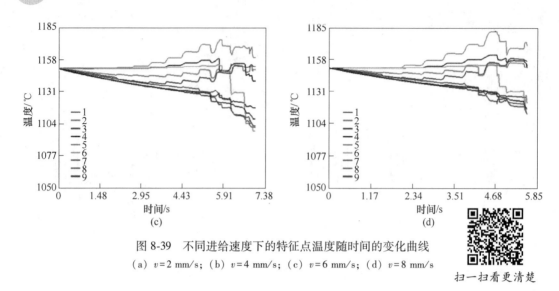

图 8-39　不同进给速度下的特征点温度随时间的变化曲线

(a) $v=2$ mm/s; (b) $v=4$ mm/s; (c) $v=6$ mm/s; (d) $v=8$ mm/s

扫一扫看更清楚

趋势。进给速度越大，成形时间短，热量损失越小，各点温度数值越高，且分散程度越小。可见，进给速度越大，工件温度分布均匀性越理想，变形越均匀。

图 8-40 所示为不同进给速度下，摆辗终了时的车轮温度分布。车轮径向温度梯度较大，辐板部位温度较高，踏面处的温度最低；随着进给速度增加，车轮由于热传导散失的

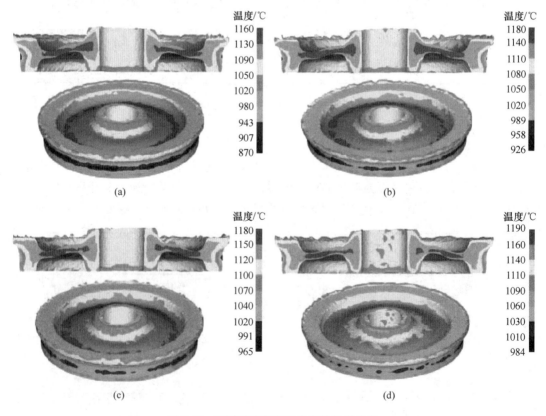

图 8-40　不同进给速度下的车轮温度分布

(a) $v=2$ mm/s; (b) $v=4$ mm/s; (c) $v=6$ mm/s; (d) $v=8$ mm/s

热量少，整体温度以及温度分布均匀性提高。因此，通过提高进给速度，减少热量损失，从而减少车轮温度的下降和温度分布的不均匀性，使金属始终保持良好的流动性，有利于填充型腔，获得质量较高的车轮件。

C 车轮等效应变分布

图 8-41 所示为等效应变值随时间的变化曲线，图 8-42 所示为不同进给速度下摆辗终了时的等效应变分布图。由于摆头的局部加载，随着金属不断填充型腔，各特征点的应变呈脉动式增长。由于辐板（$P2$、$P5$、$P8$）较薄且直接承受摆头载荷，其轴向变形均匀，且变形程度较大；轮毂、轮辋部位（$P1$、$P3$、$P4$、$P6$、$P7$、$P9$）变形程度较小。当摆辗结束时，轮毂、轮辋各点的应变相差不大，但辐板与二者的应变相差较大。并且车轮径向存在较大的应变梯度，辐板处的变形量较大，轮辋变形最不充分。进给速度越大，各特征点应变数值的分散程度越小，变形越均匀，如图 8-42 所示。

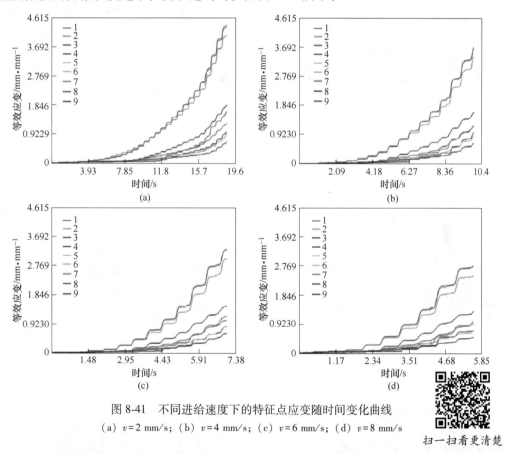

图 8-41 不同进给速度下的特征点应变随时间变化曲线
（a）$v = 2 \text{ mm/s}$；（b）$v = 4 \text{ mm/s}$；（c）$v = 6 \text{ mm/s}$；（d）$v = 8 \text{ mm/s}$

扫一扫看更清楚

因此，采用较高的进给速度，可以提高摆辗效率，减少热量损失，使车轮温度分布更均匀。同时进给速度越大，车轮与摆头的接触面积系数越大，塑性变形区的深度越深，车轮变形越均匀，从而降低残余应力，提高车轮的性能。

8.4.2.6 摆头倾角对车轮摆辗成形的影响分析

A 车轮金属流动规律

根据前述确定的摆角范围（3°~5°），选择摆角为 $\gamma = 3°$、$\gamma = 4°$、$\gamma = 5°$ 和 $\gamma = 6°$ 进行模

拟，进给速度为 4 mm/s，摆头倾角为 5°，获得如图 8-43 所示的车轮在 Y 方向上的金属流

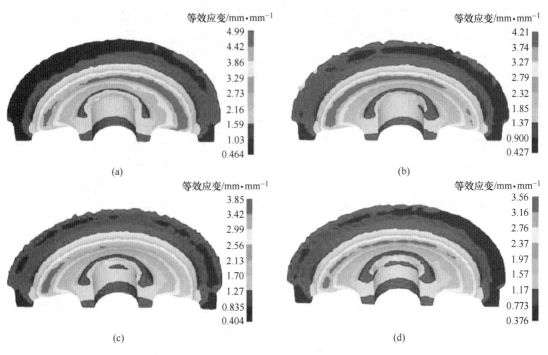

图 8-42　不同进给速度下的车轮等效应变分布

（a）$v=2$ mm/s；（b）$v=4$ mm/s；（c）$v=6$ mm/s；（d）$v=8$ mm/s

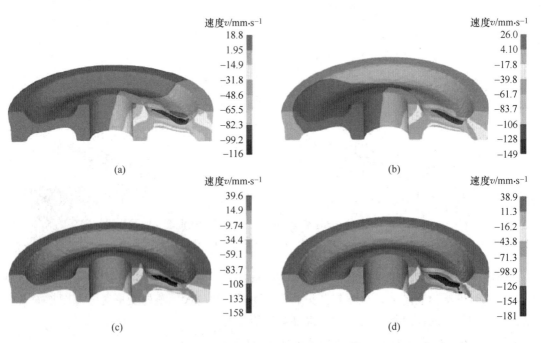

图 8-43　不同摆角下的 Y 方向金属流动速度

（a）$\gamma=3°$；（b）$\gamma=4°$；（c）$\gamma=5°$；（d）$\gamma=6°$

动速度分布图（Y方向表示轴向流动）。车轮内侧面与摆头接触的金属沿轴向向下流动，且流动速度较大；外侧面与下模具接触的少量金属沿轴向向上流动，流动速度较小；整体呈现沿内侧面向外侧面速度逐渐减小的趋势。随着摆角变大，接触面积系数变小，局部接触效应越来越明显，金属轴向流动速度变大。图 8-44 为车轮在 X 方向上的金属流动速度分布图，X 为正值代表金属向轮毂一侧径向流动，X 为负值代表金属向轮辋一侧径向流动。金属径向流动存在一分界面，径向流动速度由分界面向两侧，先增大后减小，且随着摆角变大，金属向两侧径向流动的速度变快，由此说明摆角变大，坯料所受的轴向力减小，径向力变大，从而使金属的径向流动速度增加显著。

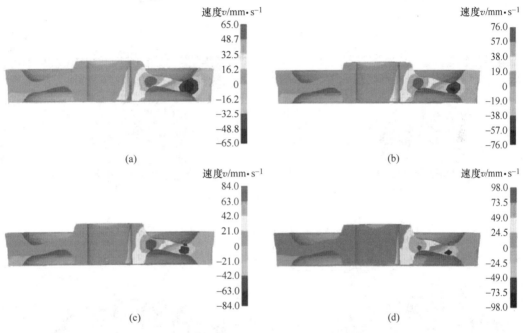

图 8-44 不同摆角下的 X 方向金属流动速度

(a) $\gamma = 3°$；(b) $\gamma = 4°$；(c) $\gamma = 5°$；(d) $\gamma = 6°$

B 车轮温度分布

图 8-45 所示为不同摆角下摆辗终了时车轮的温度分布。车轮内部由于变形剧烈，有较多的变形功转化成热能，且不与模具接触，热量散失少，温度较高；车轮表面温度梯度主要存在于径向，最高温度出现在辐板处，最低温度出现在踏面处。摆角增大，车轮径向温度梯度变大，温度分布均匀性降低，影响成形件质量。

C 车轮等效应变分布

图 8-46 所示为不同摆角下摆辗终了时车轮的等效应变分布。等效应变梯度均存在于径向，辐板处的等效应变最大，其次是轮毂，最后是轮辋，即轮辋处变形最不充分。当摆角在 3°~5°之间时，随着摆角变大，局部接触效应越明显，辐板及轮毂处的等效应变值变大，即变形更充分；轮辋处的等效应变值变小，整体变形不均匀。摆角为 6°时与 5°相比，轮毂和轮辋处的等效应变值减小，只有辐板处的等效应变值变大，说明车轮的变形不均匀性加剧。

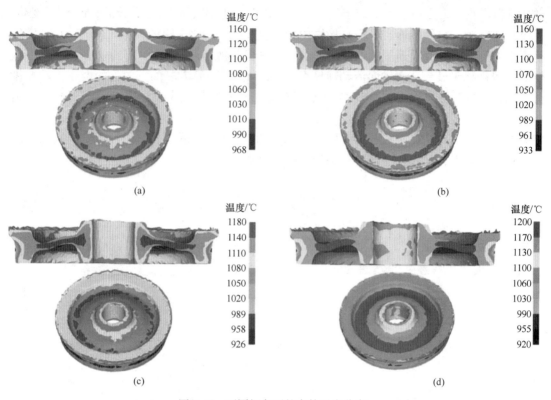

图 8-45　不同摆角下的车轮温度分布

（a）$\gamma=3°$；（b）$\gamma=4°$；（c）$\gamma=5°$；（d）$\gamma=6°$

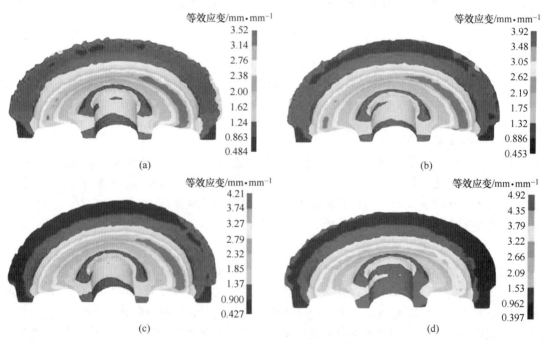

图 8-46　不同摆角下的车轮等效应变分布

（a）$\gamma=3°$；（b）$\gamma=4°$；（c）$\gamma=5°$；（d）$\gamma=6°$

从整体等效应变分布可知，摆角增大，会加剧轮辋处金属变形的不充分性和不均匀性，易在车轮内部产生附加应力，影响其性能。因此，从车轮等效应变分布的角度考虑，摆角越小，车轮成形性能越好。

思 考 题

8-1　简述摆动辗压的工作原理，塑性变形区有何特征？

8-2　如何确定摆辗工艺参数，如接触面积率、摆头倾角？

8-3　简述摆辗模具的受力特点。

8-4　试列举典型零部件的摆动辗压工艺。

8-5　查阅文献资料，简述大型斜锥齿轮的摆辗研究进展。

9 充液拉深成形

9.1 充液拉深成形原理

9.1.1 充液拉深成形原理分析

随着航空航天、汽车工业的高速发展，对零部件提出了轻量化、高精度、低消耗的要求，使得铝、镁合金等轻质合金板料得到了广泛应用。但是，这些材料塑性低、成形性能差成为其加工成形的瓶颈。与传统成形工艺相比，板料液压成形技术因工艺柔性高，既能保证质量，又可降低成本和缩短试制周期，且一次变形量大等优点，使其成为提高铝、镁合金等难成形轻质板材零件成形极限的有效途径之一。

板料液压成形中最具代表性的是充液拉深成形工艺，它属于特种塑性成形范畴，它是采用液体作为传力介质代替刚性凹模传递载荷，使坯料在传力介质压力的作用下贴靠凸模，以实现金属板材零件的成形。

充液拉深成形的工艺原理，如图 9-1 所示，图 9-1 中左侧示意出了常规刚性凸凹模拉深原理，右侧为采用液体代替刚性凹模的充液拉深原理。图 9-2 所示为充液拉深成形的基本过程，先启动液压系统，使流体介质充满液压腔至凹模面，将板料放置在凹模面上，如图9-2（a）所示；然后启动压边控制，合模并由压边圈向板料施加压边力，如图 9-2（b）所示；将凸模压入凹模时，通过自然增压或液压系统在液压室内建立起压力，将板料紧紧压贴在凸模上。

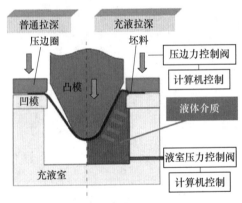

图 9-1 充液拉深

充液拉深过程中凸模与板材之间建立起有益的"摩擦保持效果"，在板料与凸模间产生很大的单位面积摩擦力，从而减小了板材所受的径向拉应力，这个摩擦力将负担一部分甚至全部成形力直至成形结束，如图 9-2（c）和（d）所示。法兰区液体由于液室压力的作用，强行从凹模面与板料之间溢出，形成流体润滑状态，降低了板坯法兰部分与凹模之间的摩擦，使法兰区的板料容易流入到凹模中。充液拉深工艺提高了板材的成形极限，最终成形件表面质量好、精度高。

9.1.2 充液拉深成形特点

与传统刚性凸凹模拉深成形相比，充液拉深成形工艺具有以下特点。

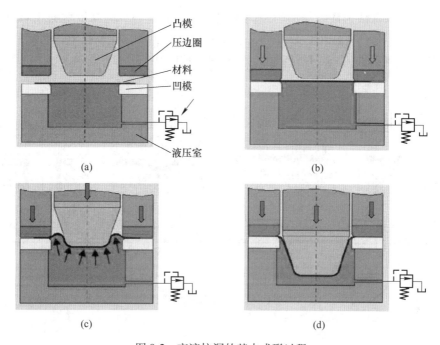

图 9-2　充液拉深的基本成形过程
（a）放置材料；（b）压边圈压紧材料；（c）凸模将板材压入液室；（d）板材成形结束

（1）由于反向液压的作用，使板料与凸模紧紧贴合，产生"摩擦保持效果"，缓和了板料在凸模圆角处的径向应力，提高了传力区的承载能力，从而提高了成形极限。

（2）成形件满足轻量化要求。强度高，材料利用率高，回弹小，残余应力低。节省工序，减少了拉深次数，一般只需一个拉深道次，减少了中间成形工序及退火等耗能工序。

（3）尺寸精度高，表面质量好。液体从坯料与凹模上表面间溢出形成流体润滑，利于坯料进入凹模，零件的外表面不与刚性凹模接触，在油压保护作用下，零件的表面不易划伤，表面质量好，尤其适合表面质量要求高的板材零件成形。

（4）成本低。可单道次成形形状复杂的零件，而传统冲压成形则需多道次拉深才能实现，减少了多工序所需的模具，降低了生产成本。

9.1.3　充液拉深成形工艺类型

9.1.3.1　液压胀形

充液拉深技术不断发展并日益成熟，出现了很多新的工艺方法。常规充液拉深成形时，过大的液室压力会导致零件成形初期悬空区的起皱与破裂，因此，靠单纯增大液室压力来增强摩擦保持效果，增大成形极限的效果是有限的。由此，在充液拉深基础上又发展了液压胀形技术（见图 9-3），它是在成形坯料上表面施加液压力，在流体润滑效果及摩擦保持效果的联

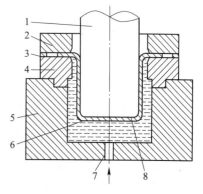

图 9-3　液压胀形
1—凸模；2—压边圈；3—坯料；
4—凹模；5—充液室；6—坯料外表面；
7—卸油口；8—坯料内表面

合作用下，降低拉深成形危险断面的径向拉应力，从而进一步提高板材的相对承载能力，增大难成形材料零件的可成形性。此外，还发展了多道次液压成形技术，尤其适合于筒形件、扬声器音膜等构件的充液拉深成形，如图9-4和图9-5所示。

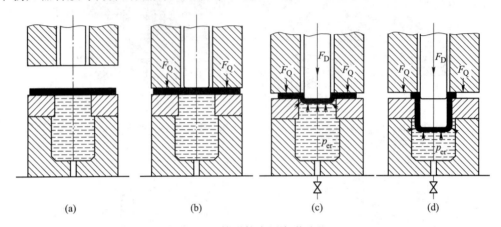

图9-4 筒形件液压胀形过程

（a）坯料置于凹模上；（b）合模压边；（c）充液开始；（d）充液终了

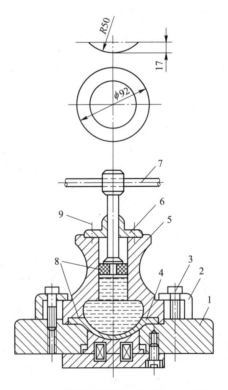

图9-5 扬声器音膜的液压胀形示意图

1—凹模；2—压板；3, 9—螺钉；4—坯料；5—凸模体；6—端盖；7—活塞杆；8—橡胶

9.1.3.2 反向液压胀形

在液压胀形的基础上，若将凹模和构件的成形方向置于上方，则具有反向液压胀

形的特征，如图 9-6 所示。液体介质从压边凸模 5 的充液口 4 进入，作用在板料 3 的下表面，使板料向上侧弯曲，紧贴凹模 2，在高压液体介质作用下凹模腔体内的气体从排气孔 1 处排出。

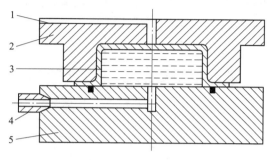

图 9-6 反向液压胀形示意图

1—排气孔；2—凹模；3—板料；4—充液口；5—压边凸模

9.1.3.3 复合液压胀形拉深

针对一些表面形状复杂的构件，开发了液体介质和刚性凸凹模复合的胀形拉深成形方法，如图 9-7 所示。首先，将板料在外圈模具的作用下固定好，法兰部位密封，上方区域充入高压液体介质，使板料向下紧贴凹模上表面，如图 9-7（b）所示；然后，凸模逐渐向下移动，协同液体介质的压力使板料表面在紧贴凹模表面下充分成形到位，同时液体介质向下卸载流出，实现凸凹模板料的整形处理，如图 9-7（c）所示。

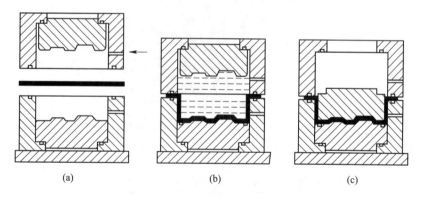

(a)　　　　　　　　　(b)　　　　　　　　　(c)

图 9-7 复合液压胀形拉深过程

（a）胀形拉深前；（b）胀形过程；（c）拉深过程

9.1.3.4 径向加压充液拉深

径向加压充液拉深工艺原理，如图 9-8 所示，通过对板坯法兰区施加径向压力，推动法兰流入凹模，减小直壁区的拉力，使传力区壁厚的减薄得到缓解。在径向加压充液拉深过程中，由于径向液压与充液室液压相互独立控制，可根据材料性能、零件形状和成形极限通过增大径向压力来辅助零件的拉深成形，避免大高径比曲面零件成形初期因充液室压力过大导致悬空区的破裂，从而进一步提高零件的成形极限。图 9-9 所示为采用该技术成形的 5A06 防锈铝合金大高径比球底筒形件，拉深比达到 2.8。

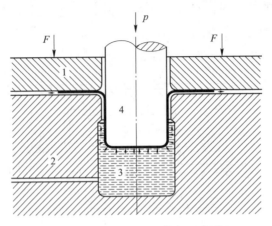

图 9-8　径向加压充液拉深示意图

F—压边力；p—拉深力；

1—压边圈；2—凹模；3—液体；4—凸模

图 9-9　拉深比 2.8 的铝合金球底筒形件

9.2　充液拉深成形工艺参数

9.2.1　充液室压力

充液室压力的大小对成形有很大影响，当液室压力减小时成形极限随之减小，当液室压力升高时成形极限随之增大。图 9-10 所示为不同充液室压力下的整流罩壁厚减薄分布情况。但液室压力并不是越大越好，如压力过大，就会引起凸模圆角处的反胀，从而产生开裂缺陷，如图 9-11 所示。同时，过高的液室压力要增加设备吨位，使整体经济效益下降。

9.2.2　拉深力

充液拉深的拉深力 F_D 由普通拉深的拉深力 F_1 和充液室压力的反作用力 F_2 组成。普通

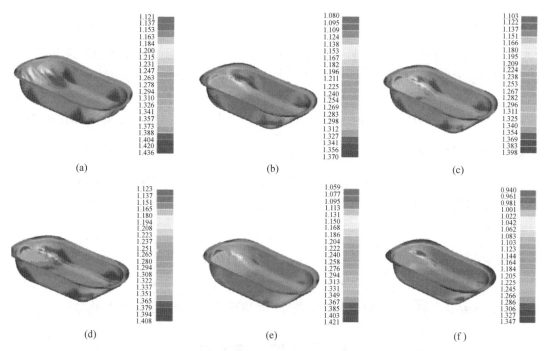

图 9-10　充液室压力对整流罩壁厚减薄率的影响

（a）0 MPa；（b）2 MPa；（c）4 MPa；（d）6 MPa；（e）8 MPa；（f）10 MPa

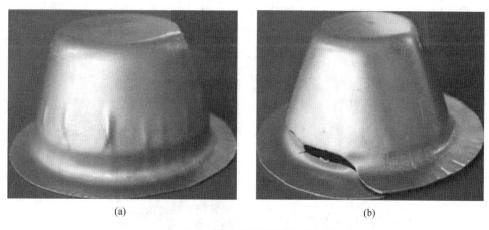

图 9-11　充液拉深件的褶皱和开裂

（a）褶皱；（b）开裂

拉深的拉深力 F_1 为：

$$F_1 = \pi d t \sigma_b K \tag{9-1}$$

式中，d 为零件直径，mm；t 为板材厚度，mm；K 为拉深比。

充液室压力的反作用力 F_2 为：

$$F_2 = Ap \tag{9-2}$$

式中，A 为零件投影面积，mm^2；p 为充液室压力，MPa。

230

9.2.3 压边力

充液拉深的压边力 F_Q 不仅具有普通拉深的压边功能，而且对液室压力的建立有很大影响。如充液拉深的压边力过小，不能建立起很大的液压，会产生开裂失效，同时也有可能产生起皱失效。反之，如压边力过大，会导致板料在凹模圆角处反向胀裂。根据实际情况反复对压边力进行调整。有时也采用刚性压边的方式，压边间隙一般取 1.1 倍的板厚。

9.2.4 凸模圆角半径

对钢材来说，随着凸模圆角半径的增加，成形极限也增大。但圆角半径超过 3 mm 时，由于支配成形极限的已不再是凸模圆角处的破坏而是凹模圆角处的破坏。因此，凸模圆角半径的继续增大已不起作用。

9.2.5 凹模圆角半径

随着凹模圆角半径的增加，成形极限也增大，当凹模圆角半径大于 13 倍板厚以上时，成形极限达到最大值，以后圆角半径再增加，对成形极限的影响已经不大了。

9.3 充液拉深成形设备

图 9-12 所示为典型的充液拉深成形设备，与常规塑性成形设备区别在于需配有充液单元。充液拉深成形设备比一般冲床复杂、昂贵。由于充液需要时间，每分钟的冲压次数较少，生产率低。所以，充液拉深适用于生产批量不大，质量要求较高的深筒形、锥形、抛物线形等复杂曲面零件。

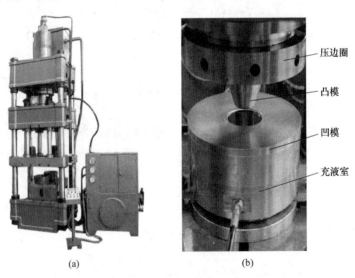

(a)　　　　　　　　　　　(b)

图 9-12　充液拉深成形设备及模具系统

(a) 设备图；(b) 模具系统

随着航空航天关键构件制造技术要求的提高，中国航天科技集团有限公司联合哈尔滨工业大学、合肥合锻智能制造公司等单位在国家科技重大专项——"高档数控机床与基础制造装备"资助下，于2017年研制出世界吨位最大的15000 t双动柔性充液拉深液压机（见图9-13），在国内首次实现新一代超大燃料贮箱箱底整体式制造（箱底直径达3350 mm，呈锅底状，以前只能采取焊接拼装的方式制造），建立相关标准规范，促进我国航天大型复杂薄壁构件整体制造与装备技术的跨越式发展，标志着我国在这一领域达到国际领先水平。该设备具有主机精度高，控制精度高，速度、位置、压力可以实现连续调节，响应速度快等特点。据资料记载，国外同类型的双动充液拉深液压机最大吨位为10000 t，而我国攻克超大吨位双动主机设计难关，最大吨位达创纪录的15000 t，并实现6个液压轴的联动智能控制，从而掌握了大型复杂薄壁结构件一次性成形技术，填补了国内空白。该设备的成功研制，促进充液拉深装备的快速发展，提高航天产品和国防武器领域的大型整体薄壁构件的整体制造能力和水平，达到大型航天钣金零件的精确、高可靠性制造，满足新型号运载火箭、飞行器、战术武器装备的性能要求，对打破国外技术封锁，提高国家技术竞争力具有重要意义。

(a)　　　　　　　　　　　　　　　　(b)

图9-13　合锻智能15000 t双动充液拉深成形液压机

（a）设备外观；（b）火箭贮箱箱底

运载火箭贮箱箱底被誉为贮箱制造中的"皇冠"，具有超大、超薄、深腔曲面等复杂特征，贮箱整底加工制造一直被视为国际性难题，而想要突破这个困难，摆在面前的绝不是一个小工程，而是一个原始技术创新与装备、材料国产化的大型系统工程。面向贮箱高可靠、轻量化制造迫切需求，中国航天科技集团有限公司没有盲从国外技术路线，另辟蹊径，采用上述国产充液拉深成形液压机，稳扎稳打、步步推进，首次采用充液拉深成形（液压高压成形）技术研制出国际上首个3.35 m超大超薄整体成形火箭贮箱箱底（见图9-14）；同时还发明了整体成形箱底五轴镜像铣数控加工方法，实现箱底从"分片化铣+拼焊成形"到"整体成形+镜像铣削"的升级换代，与厚板旋压技术相比，壁厚分布更为均匀，节约原材料达到了70%，生产成本降低为原来的三分之二，生产效率提高了

80%，实现了贮箱整体箱底高质量、低成本、高效快速制造。

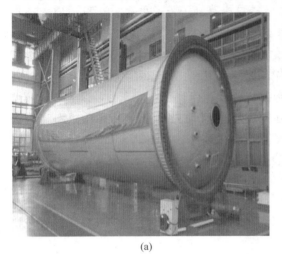 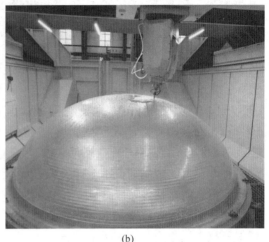

(a)	(b)

图 9-14　运载火箭助推模块 3 m 级液氧贮箱和直径 3.35 m 超薄整体成形火箭贮箱箱底

(a) 3 m 级贮箱；(b) 3.35 m 贮箱箱底

当直径 4.2 m、厚度 10 mm 的铝合金板材放在 1.5 万吨的数控板材流体高压成形机后，一个重达万吨的"铁锤"便压了下来。此刻，板材与模具之间密闭容腔内的 5 m³ 液体正按照设定的压力需求进行内外双向可控高压控制。这个过程相当于在一个硕大的密闭游泳池中，近万瓶矿泉水一边向内注水，一边往外放水，用液体"以柔克刚"的特点攻克了箱底一次成形中起皱和开裂并存的国际性难题，满足了板材的冲压压力和支撑作用。通过充液拉深贮箱整体箱底成形技术生产制造后，箱底原本长达 10 m 的焊缝消失得无影无踪，并兼具强度、韧度。该超大超薄火箭贮箱整体箱底助力我国新一代运载火箭等多型火箭首飞圆满成功，实现了超大径厚比的薄板近净精确成形，达到国际领先水平。未来，该充液拉深技术及成套装备将全面应用于各种规格的贮箱箱底制造中，它们将伴随着火箭的起飞遨游在浩瀚宇宙。

9.4　充液拉深成形新技术

9.4.1　内高压成形

在航空、航天和汽车工业等领域，减轻单位面积的结构质量以节约运行中的能量是人们长期追求的目标，也是现代先进制造技术发展的趋势之一。结构轻量化主要有两条途径：一是材料轻量化，采用铝合金、镁合金、钛合金和复合材料等轻质材料；二是结构轻量化，对于承受弯扭载荷为主的结构，通过"以空代实"的方法，采用空心变断面构件（见图 9-15），可以减轻单位质量以及充分发挥构件的强度和刚度。内高压成形正是在这样的背景下开发出来的一种减重、节材、节能，具有广泛应用前景的空心结构件的充液拉深成形新技术。

内高压成形以管材作坯料，通过管材内部施加液体压力和轴向加力补料把管坯压入到

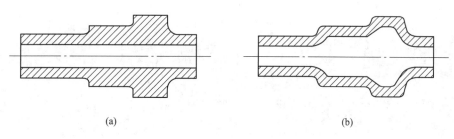

图 9-15 不同方法制备阶梯轴

（a）机械加工；（b）内高压成形

模具型腔使其成形为所需工件，适用于制造径向尺寸沿构件轴线有变化的圆形、矩形断面或异型断面空心构件，可以一次整体成形，从而代替机械加工、挤压成形等。内高压成形的基本原理，如图 9-16 所示。将管坯放入下模，闭合上模后在管坯内充满液体，然后高压系统通过冲头向管坯内加压，在加压的同时，管端的冲头与内压按一定匹配关系向内送料使管坯成形。从断面看，是由管坯的圆断面成形为矩形断面、异型断面或大的圆断面。

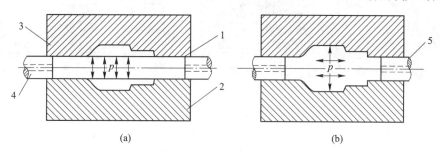

图 9-16 内高压成形原理

（a）合模充液；（b）高压成形

1—管坯；2—下模；3—上模；4，5—冲头

由于采用空心结构代替实心结构，节约了原实心零件中心部分的材料，同时显著地减轻了零件质量。如阶梯轴类零件可以减重 40%~50%，个别零件可达 75%。大部分内高压成形件不需要后续组装焊接，加工道次少，同时也消除了焊接变形及弹复对零件精度的影响。内高压成形属于一次成形，极大地减少了模具数量。如用内高压成形工艺制造副车架时，零件数量由 6 个减少到 1 个，成形模具仅需一套，而冲压件大多需要多套模具，模具费用平均降低 20%~30%。由于省去了焊接工艺，零件的强度、刚度与疲劳强度均得到明显提高。

哈尔滨工业大学液力成形研究中心是国内首家系统开展内高压成形研究的单位，已成功研制出航空领域铝合金双台阶管件、变径管（见图 9-17），以及轿车底盘零件后轴纵臂管件（见图 9-18）。该纵臂管件的轴线为曲线，具有 3 个典型断面的形状。传统工艺制造此零件需 9 道冲压工序，采用内高压成形工艺，需要 3 道工序，即弯曲、内高压成形、端部切割，为该技术在国内的应用奠定了基础。

内高压成形工艺在汽车、航空工业上的应用尤为突出，图 9-19 所示为内高压成形在汽车构件生产中的示意图，主要设计排气系统异型管件，副车架、底盘构件，车身框架、座椅框架及散热器支架，前轴、后轴及驱动轴，安全构件，装配式凸轮轴等。

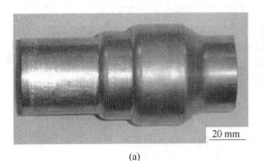
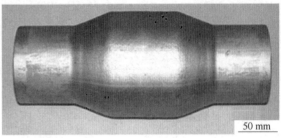

(a)   (b)

图 9-17 航空用铝合金变径管件

（a）双台阶管；（b）单台阶变径管

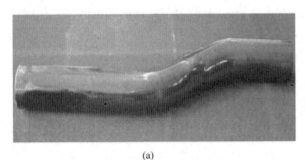
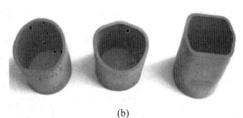

(a)   (b)

图 9-18 轿车底盘零件后轴纵臂

（a）变轴线管件；（b）典型截面

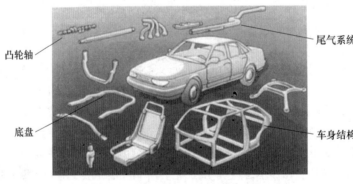

图 9-19 采用内高压成形的典型汽车构件

图 9-20 所示为内高压成形的典型产品轿车副车架，是目前用内高压成形制造的具有代表性的产品。零件数量由 6 个减少到 1 个，内高压件比常规冲压件质量减轻 30%，生产成本降低 20%，模具造价降低 60%。

图 9-21 所示为用内高压成形制造的各种复杂车体构件。目前，最大内高压车体构件是美国通用公司制造的长度 12 m 的卡车纵梁。沃尔沃大吉普车的铝合金纵梁长度达到 5 m，铝管直径达到 100 mm。

图 9-22 所示为典型的发动机排气管件，它是将管材弯曲后，在某一部位用内高压成

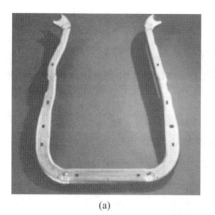
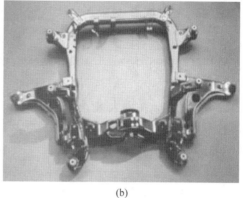

(a)　　　　　　　　　　　　　　　　(b)

图 9-20　内高压成形的副车架

（a）简单副车架；（b）复杂副车架

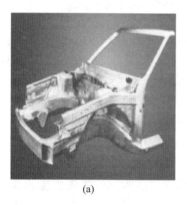

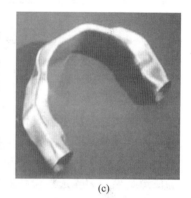

(a)　　　　　　　　　(b)　　　　　　　　　(c)

图 9-21　典型车体构件

（a）车头框架；（b）纵梁；（c）弯曲管件

形出枝杈，然后再与法兰焊接进行制造。与铸件比，寿命提高了 2.5 倍，质量减轻 25%，研制周期缩短 60%。

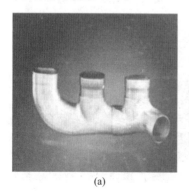
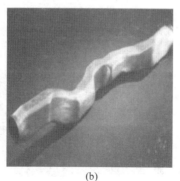
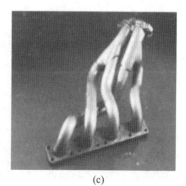

(a)　　　　　　　　　(b)　　　　　　　　　(c)

图 9-22　发动机排气管件

（a）多通道歧管；（b）变轴线歧管；（c）多通道弯曲歧管

9.4.2　充液多点复合成形

多点成形属于板料曲面无模成形范畴，是将传统的模具离散化，采用一系列离散的、规则排列的、高度可调的小冲头来替代传统模具的凸、凹模。成形中通过调节构成模具小冲头的高度，即可实现模具型面的变化。因此，使用多点成形工艺可采用一套模具成形出不同型面的板材工件，从而大大节省了模具设计与制造费用，加速了产品的更新换代，提高了生产效率和精度。图 9-23 所示为板材常规成形和多点成形示意图。

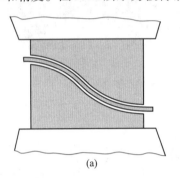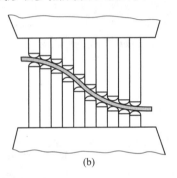

図 9-23　板材成形

（a）常规成形；（b）多点成形

多点成形方法与传统模具成形方法的主要区别就是它具有"柔性"特点，即可控制各基本体单元的高度。利用这个特点，既可在成形前也可在成形过程中改变基本体的相对位移状态，从而不仅实现了无模成形，还可改变被成形件的变形路径及受力状态，达到不同的成形结果。多点成形设备的这种柔性加工特点，比传统模具成形能为工件提供更多的变形路径，从而能够实现如分段成形、多道成形、闭环成形等诸多特色加工工艺。图 9-24（a）所示为吉林大学设计制造的 2000 kN 多点成形设备及模具，模具的成形面积达 840 mm×600 mm，单侧模具由 28×20 个冲头组成，该多点成形设备的冲头可通过计算机控制自动调节，现已应用于高速机车头部的蒙皮成形和鸟巢构件［见图 9-24（b）］。鸟巢工程采用多点成形装备的一次成形尺寸为 1350 mm×1350 mm，成形面积接近 2 m²，而分段成形件的长度达 10 m。

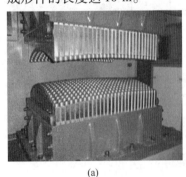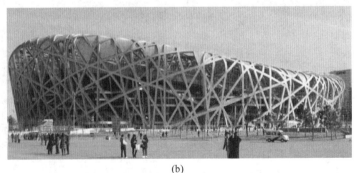

（a）　　　　　　　　　　　（b）

图 9-24　多点成形模具及构件

（a）多点成形模具；（b）多点成形构件

多点成形工艺取代了传统的整体模具，节省了模具设计、制造、调试所需费用，显著地缩短产品生产周期。可以改变板材的变形路径和受力状态，提高成形能力，实现难加工材料的塑性变形。采用反复成形新技术，消除材料内部的残余应力，保证工件的成形精度。消除压痕、皱纹等不良缺陷，工件表面质量能得到很好的保证。采用分段成形新技术，连续逐次成形大于设备工作台尺寸的工件，实现了小设备成形大型零件。曲面造型、压力机控制、工件测试等整个过程，都可全部采用计算机技术，实现了 CAD/CAM/CAE 一体化生产。

在多点成形工艺的基础上，韩国科技大学 Park 提出了一种将充液拉深和多点成形相结合的工艺，如图 9-25 和图 9-26 所示。板材的一侧直接与多点模具接触，另一侧为弹性体垫和其下注满的液体介质。当多点模具向下运动，板材和弹性体垫发生变形。液体介质在流动的同时还向弹性垫施加均匀的压力，弹性垫又将液压均匀地施加给板材，从而实现三维曲面球形件、马鞍形件的充液多点复合成形制造。

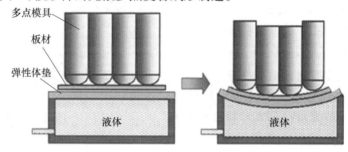

图 9-25　多点成形与充液拉深复合工艺

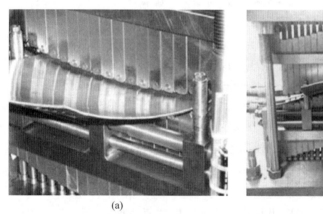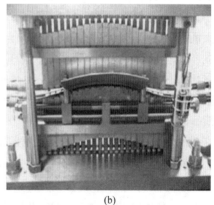

(a)　　　　　　　　　　　　　　(b)

图 9-26　多点成形与充液拉深复合模具
（a）球面形件；（b）马鞍形件

9.5　充液拉深成形应用的工程案例

9.5.1　铝合金筒形件充液拉深成形

9.5.1.1　筒形件尺寸

图 9-27 为平底筒形件的形状尺寸，材质为 2A12 铝合金，厚度 1 mm，屈服强度

74 MPa，抗拉强度 195 MPa，厚向异性指数 0.778，硬化模量 281 MPa，硬化指数 0.179。

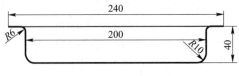

图 9-27　筒形件尺寸

9.5.1.2　有限元模型

本例采用 DYNAFORM 进行模拟研究。由于零件具有对称性，选取其 1/4 建立有限元模型，如图 9-28 所示。凸模圆角半径为 10 mm，凹模圆角半径为 6 mm，凸模直径为 200 mm，凹模直径为 202 mm。接触条件：板料与凹模、压边圈之间的摩擦因数为 0.05，板料与凸模之间为 0.12，接触类型均为单面接触，凸模下行速度为 1 m/s。

9.5.1.3　充液拉深成形模拟结果

坯料形状与尺寸、压边间隙、液室压力、液室压力加载路径、压边力等工艺参数对充液拉深成形质量及控制工件破裂及起皱缺陷具有重要的影响。下面主要探讨液室压力、压边间隙、压边力对筒形件充液拉深成形的影响规律。

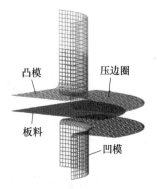

图 9-28　筒形件充液拉深有限元模型

A　液室压力对筒形件成形的影响

图 9-29 所示为不同液室压力下的减薄率，图 9-30 所示为不同液室压力下的壁厚分布图。随着液室压力的增大，减薄率随之减小，但当液室压力增大到一定值后，减薄率也随液室压力的增大而增大。因为合理的液室压力有利于使零件在成形过程中形成"摩擦保持效果"，减少径向拉应力，避免过度减薄，但当液室压力过大时，凹模圆角处发生反胀变形，受到较大的双向拉应力，因而减薄严重。沿某一截面进行等弧线距离壁厚的测量，壁厚测量线，如图 9-31 所示，提取测量点的壁厚值，得到不同液室压力下的壁厚分布图，如图 9-32 所示。结果表明，平底区壁厚基本不变化，凸模圆角处减薄最严重，随着液室压力的增大，侧壁区近凸模圆角处减薄也逐渐增大，存在破裂的风险。液室压力为 25 MPa 时，减薄最小。

B　压边间隙对筒形件成形的影响

图 9-33 和图 9-34 所示为不同压边间隙下的筒形件减薄率和成形极限示意图。压边间隙为 1 mm 时，板料明显减薄，而大于 1 mm 后，减薄率基本不再变化。因为压边间隙过小导致板料在法兰区所受到的摩擦力增大，材料流动困难，使得传力区受到的拉应力增大，因而材料减薄严重。压边间隙过大对改善壁厚减薄效果不再明显，此时法兰区发生严重的起皱。合理的压边间隙既可以避免零件的过度减薄，又可以有效地控制法兰区材料起皱，为避免零件产生此种缺陷，压边间隙应选择 1.05~1.15 mm。

C　压边力对筒形件成形的影响

图 9-35 和图 9-36 所示为不同压边力下的筒形件减薄率和成形极限示意图。零件减薄率随着压边力的增加而逐渐增大。压边力为 0.5 t 时，法兰区发生明显的起皱缺陷，而当

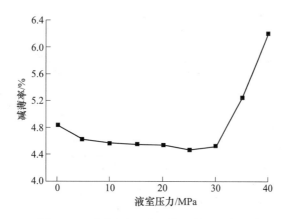

图 9-29　不同液室压力下筒形件的减薄率

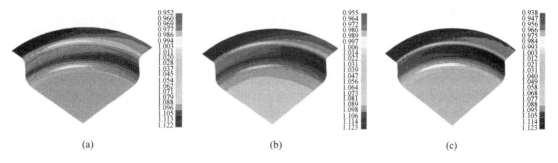

(a)　　　　　　　　　　(b)　　　　　　　　　　(c)

图 9-30　不同液室压力下筒形件的壁厚分布

（a）0 MPa；（b）20 MPa；（c）40 MPa

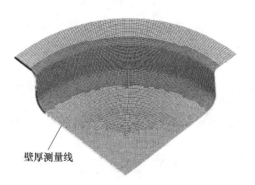

图 9-31　壁厚测量线

压边力为 9 t 时，在直壁区靠近凸模圆角处零件发生严重减薄，有开裂的风险。由此可见，压边力过小时，法兰处板料容易在切向压应力的作用下发生失稳起皱；当压边力过大时，又因为摩擦力增大，材料流动困难，容易发生破裂缺陷。为避免零件发生起皱和破裂的缺陷，压边力应选择在 1~8 t，而且较低的压边力下材料不容易过度减薄。相比于恒定压边间隙的压边，采用压边力压边后零件的减薄率均有所增大，因而采用定间隙压边有利于筒形件获得更优的壁厚分布。

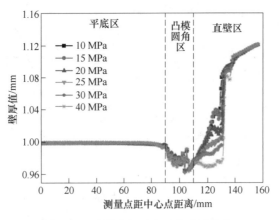

扫一扫看更清楚

图 9-32　不同液室压力下的壁厚分布

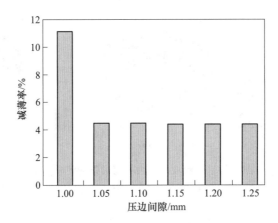

图 9-33　不同压边间隙下筒形件的减薄率

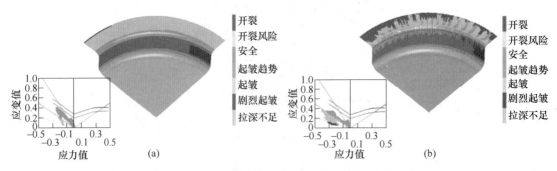

图 9-34　不同压边间隙下筒形件的成形极限

(a) 1.05 mm；(b) 1.25 mm

9.5.2　汽车反光罩充液拉深成形

　　汽车车灯反光罩属于典型的曲面构件，可以用来反射汽车照明灯发射出来的光束，使灯光更加集中，提高灯源利用率，同时还会起到散热的作用。传统的制造工艺是先用塑料

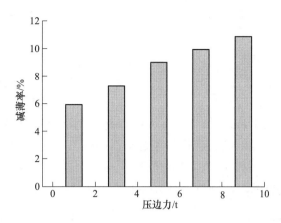

图 9-35　不同压边力下筒形件的减薄率

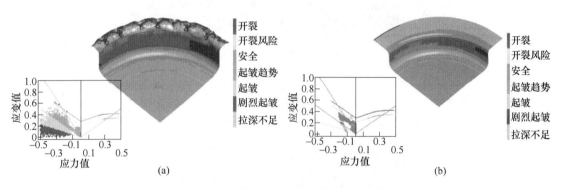

(a)　　　　　　　　　　　　　　　　　　　(b)

图 9-36　不同压边力下筒形件的成形极限

(a) 0.5 t；(b) 9 t

制造出壳体，然后涂上一层反光材料，不仅强度不够，而且散热效果差。为改善反光罩的成形质量，本例提出利用充液拉深工艺制造汽车车灯反光罩，以 A1100 铝合金汽车车灯反光罩为研究对象，对其充液拉深成形过程进行数值模拟，通过改变液室压力、摩擦系数、压边间隙、液室压力路径，得到较好的充液拉深成形工艺路径。

图 9-37 所示为汽车车灯反光罩模型示意图。

9.5.2.1　充液拉深有限元模型构建

本例借助 ABAQUS 软件对不同工艺参数下的反光罩充液拉深工艺进行模拟，并根据其仿真结果和 MATLAB 分叉理论判据对裂纹进行预测。首先，从外部导入模型，把 punch、die、holder 三个部件设置为离散刚体，sheet 设置为可变形体；然后为板料赋予材料，壳单元厚度

图 9-37　汽车车灯反光罩

设置为 1 mm；装配模型，根据不同的工艺参数调整不同的模具相对位置；设置分析步为 ABAQUS/Explicit；设置面面接触，punch 与 sheet 之间、sheet 与 die 之间、sheet 与 holder 之间设置不同的摩擦系数；在 load 模块中，punch 设置为固定位移，设置位移幅值类型为 smooth，die、holder 设置为固定约束，利用 pressure 来代替液体压力；网格划分类型为

S4R，因为板料为主要研究对象，所以需要针对板材进行网格细化；最后，设置多线程任务提交作业分析。

9.5.2.2 压边间隙确定

图 9-38 所示为压边间隙为 1 mm、1.1 mm、1.2 mm、1.3 mm 时的反光罩壁厚分布与裂纹预测结果。随着压边间隙从 1 mm 增加到 1.3 mm，壁厚逐渐增加，圆圈裂纹点的数目随之减少。当压边间隙为 1 mm 时，反光罩网格畸变严重，沿侧壁圆圈裂纹点产生断裂，这主要是由压边间隙过小导致的，压边间隙过小，凹模与压边间隙给板材的摩擦力过大，板材无法正常流入凹模，使材料产生大面积断裂。当压边间隙为 1.1 mm 与 1.2 mm 时，成形效果明显改善，圆圈裂纹点的数量有所减少，但成形效果没有明显的改变。当压边间

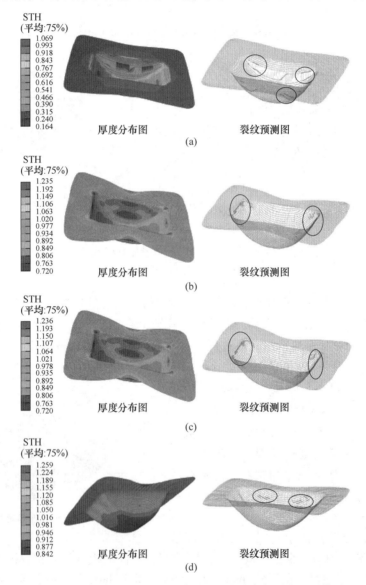

图 9-38　反光罩在不同压边间隙下的厚度分布与裂纹预测结果

（a）压边间隙 1 mm；（b）压边间隙 1.1 mm；（c）压边间隙 1.2 mm；（d）压边间隙 1.3 mm

隙增加到 1.3 mm 时，在车灯反光罩的法兰边缘出现了起皱缺陷。表明当压边间隙增加到一定值后，对零件的破裂缺陷影响较小，并且当间隙继续增加时，车灯反光罩会在法兰区域出现起皱缺陷。因此，选择压边间隙为 1.1 mm。

9.5.2.3 凸模与板材间摩擦系数确定

在充液成形中，凸模与板料之间的摩擦系数是"摩擦保持"效果的主要因素之一，由于液室压力的存在，凸模与板料之间会形成多点接触，产生的摩擦力带动板料流入凹模，板料受力被分散，厚度方向减薄情况变弱。如果板材与凸模之间的摩擦系数过小，板料在靠近凹模圆角处会因为摩擦效果不足而产生破裂。图 9-39 所示为板料与凸模之间摩擦系数分别为 0.05、0.1、0.2、0.3 时的厚度分布与裂纹预测结果。

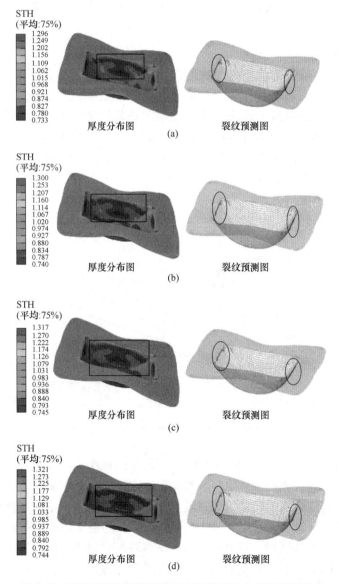

图 9-39 反光罩不同摩擦系数下的厚度分布与裂纹预测结果

（a）摩擦系数 0.05；（b）摩擦系数 0.1；（c）摩擦系数 0.2；（d）摩擦系数 0.3

当板料与凸模之间摩擦系数小于 0.1 时，反光罩侧壁部分矩形框区域较多，整体壁厚分布不均匀且减薄严重。摩擦系数在 0.1~0.3 之间时，侧壁及壳底有部分减薄，且其厚度均在 0.740 mm 以上。摩擦系数为 0.05 时，由于板料与凸模之间的摩擦力不足，在充液拉深成形过程中，虽然有液室压力的存在，但是过小的摩擦力导致"摩擦保持"效果的优势不明显，使成形过程中的径向拉力变大，壁厚减薄明显，在圆圈裂纹点处产生破裂。摩擦系数为 0.1、0.2 和 0.3 时，由于板料与板材之间的摩擦系数足够大，板料受到的径向成形压力较小，板料成形质量较好。同时发现，摩擦系数超过 0.1 时，随着摩擦系数的增大，壁厚变化不明显，圆圈裂纹点的数目与位置都相近。表明充液拉深时，如果摩擦系数达到一定值后，没有必要刻意地增加凸模的表面粗糙度来提高成形质量。因此，为得到较好成形质量的汽车反光罩，板料与凸模之间的摩擦系数应大于等于 0.1，故确定摩擦系数为 0.1。

9.5.2.4　液室最大压力确定

液室压力在充液拉深中承担主要成形作用，液室压力可以使板料与凸模紧贴，板料承担拉应力的区域面积增加，并保持摩擦，从而使危险区域变化，缓解可能使板面断裂的拉应力。如果液室压力过小，板料无法与凸模贴紧，造成成形质量差，可能会得不到理想形状的零件；如果液室压力过大，板料会过度向上弯曲变形，产生过量的减薄，在成形的前期就产生破裂。图 9-40 所示为采用非自然增压方式设置不同的液室压力变化示意图，图 9-41 所示为 A1100 铝合金汽车车灯反光罩在不同液室压力下的厚度分布与裂纹预测结果。

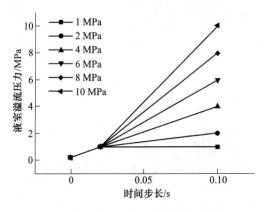

图 9-40　液室最大压力随时间变化

液室最大压力从 1 MPa 增大到 10 MPa，反光罩的最小壁厚呈先增大后减小的趋势，且圆圈裂纹预测点的数目先减少后增多。当液室最大压力为 1 MPa 时，液室压力不足以成形，危险区域没有产生合理的转移；液室最大压力为 2 MPa 时，危险区域已经逐渐开始转移；液室最大压力为 4 MPa，危险区域已经完全转移，但是反光罩的整体壁厚减薄较为严重；液室最大压力为 6 MPa 时，反光罩的成形质量较好，裂纹点的数目最少。液室最大压力为 8 MPa、10 MPa 时，液室压力过大，造成反光罩壁厚减薄严重。故确定液室最大压力为 6 MPa。

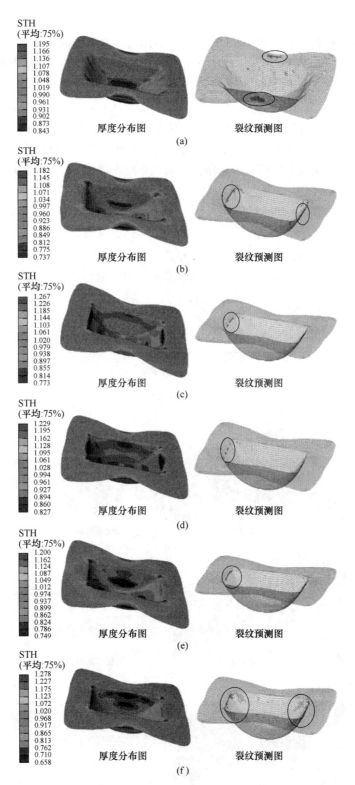

图 9-41　反光罩不同液室最大压力下的厚度分布与裂纹预测结果

（a）1 MPa；（b）2 MPa；（c）4 MPa；（d）6 MPa；（e）8 MPa；（f）10 MPa

9.5.2.5　液室压力路径确定

充液拉深成形质量不仅与液室最大压力有关，还与液室压力的加载路径有关。液室压力的加载是伴随整个充液成形过程的，随着凸模下行，板料不断变形，在不同的变形阶段，需要的液室压力也不同。为研究不同液室压力对汽车反光罩成形质量的影响，采用液室压力随成形时间的变化来表示液室压力路径的变化。图 9-42 中从 0 s 至 0.02 s 液室压力处于预胀阶段，预胀压力均为 0.1 MPa，在 0.05 s 时分别设定液室压力为 2 MPa、3 MPa、4 MPa、5 MPa、6 MPa，当时间为 0.1 s 时，液室压力统一为 6 MPa，这样就设定了 5 条不同的液室压力路径。图 9-43 所示为不同液室压力路径下的汽车反光罩厚度分布与裂纹预测结果。

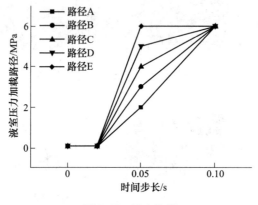

图 9-42　压力路径

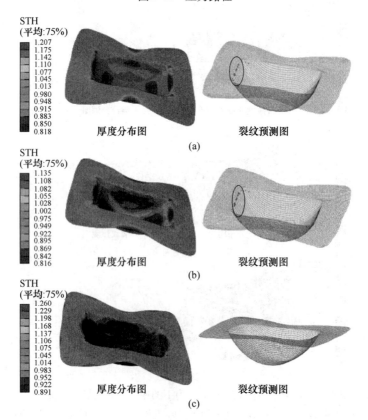

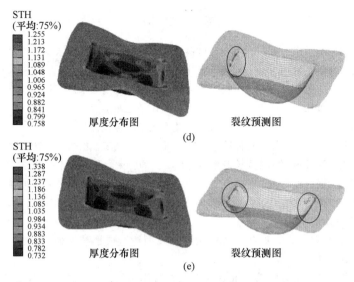

图 9-43　反光罩在不同液室压力路径下的厚度分布与裂纹预测结果
(a) 路径 A；(b) 路径 B；(c) 路径 C；(d) 路径 D；(e) 路径 E

在不同的液室压力路径下，反光罩的成形效果存在明显不同。充液成形前期，液室会产生预胀压力，使板料上凸与凸模接触，凸模与板料之间产生合适大小的摩擦力，避免了普通冲压成形中可能产生的缺陷。充液成形中期，板料会有大面积的悬空区，为避免产生破裂缺陷，此时需要液室压力逐渐变大。充液成形后期，反光罩已经初步成形，此时需要更大的液室压力使板料与凸模完全贴合，使其完全成形。当选择路径 A、B 时，由于成形中期液室压力增长得不够快，侧壁悬空严重，承受较大的拉应力。当选择路径 C 时，板料的最小壁厚最大，厚度分布均匀，且没有圆圈裂纹点，成形效果最好。当选择路径 D、E 时，出现不同程度的减薄破裂，因为此时的液室压力增加过快，使悬空区域的板料反胀程度过大，使板料减薄严重。特别是选择路径 E 时，在反光罩的两短边靠近凹模圆角处产生了破裂。故确定路径 C 是较为合适的。

思 考 题

9-1　举例说明充液拉深成形的代表性构件。

9-2　充液拉深的模具与常规冲压拉深的模具相比，有何区别？

9-3　如何从工艺角度控制充液拉深成形过程中开裂问题？

9-4　针对神舟系列火箭贮箱封头的制造，试说明充液拉深成形和旋压成形工艺各具有什么优势，并给出具体原因。

9-5　查阅文献资料，简述我国高压成形技术在系列神舟载人航空运载火箭建造中的应用水平。

参 考 文 献

[1] 刘楚明，林高用，邓运来，等．有色金属材料加工［M］．长沙：中南大学出版社，2010．

[2] 文九巴．金属材料学［M］．北京：机械工业出版社，2021．

[3] 谢水生，刘相华．有色金属材料的控制加工［M］．长沙：中南大学出版社，2013．

[4] 周志明，王春欢，黄伟九．特种铸造［M］．北京：化学工业出版社，2014．

[5] 李峰．特种塑性成形理论及技术［M］．北京：北京大学出版社，2011．

[6] 陈维平，李元元，罗守靖，等．特种铸造［M］．北京：机械工业出版社，2018．

[7] 张苍南．改性高锰钢环锤的消失模铸造模拟［D］．太原：太原科技大学，2013．

[8] 侯晋梅．新型高锰钢衬板制造工艺及性能分析［D］．太原：太原科技大学，2014．

[9] 方立高，王家宣．小型发动机铝合金缸体金属型铸造工艺探讨［J］．特种铸造及有色合金，2014，34（12）：1327-1328．

[10] 张云鹏，王猛，林鑫，等．铝合金薄壁箱体金属型铸造成形技术研究［J］．铸造技术，2018，39（9）：2001-2004．

[11] 徐杨．铸件结构与反重力铸造液面加压工艺参数作用规律研究［D］．哈尔滨：哈尔滨工业大学，2018．

[12] 刘颖卓，张娜，潘龙，等．航天用镁合金壳体铸件合格率提升与稳定性控制［J］．特种铸造及有色合金，2023，53（5）：709-711．

[13] 王云华，陈力平．浅论航天工艺工作中的风险分析与控制［J］．航天制造技术，2014，3：64-72．

[14] 王先飞，潘龙，崔恩强，等．铝合金大型薄壁平板件反重力铸造技术研究［J］．航天制造技术，2020，10（5）：9-12．

[15] 李永堂．塑性成形设备［M］．北京：机械工业出版社，2012．

[16] 新兴铸管股份有限公司．瞄准世界一流，持续改革创新，新兴铸管努力提升全球竞争力［J］．国资报告，2020，8：98-100．

[17] 师学信，李永国，田佳伟，等．新兴铸管助力浙江嘉兴供水工程［J］．中国水利，2022，16：65．

[18] 新兴铸管股份有限公司．广东新兴铸管全国最大口径新品投放市场［J］．铸造工程，2021，45（3）：72．

[19] 新兴铸管股份有限公司．新兴铸管保障农村供水"最后一公里"［J］．中国水利，2022，3：67．

[20] 陈建波，申发田，李志杰，等．热模涂料法球墨铸铁管离心铸造工艺［J］．特种铸造，2019，68（3）：287-290．

[21] 邢志刚．薄壁铝合金筒体旋压成形技术研究［D］．长春：长春理工大学，2020．

[22] 谭学菊．A356铝合金轮毂的旋压成形工艺研究［D］．秦皇岛：燕山大学，2018．

[23] 玄令祥，徐恒秋．铝合金车轮轮毂旋压成形实验研究［J］．科技与创新，2018（11）：138-140．

[24] 詹梅，李志欣，高鹏飞，等．铝合金大型薄壁异型曲面封头旋压成形研究进展［J］．机械工程学报，2018，54（9）：86-96．

[25] 秦芳诚，齐会萍，李永堂．环件短流程制造技术［M］．北京：国防工业出版社，2021．

[26] 华林，黄兴高，朱春东．环件轧制理论和技术［M］．北京：机械工业出版社，2001．

[27] 张锋．基于铸坯的环件热辗扩成形工艺数值模拟［D］．太原：太原科技大学，2011．

[28] 赵磊．42CrMo钢环件铸造过程的数值模拟与实验研究［D］．太原：太原科技大学，2011．

[29] 杨超．6061铝合金铸坯环件热辗扩成形工艺模拟与实验研究［D］．桂林：桂林理工大学，2020．

[30] QIN F C, QI H P, LI Y T. A comparative study of constitutive characteristics and microstructure evolution between uniaxial and plane strain compression of an AA6061 alloy［J］. Journal of Materials Engineering and Performance, 2019, 28（6）：3487-3497.

[31] 毛春燕，付建华，李永堂．汽车半轴摆动辗压成形研究 [J]．锻压装备与制造技术，2005（3）：83-85.

[32] 田亚楠．地铁车轮摆辗成形数值模拟研究 [D]．长春：吉林大学，2018.

[33] 林俊峰．空心曲轴内高压成形机理研究 [D]．哈尔滨：哈尔滨工业大学，2007.

[34] 陈绪国，李继光，张杰刚，等．2A12 铝合金平底筒形件充液拉深数值模拟研究 [J]．精密成形工程，2015，7（6）：86-91.

[35] 叶卫东．筒形件可控径向加压充液拉深数值模拟与实验研究 [D]．哈尔滨：哈尔滨工业大学，2008.

[36] 陈一哲．2219 铝合金筒形件充液拉深成形研究 [D]．哈尔滨：哈尔滨工业大学，2013.

[37] 申帅康．基于分叉理论的 A1100 铝合金板料充液拉深成形工艺研究 [D]．秦皇岛：燕山大学，2022.

[38] 刘伟，徐永超，陈一哲，等．薄壁曲面整体构件流体压力成形起皱机理与控制 [J]．机械工程学报，2018，54（9）：37-44.

[39] 历长云，王英，张锦志．特种铸造 [M]．哈尔滨：哈尔滨工业大学出版社，2013.

[40] 杨兵兵，于振波．特种铸造 [M]．长沙：中南大学出版社，2010.

[41] 姜不居．特种铸造 [M]．北京：化学工业出版社，2010.

[42] 黄天佑，黄乃瑜，吕志刚．消失模铸造技术 [M]．北京：机械工业出版社，2004.

[43] 陈尧剑，黄天佑，康进武，等．国内外消失模铸造技术研究新进展 [J]．特种铸造及有色合金，2005，25（10）：623-626.

[44] 章舟，王春景，邓宏运．消失模铸造生产实用手册 [M]．北京：化学工业出版社，2011.

[45] 陶杰．消失模铸造方法与技术 [M]．南京：江苏科学技术出版社，2002.

[46] 邓宏远，阴世河，章舟，等．消失模铸造及实型铸造技术手册 [M]．北京：机械工业出版社，2012.

[47] 李远才．铸造涂料及应用 [M]．北京：机械工业出版社，2007.

[48] 黄乃瑜，叶升平，樊自田．消失模铸造原理及质量控制 [M]．武汉：华中科技大学出版社，2004.

[49] 梁贺．消失模铸钢件增碳缺陷的防止措施 [D]．石家庄：河北科技大学，2008.

[50] 崔春芳，邓宏运．消失模铸造技术及应用实例 [M]．北京：机械工业出版社，2007.

[51] 章舟．消失模铸造生产及应用实例 [M]．北京：化学工业出版社，2007.

[52] 董秀琦，朱丽娟．消失模铸造实用技术 [M]．北京：机械工业出版社，2005.

[53] 耿鑫明．金属型铸件生产指南 [M]．北京：化学工业出版社，2008.

[54] 唐骥．球墨铸铁铜金属型铸造工艺和性能的研究 [D]．沈阳：东北大学，2005.

[55] 兰冬云，郭敖如．国内外汽车发动机铝缸体铸造技术 [J]．铸造设备研究，2008，30（4）：45-49.

[56] 万里．特种铸造工学基础 [M]．北京：化学工业出版社，2009.

[57] 颜永年，单忠德．快速成形与铸造技术 [M]．北京：机械工业出版社，2004.

[58] 王英杰．铝合金反重力铸造技术 [J]．铸造技术，2004，25（5）：360-361.

[59] 董秀琦．低压及差压铸造理论与实践 [M]．北京：兵器工业出版社，2003.

[60] 朱秀荣，侯立群．差压铸造生产技术 [M]．北京：化学工业出版社，2009.

[61] 丁伟．新型低压铸造造型工艺技术手册 [M]．北京：机械工业出版社，2009.

[62] 徐建辉．壳体类铸件的低压铸造工艺试验研究 [J]．上海机电学院学报，2007，10（2）：98-102.

[63] 和双双．低压铸造铝合金车轮工艺优化及组织性能研究 [D]．焦作：河南理工大学，2009.

[64] 林柏年．特种铸造 [M]．杭州：浙江大学出版社，2004.

[65] 柳百成，黄天佑．铸造成形手册（下）[M]．北京：化学工业出版社，2009.

[66] 陈宗民，姜学波，类成玲．特种铸造与先进铸造技术 [M]．北京：化学工业出版社，2008.

[67] 中国机械工程学会铸造分会. 铸造手册（第5卷）铸造工艺［M］. 北京：机械工业出版社，2011.

[68] 中国机械工程学会铸造分会. 铸造手册（第6卷）特种铸造［M］. 3版. 北京：机械工业出版社，2011.

[69] 陈国桢，肖柯则，姜不居. 铸造缺陷和对策手则［M］. 北京：机械工业出版社，1996.

[70] 刘庆星. 离心铸管［M］. 北京：机械工业出版社，1994.

[71] 张伯明. 离心铸造［M］. 北京：机械工业出版社，2004.

[72] 隋艳伟. 钛合金立式离心铸造缺陷形成与演化规律［D］. 哈尔滨：哈尔滨工业大学，2009.

[73] 中国材料工程大典编委会. 中国材料工程大典（第19卷）材料铸造成形工程［M］. 北京：化学工业出版社，2006.

[74] 万里. 特种铸造工艺学基础［M］. 北京：化学工业出版社，2009.

[75] 邓明. 材料成形新技术及模具［M］. 北京：化学工业出版社，2005.

[76] 张俊善. 铸造缺陷及其对策［M］. 尹大伟，译. 北京：机械工业出版社，2008.

[77] 李日，马军贤，崔启玉. 铸造工艺仿真ProCAST从入门到精通［M］. 北京：中国水利水电出版社，2010.

[78] 熊守美，许庆彦，康进武. 铸造过程模拟仿真技术［M］. 北京：机械工业出版社，2004.

[79] 侯华，毛红奎，张国伟. 铸造过程的计算机模拟［M］. 北京：国防工业出版社，2008.

[80] 靳玉春，侯华，赵宇宏. 材料加工过程数值模拟［M］. 北京：兵器工业出版社，2004.

[81] 张国伟. 铸造合金凝固过程微观组织模拟［D］. 太原：中北大学，2007.

[82] 王仲仁. 特种塑性成形［M］. 北京：机械工业出版社，1995.

[83] 王仲仁，滕步刚，汤泽军. 塑性加工技术新进展［J］. 中国机械工程，2009，20（1）：108-112.

[84] 吕炎. 锻压成形理论与工艺［M］. 北京：机械工业出版社，1991.

[85] 李云江. 特种塑性成形［M］. 北京：机械工业出版社，2008.

[86] 中国机械工程学会锻压学会. 锻压手册［M］. 2版. 北京：机械工业出版社，2002.

[87] 吕炎. 精密塑性体积成形技术［M］. 北京：国防工业出版社，2003.

[88] 王成和，刘克璋. 旋压技术［M］. 北京：机械工业出版社，1986.

[89] 赵云豪，李彦利. 旋压技术与应用［M］. 北京：机械工业出版社，2008.

[90] 赵云豪. 我国旋压材料与产品概述［J］. 锻造与冲压，2005，10：26-30.

[91] 徐恒秋，樊桂森，张锐. 旋压设备及工艺技术的应用与发展［J］. 新技术新工艺，2007，2：6-8.

[92] 王广春. 环形件摆动辗压变形的三维刚塑性有限元分析［D］. 哈尔滨：哈尔滨工业大学，1996.

[93] 苑世剑. 现代液压成形技术［M］. 北京：国防工业出版社，2009.

[94] 邓明. 材料成形新技术及模具［M］. 北京：化学工业出版社，2005.

[95] 苑世剑. 轻量化成形技术［M］. 北京：国防工业出版社，2010.

[96] 林俊峰. 空心曲轴内高压成形机理研究［D］. 哈尔滨：哈尔滨工业大学，2007.

[97] 刘晓晶. 5A06铝合金板材可控径向加压充液拉深过程研究［D］. 哈尔滨：哈尔滨工业大学，2008.

[98] 胡志清. 连续多点成形方法、装置及成形实验研究［D］. 长春：吉林大学，2008.

[99] 贾俐俐，高锦张，王书鹏. 直壁筒形件多道次增量成形工艺研究［J］. 中国制造业信息化，2007，36（19）：133-135.

[100] 初冠南. 差厚拼焊管内高压成形规律研究［D］. 哈尔滨：哈尔滨工业大学，2009.